Die stereoskopische Meßmethode in der Praxis.

Von

Paul Seliger,

Vermessungs-Dirigent in der Kgl. Preuß. Landes-Aufnahme.

I. Teil:
Einführung in die Topographie,
Einführung in die Bildmessung,
Normal-Stereogramm.

Mit 111 Textfiguren.

Berlin.
Verlag von Julius Springer.
1911.

ISBN 978-3-642-51304-6 ISBN 978-3-642-51423-4 (eBook)
DOI 10.1007/978-3-642-51423-4

Softcover reprint of the hardcover 1st edition 1911

Vorwort.

1. Zehn Jahre sind vergangen, seit Dr. C. Pulfrich vom Zeißwerk in Jena es unternahm, die bis dahin nur in der Theorie[1]) bekannte stereoskopische Meßmethode in die Praxis einzuführen.

Zu dieser Zeit war die in andern Staaten inzwischen zu Ansehen gelangte Bildmessung bei der deutschen Topographie fast schon in Vergessenheit geraten. Sie hatte in Deutschland nicht zu halten vermocht, was ihre eifrigen Vertreter an Nutzen für die Topographie von ihr versprochen hatten. Es wurde deshalb anfangs auch der große Fortschritt, den das stereoskopische Bildmeßverfahren brachte, von der Allgemeinheit wenig beachtet. Erst in neuester Zeit macht sich eine kräftige Propaganda für die Sache bemerkbar.

Bei der Königl. Preuß. Landesaufnahme wurde jedoch das neue Verfahren sofort von seinem Erscheinen im Jahre 1901 an sorgfältig studiert. Besonders lebhaft interessierte sich dafür der im Jahre 1904 verstorbene Generalmajor Schulze, damaliger Chef der Topographischen Abteilung. Verfasser hatte das Glück, mit der Ausführung seiner interessanten Versuche betraut zu werden und selbständige Arbeiten unternehmen zu dürfen.

Schon im April 1903 erschien gelegentlich ihrer Feldarbeiten die Topographische Abteilung in Jena, um den ersten Versuch mit dem neuen Meßverfahren anzustellen. Dr. Pulfrich hatte zu dieser Zeit wohl das große Meßstereoskop, den „Stereokomparator", der die Grundlage für das Meßsystem bildet, in einem brauchbaren Modell hergerichtet. Es fehlte aber noch an einem Instrument, mit dem im Felde die Stereoskop-Bilder in geeigneter Weise aufgenommen werden müssen, und welches „Phototheodolit" genannt wird. Die Topographische Abteilung brachte ein solches Instrument nach Jena mit. Mit diesem wurde alsbald der erste Versuch mit dem neuen Verfahren an den Kernbergen unternommen, über den Dr. Pulfrich eingehend berichtet hat[2]).

2. Die unter Leitung des nachfolgenden Chefs der Topographischen Abteilung, des Obersten von Harbou, eifrig fortgesetzten Versuche

---

[1]) Helmholtz, Handbuch der physiologischen Optik. Leipzig, Leopold Voß, 1867; und Stolze, Photographische Ortsbestimmung ohne Chronometer. Berlin 1893.

[2]) Zeitschrift für Instrumentenkunde 1903, Heft 11.

ließen bald den hohen Wert der stereoskopischen Meßmethode für Zwecke der Topographie erkennen. Es stellte sich aber auch heraus, daß dieser Vorzug nur besteht, wenn die Methode mit Präzisions-Instrumenten und mit vollster Sachkenntnis betrieben wird. Unentbehrlich für die Auswertung der im Felde gewonnenen Stereoskop-Aufnahmen sind die Erfahrungen des praktisch tätigen Topographen.

Versuche mit minderwertigen Instrumenten, ohne genaue Sachkenntnis und ohne die praktische Topographie sind ziemlich aussichtslos. Deshalb kann die neue Meßmethode in größerem Umfange für topographische Zwecke nur dann nutzbar gemacht werden, wenn bei den staatlichen Vermessungsbehörden Zentralstellen geschaffen werden, in denen sachgemäßer Rat und Unterricht an Fachleute und Interessenten erteilt, Instrumente auch zur leihweisen Abgabe vorrätig gehalten werden, und in denen die Auswertung der photographischen Aufnahmen stattfinden kann.

Nur unter diesen Bedingungen läßt sich ein größerer Nutzen von der stereoskopischen Meßkunst erwarten. Dieser wird weniger in der Verdrängung altbewährter topographischer Hilfsmittel und Methoden liegen als in der Erschließung neuer Arbeitsgebiete.

3. Der erste Schritt zur Nutzbarmachung des Verfahrens ist die Mitteilung der praktischen Erfahrungen. Solche bestehen für Deutschland bis jetzt fast nur bei der Preuß. Landesaufnahme; es bedurfte deshalb zu dieser Veröffentlichung der Genehmigung der genannten Behörde, welche in dankenswerter Weise erteilt wurde.

Entsprechend dem vorwiegend topographischen Charakter der stereoskopischen Messung und der beruflichen Stellung des Verfassers soll der Stoff auch ganz vom Standpunkte der Topographie behandelt und dementsprechend gegliedert werden. Die Arbeit ist in zwei Teile zerlegt worden.

Der erste Teil enthält neben den unentbehrlichen kurzen Einführungen in die Topographie und in die Bildmessung die einfachste und lohnendste Art stereoskopischer Aufnahmen, das „Normal-Stereogramm“. Er wird besonders als Nachschlagebuch bei den gebräuchlichsten Feldarbeiten nützlich sein.

Der zweite, etwas später erscheinende Teil wird die Messungen mit dem Stereokomparator, die Verarbeitung der Meßresultate und die schwierigeren Kapitel der stereoskopischen Aufnahme umfassen. Der zweite Teil ist also vorwiegend als Handbuch für die Zimmerarbeiten gedacht.

Groß-Lichterfelde, im April 1911.

Der Verfasser.

Inhaltsverzeichnis.

Erstes Kapitel.

Einführung in die Topographie.

a) Das Wesen topographischer Aufnahmen.

b) Das Wesen stereoskopischer Messungen (Beispiele).

c) Trigonometrische Grundlagen der Entfernungsmessung mittels kurzer Basen.

Seite

e) Beschreibung des Präzisions-Phototheodoliten.

f) Basismessung.

g) Aufnahmen mit dem Feld-Phototheodoliten.

h) Aufnahmen mit Stand-Phototheodoliten.

i) Die Fehlerquellen der stereoskopischen Feldarbeit.

Anhang.

Erstes Kapitel.

Einführung in die Topographie.

Hiermit wird nicht eine Ausbildung in der Topographie erstrebt. Dazu würden ein ausführlicheres Handbuch [1]) und praktische Übungen gehören. Beabsichtigt ist nur eine allgemeine Orientierung über das weite Gebiet der Topographie. Diese aber erscheint notwendig, weil die Topographie der Rahmen ist, in dem stereoskopische Aufnahmen vorwiegend zur Anwendung kommen.

a) Das Wesen topographischer Aufnahmen.

4. Gute topographische Aufnahmen erfordern eine **trigonometrische Grundlage** in Form eines Dreiecksnetzes, das in der Natur aufzufinden ist. Dies gilt nicht nur für die Heimats-Topographie, sondern auch für Kolonial- und Forschungs-Topographie.

Das Dreiecksnetz überträgt der Topograph mit Hilfe seines geographischen oder rechtwinkligen Koordinaten-Netzes verkleinert auf eine mit Papier bespannte Platte von Holz — s. L M N O Fig. 1 —. Das Verkleinerungs-Verhältnis dieser Auftragung muß demjenigen der aufzunehmenden Karte entsprechen.

Mit dieser Platte begibt der Topograph sich ins Feld. Hier errichtet er zunächst auf den Festpunkten neue, gut sichtbare Zeichen. Dann erfolgt eine Prüfung des auf die Platte übertragenen Dreiecksnetzes und erforderlichenfalls eine topographische Vervollständigung desselben durch Bestimmung von Windmühlen, Schornsteinen, Türmen, auffallenden Bäumen usw.

5. Zu diesem Zwecke schraubt dei Topograph seine Platte auf ein mit einem Metallkopfe versehenes Fußgestell, welches ein feines Horizontalstellen, grobes und feines Drehen der Platte gestattet. Diese Einrichtung heißt „Meßtisch“. Auf die Platte stellt er die aus einem Lineal, einer Magnetnadel und einem von einer Säule getragenen und vertikal kippenden Fernrohr bestehende Kippregel.

[1]) Bruno Schulze, „Das militärische Aufnehmen“.

Die gesamte Meßeinrichtung wird durch Fig. 2 dargestellt. Sie hat sich in der Topographie so bewährt, daß sie sich fast in allen Kulturstaaten eingebürgert hat. Es zeigt sich daher in der Topographie das

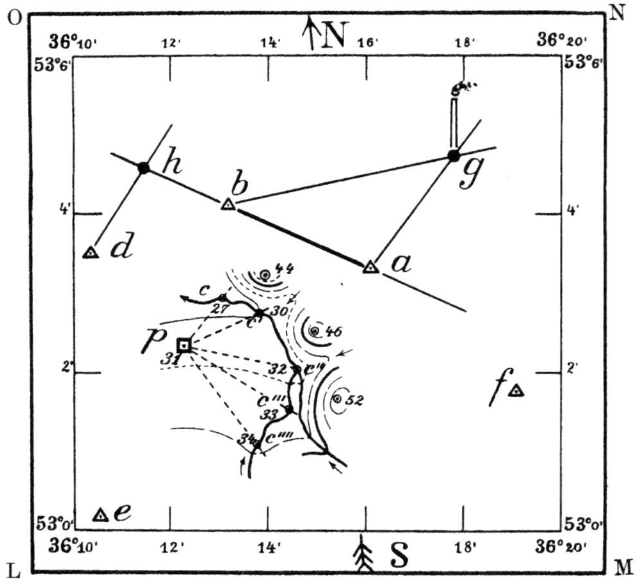

Fig. 1.

Meßtischplatte

mit Gradnetz, Festpunkten und Beispielen topographischer Bestimmungen (Die Festpunkte sind in obiger Figur mit kleinen Buchstaben bezeichnet. Die entsprechenden Punkte der Natur sind im Text mit den gleichen großen Buchstaben benannt.)

lebhafte Streben, Meßtisch und Kippregel zu vervollkommnen. (Fig. 2 stellt ein neueres Modell des Meßtisches mit der Kippregel dar.)

6. **Die Aufstellung des Meßtisches** auf einem der gegebenen Dreieckspunkte. Es kommt auf den Maßstab der Aufnahme an, mit welcher Genauigkeit die Platte über dem Festpunkt stehen muß. Im Maßstabe 1 : 25000 ist 0,1 mm der Platte = 2,5 m der Natur. Es schadet also der Meßtischmessung nicht, wenn im allgemeinen bei diesem Maßstabe der Tisch 1 m neben dem Festpunkt steht. Die Beine des Fußgestells werden kräftig in den Boden eingetreten, dabei soll die Tischplatte etwa 1,1 m über dem Boden und annähernd horizontal stehen. Zur feineren Horizontalstellung hat die Kippregel eine Dosenlibelle D und der Kopf des Fußgestells einen Dreifuß mit Stellschrauben St. Vor jeder Meßtischarbeit müssen die Beine des Fußgestells am Kopfe mit den Klemm-

schrauben Kl festgeklemmt sein, und die Dosenlibelle D muß ein spielen.

7. **Orientierung mittels des Dreiecksnetzes.** Angenommen, man stände auf dem Festpunkte A, also auf Punkt a der Platte (Fig. 1). Man legt das Kippregel-Lineal an die Festpunkte a und b der Platte,

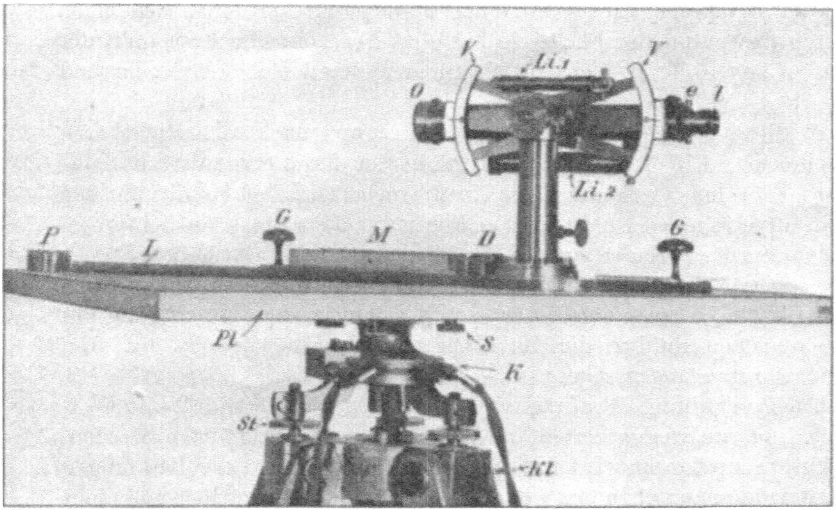

Fig. 2.

Meßtisch mit Kippregel.

F Fußgestell aus Holz (Stativ).
Kl Klemmschrauben.
K Messingkopf mit Dreifuß und Stellschrauben St. (zur Drehung und Horizontierung der Platte).
Pl Meßtischplatte aus Holz (mit Zeichenpapier bespannt).
S Schrauben zur Befestigung der Platte am Kopf.
O Objektiv, e Bildebene, l Lupe } des Fernrohres, welches vertikal kippt.
VV Vertikalkreis.
Li.1 Libelle zur Einstellung der Null-Linie des Vertikalkreises.
Li.2 Libelle zur Einstellung des Fernrohres und der Zeigerlinie.
L Lineal zum Ziehen der Visierlinien.
M Gehäuse mit Magnetnadel.
D Dosenlibelle zur Horizontalstellung der Platte.
G Handgriffe.
P Fernrohrkapsel.

so, daß das Objektiv des Fernrohres b zugekehrt ist. Platte und Kippregel werden nun so lange gedreht, bis Punkt B der Natur im Fernrohr erscheint. Es läuft jetzt die Linie a b der Platte mit der Linie A B der Natur parallel. Ebenso müssen jetzt auch alle anderen Verbindungslinien von Festpunkten der Natur mit den korrespondierenden Verbindungslinien der Punkte auf der Platte parallel laufen, weil ja die

Winkel der verkleinerten Dreiecksfiguren mit denen der natürlichen Festpunktdreiecke übereinstimmen — vorausgesetzt, daß die Auftragungen auf der Platte richtig erfolgt sind —. Auch das auf der Platte dargestellte Gradnetz bzw. Koordinatennetz läuft mit dem, welches der Triangulation zugrunde gelegt ist, parallel [1]).

8. **Prüfung der Dreiecksauftragung.** Legt man auf dem orientierten Tisch das Kippregel-Lineal an seinen Standpunkt und einen beliebigen anderen Festpunkt der Platte, so muß das Fernrohr den Festpunkt der Natur zeigen, falls er nicht durch einen anderen Gelände-Gegenstand verdeckt ist.

In dieser Weise prüft man die Auftragung nach allen sichtbaren Festpunkten. Eine fehlerhafte Auftragung ist daran erkennbar, daß das Fernrohr an dem Festpunkte der Natur vorbeizeigt. Erkennt man den falsch aufgetragenen Punkt im Fernrohr, so schlägt man die Kippregel mit dem Fernrohr genau auf den Punkt an, hält dabei aber seinen Standpunkt auf der Platte am Lineal fest. Zieht man dann am Lineal einen feinen Strich, so zeigt dieser das Maß der fehlerhaften Auftragung des angeschlagenen Punktes im Maßstabe der Platte — jedoch nur vom Stationspunkte aus gesehen —.

Eine vollständige Prüfung der Auftragung erfordert, daß alle Festpunkte von mehreren Seiten in dieser Weise angeschnitten werden. Ein guter Topograph wird nie müde im Prüfen und Vervollständigen seiner trigonometrischen Grundlage. Er macht diese Vorarbeit nur nicht mit einem Male hintereinander, sondern zwischendurch bei seiner Hauptarbeit.

9. **Topographische Vervollständigung des Dreiecksnetzes.** Diese wird nach Möglichkeit mit der Prüfung der Auftragungen und der Hauptarbeit verbunden und kann durch verschiedene Operationen erfolgen. Fassen wir nicht allein die Heimatstopographie, sondern auch die schnelleren Aufnahmen in Kolonien und auf Forschungsreisen ins Auge, so dürfen wir folgende Operationen anwenden: Den Vorwärts-Abschnitt, den Seitwärts-Abschnitt, den Einschnitt nach dem Alignement und die Einschnitte mit Hilfe der Magnetnadel. Letztere zerfallen in den Einschnitt nach drei Punkten (Rückwärtseinschnitt), nach zwei Punkten, nach einem Punkt und den Überschlag.

Unter diesen an sich ganz einfachen Operationen jedesmal die richtige zu wählen und dabei schnell eine ausreichend gute Bestimmung zu erzielen, erfordert etwas mathematisches Talent.

10. **Vorwärts-Abschnitt** (s. Fig. 1). Ein Schornstein G sei auf den Festpunkten A und B zu sehen. Nach Orientierung des Meßtisches

[1]) Dies ist genau nur zutreffend, wenn Fernrohr und Lineal parallel zeigen. (Für die Praxis würde jedoch eine Divergenz nicht schädlich sein, wenn sie konstant bliebe.)

auf A wird das Kippregel-Lineal an a der Platte gelegt und um a gedreht, bis das Fernrohr den Schornstein G trifft. Eine Linie am Lineal ergibt den ersten Ort für die Lage des Schornsteins G auf der Platte. Nun wird der Meßtisch über dem anderen Festpunkte B aufgebaut, horizontiert und orientiert. Auch von B aus wird G in derselben Weise wie auf A angeschnitten, wodurch sich eine zweite Visierlinie als Ort für G ergibt. Im Schnittpunkte g beider Visierlinien liegt G auf der Platte, und man kann die Entfernungen A G und B G messen, indem man a g bzw. b g in den Zirkel nimmt und diese Strecke am Maßstabe der Platte ermittelt.

Führt man in derselben Weise von einem dritten Festpunkte einen Schnitt nach G, so sollen sich alle 3 Visierlinien in demselben Punkte schneiden. Ist das nicht der Fall, so sieht der Topograph zum ersten Male seine Ungeschicklichkeit. Sie kann liegen in Unschärfe der Auftragung und Visur, auch daran, daß die Orientierungslinie zwischen den Festpunkten kürzer war, als der Abstand des Punktes G von den Festpunkten.

11. **Seitwärts-Abschnitt** (s. Fig. 1). Es kann vorkommen, daß vom Punkte G aus wohl A und B zu sehen sind und umgekehrt, daß aber einer der Festpunkte, z. B. B, nicht betretbar ist. In diesem Falle wird G nur einmal von einem Festpunkte, und zwar von A aus, genau wie beim Vorwärtsabschnitt angeschnitten. Nun begibt man sich also nicht nach B, sondern nach G, wo der Meßtisch neben dem Schornstein horizontiert wird. Die Orientierung erfolgt hier, indem das Kippregel-Lineal an die von a auf dem Tisch nach G gezogene Visierlinie angelegt und die Platte so lange gedreht wird, bis A im Fernrohr erscheint. Dann legt man das Lineal an b der Platte und dreht es um b, bis B im Fernrohr sichtbar ist. Die von b zurückgezogene Visierlinie schneidet sich mit der von a aus vorwärts gezogenen in g. Die Strecken a g und b g müssen, mit Zirkel und Maßstab gemessen, ebenso lang ausfallen wie im Vorwärts-Abschnitt. Auch in diesem Falle kann eine Kontrolle mittels eines dritten Festpunktes ausgeübt werden, indem man auch von diesem die Visierlinie rückwärts auf sich zu zieht. Hier kann sich von neuem das Ungeschick zeigen, indem der Topograph, statt sich genau in die Linie A G (also dicht vor den Schornstein) zu stellen, sich etwa neben ihn gestellt hat. Steht man genau in der Linie A G, so erhält man durch den Seitwärts-Abschnitt wohl seinen Standort richtig, aber nicht den des Schornsteins. Man muß deshalb noch den Abstand vom Tische bis zur Schornsteinmitte messen und ihn im Maßstabe der Platte auf der Linie a g von g aus abtragen. In dem neu erhaltenen Stich liegt der Schornstein auf der Platte.

12. **Einschnitt nach dem Alignement** (s. Fig. 1). Steht man nicht auf einem Festpunkte, wohl aber in der Verbindungslinie zweier solcher,

z. B. der von A und B, und sieht seitwärts noch einen dritten Festpunkt, so ergibt sich folgende Bestimmung des Standpunktes H mit dem Meßtisch: Das Kippregel-Lineal wird an die Linie a b der Platte angelegt, und diese wird nun gedreht, bis die Punkte A und B im Fernrohr erscheinen. Jetzt legt man das Lineal an den seitwärts gelegenen Festpunkt, z. B. d und dreht es um d, bis Punkt D im Fernrohr erscheint. Die Visierlinie wird rückwärts gezogen, bis sie die verlängerte Linie a b schneidet. Punkt h der Platte ergibt den Standort auf H. Je länger die Strecke d h und die Strecke h b im Verhältnis zur Strecke b a ist, desto unsicherer ist diese Bestimmung.

Natürlich kann auch dieser Abschnitt nach anderen Festpunkten geprüft und verbessert werden.

13. **Bestimmung der Nord-Süd-Linie.** Die Kippregel wird ungefähr auf die Mitte der nach dem Dreiecksnetz orientierten Platte (7) gestellt. Nachdem die Arretierung der Magnetnadel gelöst ist, wird die Kippregel so lange gedreht, bis die auf der Magnetnadel eingravierte Zeigerlinie mit der Zeigerlinie des Nadelgehäuses scharf einspielt. Am Nord- und Südrande der Platte wird je eine kurze scharfe Linie am Lineal gezogen (s. Fig. 1) und mit N S beschrieben. Danach wird die Magnetnadel wieder arretiert. Legt man später an beliebigem Standorte das Lineal wieder an die N S-Linie und dreht die horizontierte Platte, bis die Nadel einspielt, so laufen die Verbindungslinien der Festpunkte in der Natur mit den korrespondierenden Verbindungslinien der Punkte auf der Platte parallel[1]). Der Tisch ist „nach der Magnetnadel orientiert".

Die auf der Platte bezeichnete N S-Linie schneidet die Meridianlinien der Platte. Der sich ergebende Winkel würde gleich der magnetischen Deklination sein, wenn die Zeigerlinie des Magnetnadelgehäuses parallel zur Linealkante und Fernrohrachse gestellt wäre.

Dieser Umstand verdient Beachtung, wenn auf der Meßtischplatte außer dem Gradnetz nur ein Festpunkt und die Deklination von vornherein aufgetragen worden sind. In diesem Falle muß die Zeigerlinie des Magnetnadelgehäuses mit dem Fernrohr und der Linealkante parallel zeigen.

14. **Rückwärts-Einschnitt.** Einschnitt nach drei Festpunkten (s. Fig. 3). Steht man auf einem guten Übersichtspunkte P, der aber kein Festpunkt ist, und man sieht drei Festpunkte, z. B. A, B und D, so findet man seinen Standort wie folgt:

Man orientiert den horizontierten Meßtisch nach der Magnet-Nadel (13). Das Kippregel-Lineal wird an a angelegt und um diesen Punkt gedreht, bis Punkt A erscheint. In dieser Lage des Lineals zieht man eine Visierlinie a v rückwärts. In gleicher Weise zieht man von b und

---

[1]) Richtiges Arbeiten der Magnetnadel vorausgesetzt.

d die Visierlinien b v′ und d v″ nach B und D rückwärts. Die drei Visierlinien a v, b v′ und d v″ schneiden sich in der Regel nicht in einem Punkte, sie bilden das „fehlerzeigende Dreieck“ p′ p″ p‴.

Letzteres ist die Folge davon, daß die Orientierung nach der Magnetnadel nicht genau war.

15. **Beseitigung des fehlerzeigenden Dreiecks.** Die Korrektur geht davon aus, daß die Visierlinien vom Standpunkte P nach den Festpunkten A, B und D sich in der Natur unter denselben Winkeln schneiden, wie die korrespondierenden Visierlinien auf der Platte.

Es schneiden sich (Fig. 3) die Visierlinien von P nach A und D im Punkte p″ der Platte unter dem Winkel γ', die Visierlinien von P nach A und B im Punkte p′ der Platte unter dem Winkel γ.

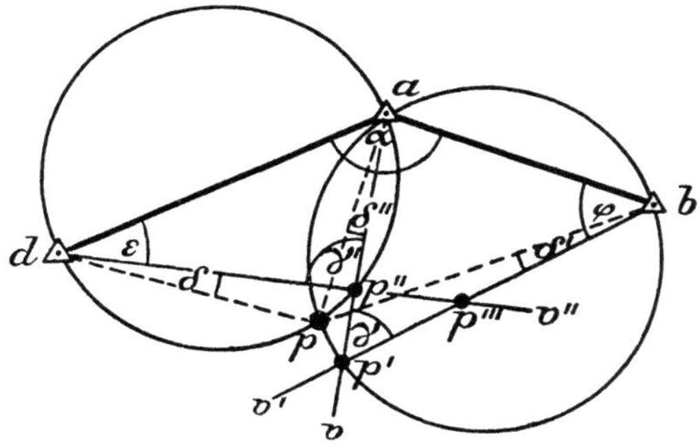

Fig. 3.
Rückwärts-Einschnitt.

Da die Winkel γ und γ' unbedingt topographisch richtig festgestellt sind, dürfen sie bei der Korrektur nicht verändert werden.

Denken wir uns durch a, d und p″ eine Kreislinie, so ist in allen Punkten derselben der Peripheriewinkel über der Sehne a d $= \sphericalangle \gamma'$. Dieser Kreis ist also ein geometrischer Ort für den wahren Punkt p, auf dem man steht. Der Kreis ist leicht aus a d und $\sphericalangle \gamma'$ zu konstruieren.

Der zweite geometrische Ort für p ist analog die durch a, b unb p′ gedachte Kreislinie. Beide Kreise schneiden sich in dem wahren Standpunkte p, wo die graphisch gemessenen Winkel γ und γ' als Peripheriewinkel über den Sehnen a b und a d dieselben geblieben sind. Verbindet man nun p mit a, b und d, so ist $\sphericalangle \delta = \sphericalangle \delta''$ als Peripheriewinkel über der Sehne pp″ und $\sphericalangle \delta'' = \sphericalangle \delta'$ als Peripheriewinkel über der Sehne p p′. Winkel δ ist demnach der Orientierungsfehler, hervorgerufen durch die Unsicherheit der Magnetnadel. Sind nun die Winkel δ, δ' und δ'' gleich, so sind auch ihre Tangentenverhältnisse gleich, d. h. es verhalten sich die von p auf die Visierlinien a v, b v′ und d v″ gefällten Lote wie die Visierlinien selbst (vom Fußpunkt der Lote bis zum Festpunkt).

Hieraus ergibt sich das praktische Verfahren für Fortschaffung des fehlerzeigenden Dreiecks: Man entwirft freihändig ein kurzes Stück des durch p′, a und b, ebenso des durch p″, a und d gehenden Kreises. Der Schnittpunkt beider zeigt, wie p zu dem Dreieck p′ p″ p‴ liegt. Man verbessert nun p, indem man das Tangentenverhältnis der Lote zu den Visierlinien nach Augenmaß berücksichtigt. Dann legt man das Kippregel-Lineal an p und den entferntesten Festpunkt und dreht den Tisch auf den Festpunkt der Natur ein. Mit dieser verbesserten Orientierung schneidet man sich von neuem ein. Ergibt sich noch ein kleines fehlerzeigendes Dreieck, so schafft man dies in vorstehend beschriebener Weise fort. Man macht dies so oft, bis sich alle drei Visierlinien in einem Punkte schneiden. Es kommt vor, daß nach der ersten Korrektur das Dreieck, statt kleiner zu werden, größer wird. Dies ist ein Zeichen dafür, daß man die Korrektur in einem falschen Sinne angebracht hat. Hieraus ergibt sich auch, daß ein Rückwärts-Einschnitt nach drei Punkten unmöglich ist, wenn der Standort und die drei Festpunkte auf ein und derselben Kreislinie liegen.

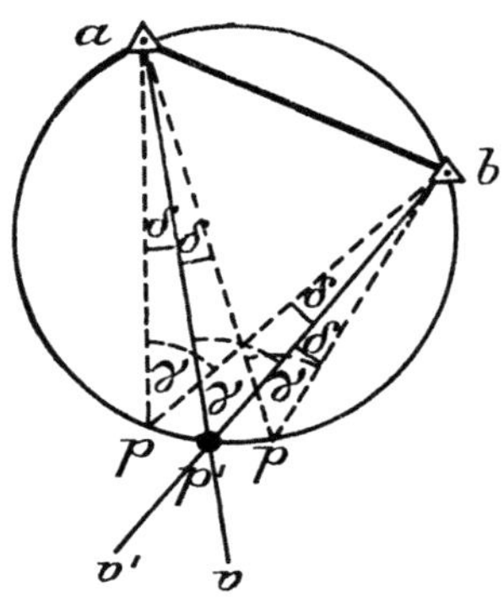

Fig. 4.
Einschnitt nach zwei Festpunkten (mit Hilfe der Magnetnadel).

16. **Einschnitt nach zwei Festpunkten.** Diese Meßoperation hat weniger Bedeutung für die exaktere Heimatstopographie, als für die schnellere Kolonial- und Forschungstopographie.

Steht man auf einem guten Übersichtspunkte P, der aber kein Festpunkt ist, und man sieht nur zwei Festpunkte, z. B. A und B, so ergibt sich der Standort P ähnlich, wie unter Nr. 14 beschrieben. Der Tisch wird nach der Nadel orientiert, und es werden die Visierlinien nach A und B rückwärts gezogen (s. Fig. 4). Der erhaltene Schnittpunkt p′ muß für den wahren Schnittpunkt p (auf genau orientierter Platte) gehalten werden, solange über den Orientierungsfehler $\sphericalangle\ \delta$ nichts Gewisses bekannt ist. Die Unsicherheit der Lage von p läßt sich nur schätzen, indem man aus Beobachtungen auf Festpunkten ein Höchstmaß für $\sphericalangle\ \delta$ ermittelt, welches natürlich positiv und negativ sein kann.

Denkt man sich durch a, b und den erhaltenen Schnittpunkt p′ eine Kreislinie, so ist diese der Ort für den wahren Punkt p. Trägt man in a oder b an a p′ oder b p′ den Winkel δ beiderseitig an, so ist p p′ p die Zone in der Kreislinie, in welcher der wahre Standpunkt p liegen kann.

17. **Einschnitt nach einem Festpunkt** (mit Hilfe einer gemessenen Strecke) (Fig. 5 und 6). Diese Meßoperation ist besonders wertvoll für die Kolonial- und Forschungs-Topographie. Steht man auf einem guten Übersichtspunkte P, der aber kein Festpunkt ist, und man sieht nur einen einzigen Festpunkt, z. B. A, dieser ist aber nicht oder schwer zugänglich, so kann man seinen Standort wie folgt bestimmen:

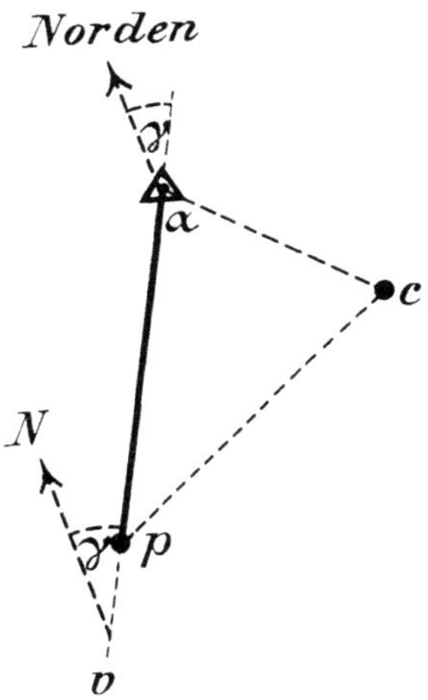

Fig. 5.
Einschnitt nach einem Festpunkt A (mit Hilfe einer gemessenen Strecke PC).

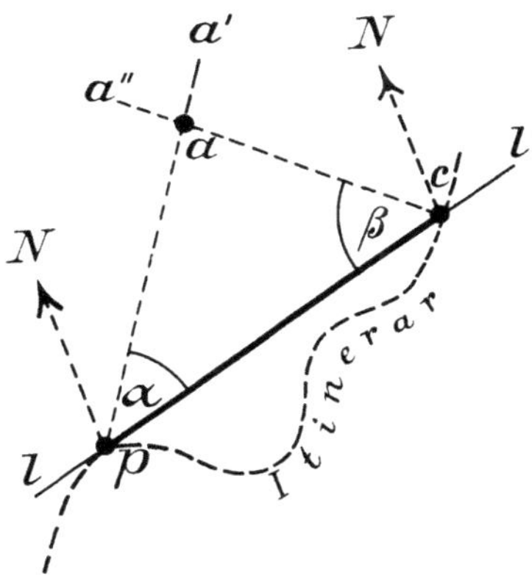

Fig. 6.
Messung der Strecke P A.

Man orientiert den Meßtisch nach der Magnetnadel, legt das Kippregel-Lineal an Punkt a der Platte, dreht es um a, bis A im Fernrohr erscheint, und zieht die Visierlinie a v (Fig. 5) rückwärts. Abgesehen von dem durch die Unsicherheit der Magnetnadel verursachten Orientierungsfehler ist die Linie a v ein geometrischer Ort der Platte, auf dem Punkt p liegen muß. Zur völligen Festlegung des Punktes p fehlt noch die Entfernung von P bis A.

Messung der Entfernung P A: Es sei in irgendeiner Weise — mit dem Meßbande oder mit dem Entfernungsmesser der Kippregel, durch Abschreiten oder durch eine Routenaufnahme — die Entfernung P C gefunden, die ungefähr quer zu A P liegt. Man legt diese Strecke P C im Maßstabe der Platte in irgendeine freie Ecke der Platte als Linie hin.

Man kann auch für diese ganz gesondert durchzuführende Messung der Strecke A P über die Platte ein Pauspapier legen oder ein anderes Papier daraufheften.

Es sei also in Fig. 6, ganz gesondert, eine lange Linie l l′ auf dem Meßtische hingelegt und hierauf die gemessene Strecke P C = p c bezeichnet. Auf P stehend, orientiert man den Tisch, indem das Kippregel-Lineal an die Linie l l′ angelegt und der Tisch gedreht wird, bis C im Fernrohr erscheint. Nun dreht man das Kippregel-Lineal um Punkt p der Platte, bis der Festpunkt A im Fernrohr erscheint, und zieht die Visierlinie p a′. Man begibt sich jetzt nach C und stationiert. Das Kippregel-Lineal wird wieder an die Linie l′ l gelegt und die Platte gedreht, bis Punkt P im Fernrohr erscheint. Nach Feststellung der Platte wird das Lineal um c gedreht, bis A im Fernrohr erscheint und die Visierlinie c a″ gezogen. Mit dieser Operation ist graphisch im Maßstabe der Linie p c das Dreieck P C A dargestellt. Legt man nun das Dreieck p c a (Fig. 6) so auf Fig. 5, daß a auf a und die Linie a p auf die Linie a v fällt, so kann man die beiden Punkte p und c auf die Platte durchstechen und erhält so die Lage der beiden Standorte P und C.

Mißt man die Strecke P C durch eine Route, so schneidet man auf P sowohl als auch auf C den Festpunkt A nach der Kompaßrichtung an und erhält so ebenfalls die Abstände a p und a c, also das Dreieck a p c, nur nicht so genau wie vorhin. Die Linie p c ist in der Route zwar gebogen (s. Fig. 6), jedoch dies schadet nicht. Die hier in Betracht kommende mathematische Linie ist die Gerade p c, also die Luftlinie zwischen P und C, die sich aus der Routenaufnahme ergibt. D i e U n s i c h e r h e i t d i e s e r E i n s c h n e i d e m e t h o d e liegt in der Unsicherheit der Orientierung des Meßtisches mit der Magnetnadel und in der Unsicherheit, welche in der Strecke P C liegt. Die Methode hat großen Wert bei schnellen Meßtisch-Aufnahmen (75).

18. **Der Überschlag.** Diese Operation wird viel angewandt bei der exakten Heimats-Topographie. Steht man auf einem Punkte P, der kein Festpunkt ist und man sieht nur einen einzigen Festpunkt oder will an einen anderen schon gemessenen Punkt auf kürzestem Wege anschließen, so orientiert man wieder den Meßtisch nach der Magnetnadel. Es sei z. B. Punkt a (Fig. 5) der bekannte Punkt, an den man sich anschließen will. Man legt das Kippregel-Lineal an a und dreht es, bis A erscheint. Punkt A ist dadurch sichtbar gemacht, daß ein Lattenträger auf A eine Meßlatte aufgerichtet hat. Die Visierlinie zieht man rückwärts und mißt mit dem Entfernungsmesser der Kippregel und mit Hilfe der auf A stehenden Meßlatte den Abstand von P bis A. Diesen Abstand trägt man im Maßstabe der Aufnahme von A aus auf der Visierlinie ab und erhält so seinen Standpunkt P im Punkte p der Platte.

Hat man andere Mittel, um den Abstand zwischen P und A zu

messen, und erübrigen sie es, daß ein Lattenträger Punkt A betritt, so vereinfacht sich der Überschlag. Solche Mittel besitzen wir für kurze Strecken im Stereo-Telemeter der Firma Carl Zeiß in Jena und für weite Strecken im stereoskopischen Bildmeßverfahren.

19. **Die Hauptarbeit des Topographen** liegt in der Messung und zeichnerischen Bearbeitung eines dichten Kotennetzes, durch welches alle Gegenstände des Grundrisses der Lage nach auf der Platte bestimmt werden. Durch dieses Koten- oder Punktnetz werden auch gleichzeitig die Höhen der dargestellten Grundrißgegenstände über dem Meere bestimmt.

Auf den für die Gelände-Darstellung wichtigsten Punkten — Kuppen, Rücken- und Muldenlinien, Sätteln, Kesseln, Böschungswechseln — mißt man noch besondere Koten, so daß es gelingt, die Höhen-Verhältnisse des Geländes in parallel zur Horizontalebene gedachten Schnittfiguren — Schichtlinien — darzustellen. Das Ganze ergibt die Original-Meßtisch-Aufnahme.

Erfordern die verschiedenen Arten der Stationierung und Bestimmung für Verdichtung des Punktnetzes außer mathematischer Veranlagung große Aufmerksamkeit und Geschicklichkeit, so verlangt die zeichnerische Bearbeitung der Aufnahme — das Krokieren — ein hohes Maß von Kunstfertigkeit. Das Krokieren ist ein Augenmessen, zu vergleichen mit der Arbeit des Bildhauers. Der geschickte Topograph vermag mit wenigen Koten ein naturwahres Kartenbild zu liefern; er muß für seinen Beruf veranlagt sein.

20. **Das Kotennetz** legt der Topograph nun in folgender Weise (s. Fig. 1). Nach Stationierung auf dem Punkte P, also auf Punkt p der Platte, errechnet er nach den Festpunkten seine Höhe über dem Meere. (Über die Höhen-Berechnung s. 53—62.)

Ein Lattenträger begibt sich z. B. an einen Bach und steht auf dem Punkte C (s. Fig. 1) still. Der Topograph visiert von P aus Punkt C an und zieht die Visierlinie p c auf dem Tisch. Den Abstand P C mißt er mit der Kippregel (Näheres hierüber s. 34—36) und mit Hilfe der Latte, die der Instrumententräger in C aufgerichtet hat. Die gemessene Entfernung wird auf der von p ab gezogenen Visierlinie im Maßstabe der Platte abgetragen, wodurch Punkt c der Platte entsteht. Nachdem auch noch die Höhe von C gemessen ist, begibt sich der Lattenträger nach C′, welcher Punkt in der gleichen Weise auf der Platte gemessen wird. So entstehen die Punkte c′, c″, c‴, c⁗ und viele andere der Platte.

Die Dichtigkeit des Kotennetzes richtet sich nach dem Zwecke der Aufnahme, ihrem Verjüngungsmaßstabe, nach dem Gelände, nach den Unterlagen und nach der Gewandtheit des Topographen. Für Original-Meßtisch-Aufnahmen im Maßstabe 1 : 10 000 braucht man ein dichteres Kotennetz als für solche im Maßstabe 1 : 25 000. Bei schnellen Meßtisch-Aufnahmen in Kolonien oder auf Forschungsreisen macht man derartige Koten nicht, weil man die kurzen Entfernungen nicht mehr mißt, sondern schätzt. Man mißt hier fast nur noch durch Abschnitte usw. (auch „Peilungen" genannt).

21. **Das Krokieren.** Nachdem der Lattenträger zurückgekehrt ist; nimmt der Topograph die Platte vom Fußgestell und läßt sie nach C tragen. Hier zeichnet er nach Augenmaß die Krümmungen der Bachlinie in der Umgebung von C auf den Tisch bei c. Dann geht er nach C′ und tut hier dasselbe, ebenso auf allen anderen Koten. Gleichzeitig mit der Einzeichnung der Grundrißlinien entwirft er auch nach den Höhenzahlen der Koten den Schichtenplan. In dieser Weise baut der Topograph Stück an Stück, bis die Karte die Grenzlinien des aufgetragenen Grad- oder Koordinatennetzes überall erreicht hat. Damit ist die Meßtischplatte fertig aufgenommen.

22. **Personal.** Messen und Krokieren stellen gleich hohe Anforderungen an den Topographen.

Das Messen läuft im allgemeinen auf ein elegantes Spiel mit den einfachsten geometrischen Gesetzen hinaus. Es erfordert deshalb weniger eine hohe mathematische Schulung als eine natürliche mathematische Begabung. Das schnelle und sichere Erfassen der Bodenformen und die für den Darstellungsmaßstab passende Art ihrer Wiedergabe in Schichtlinien unter Berücksichtigung eines möglichst weitmaschigen Kotennetzes stellen besondere Anforderungen an den Topographen (19). Das Personal einer Landesaufnahme wird deshalb sorgfältig ausgewählt. Gelegenheit hierzu bieten die Unterrichtskurse in der Topographie auf den Kriegsschulen, der Kriegsakademie und der Oberfeuerwerkerschule, wo die Qualifikationen für die Arbeiten bei der Landesaufnahme erworben werden.

Nur die am besten geeigneten Offiziere und Feuerwerker werden zur Dienstleistung als Topographen zur Landesaufnahme kommandiert. Die eigentliche Ausbildung erfolgt ausschließlich bei der Behörde selbst. Aus den kommandierten Feuerwerkern ergänzt sich hauptsächlich das Berufs-Topographen-Personal der Landesaufnahme.

Die Leistungen der staatlichen Landesaufnahmen sind anerkannt. Ebenso wie man bei der Heimatstopographie das Personal sorgfältig aussucht und bei einer praktisch tätigen Behörde heranbildet, sollte man dies auch für die Kolonial- und Forschungs-Topographie tun.

23. **Das Ideal der topographischen Meßverfahren.** Es besteht in der Möglichkeit, Entfernungen vom Stationspunkte aus zu messen, ohne daß ein Lattenträger den zu messenden Punkt betritt, und ohne daß an dem Punkte ein scharfes Zeichen aufgestellt wird. Weiter wünscht der Topograph bei Aufnahmen auf größere Entfernungen, die Umgebung des gemessenen Punktes auch in diesem Falle noch körperlich richtig

beurteilen zu können, damit er die Schichtlinien für die Geländedarstellung entwerfen kann.

Die Entfernungsmessung mit der Kippregel entspricht diesem Ideale noch nicht. Wäre es wirklich erreicht, so würde aus dem Vorwärts-Abschnitt eine entfernte Kote. Der Rückwärtseinschnitt wäre nach zwei Punkten möglich. Der einfache Einschnitt nach zwei Festpunkten wäre durch den Überschlag von einem Festpunkte ersetzt.

Die Raumbeurteilung, wie sie das zweiäugige Sehen für kurze Entfernungen ermöglicht, kann durch ein monokulares Fernrohr nicht wesentlich gesteigert werden. Nur Doppelfernrohre mit erweitertem Augenabstande bringen hier einen geringen Fortschritt.

Dem Ideale der Topographischen Meßverfahren recht nahe kommt das stereoskopische Meßverfahren. Es ermöglicht nicht allein eine sehr scharfe Entfernungsmessung, die praktisch genommen auf einer Station ausführbar ist, es macht auch die Entsendung eines Lattenträgers nach dem zu messenden Punkte oder die Errichtung scharfer Zeichen daselbst überflüssig. Zudem gestattet es eine sichere Raumbeurteilung selbst auf größte Entfernungen. Das Topographieren bewegter Objekte, die bisher überhaupt nicht topographiert werden konnten, ist durch das stereoskopische Meßverfahren möglich geworden.

b) Das Wesen stereoskopischer Messungen.

24. **Die Eigenart stereoskopischer Messungen** soll hier zunächst in einigen typischen Beispielen anschaulich behandelt werden, damit der topographische Wert und einige besondere Anwendungsgebiete erkannt werden, bevor wir uns in die näheren Verhältnisse der Methode vertiefen. Es sind dies:

Die Topographie des Menschen,
die Topographie der Meereswellen,
die Forschungs Topographie.

25. **Topographie des Menschen.** Der im Januar 1907 ausgeführte Versuch bezweckte, die Eigenart und Schärfe stereoskopischer Messungen auch für den der Meßkunst ferner Stehenden möglichst deutlich in die Augen springen zu lassen. Es ist bekannt, daß die geringste Änderung der Gesichtsform ein anderes Gesicht schafft. Ergibt die Topographie eines Gesichts auch nur annähernd eine gewisse Ähnlichkeit des Porträts oder Profils, so ist die Schärfe der Messungen erwiesen. Andererseits ist es nicht gut möglich, auf einem Gesicht Meßlatten oder trigonometrische Zeichen aufzustellen. Dadurch, daß dies entbehrlich ist wird die Eigenart der stereoskopischen Messung charakterisiert.

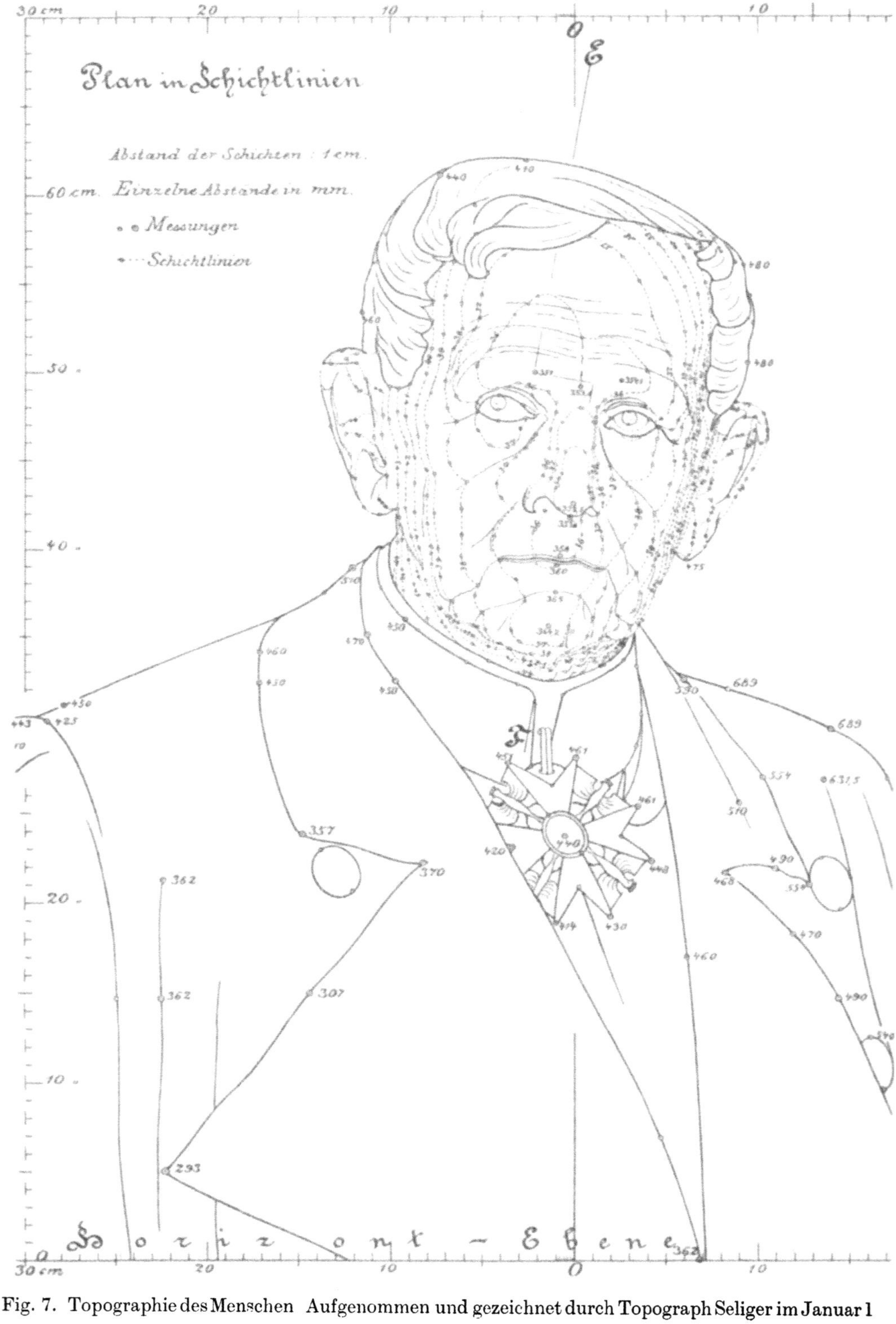

Fig. 7. Topographie des Menschen Aufgenommen und gezeichnet durch Topograph Seliger im Januar 1

Am liebsten hätte Verfasser gleich einen lebenden Menschen vermessen. Es fehlte jedoch noch an der erforderlichen Ausrüstung, die in einer besonderen Stereo-Meß-Kamera bestehen muß. Eine solche ist inzwischen von Dr. Pulfrich konstruiert — s. die Stereometer-Kamera

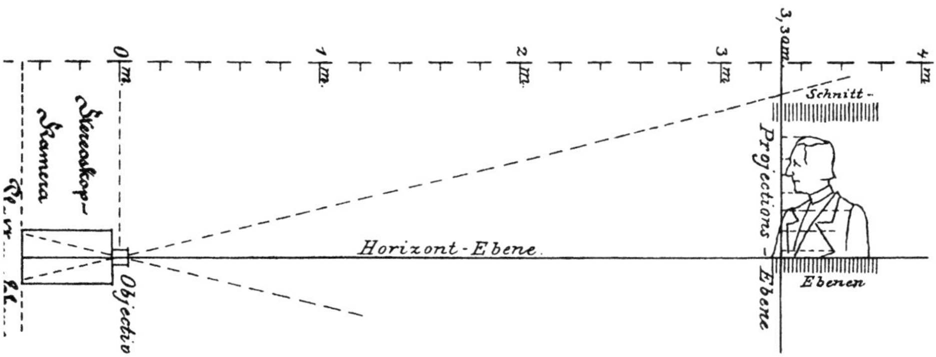

Fig. 8.
Topographie des Menschen.
Versuchs-Anordnung.

Fig. 80 (198) —. Es sei hierbei auch erklärt, daß der Gedanke an sich, Menschen durch Stereoskopie zu vermessen, von Dr. Pulfrich lange vor dem Versuche des Verfassers angeregt war. Es handelte sich hier lediglich um Schaffung eines allgemein verständlichen Beweisdokuments für Wesen und Schärfe des stereoskopischen Meßverfahrens.

Verfasser wählte eine gute, dem Großen Generalstabe gehörige Büste des verewigten Generalfeldmarschalls Grafen von Moltke, dessen Gesichtszüge allgemein bekannt sind.

Die Versuchsanordnung gibt Fig. 8 wieder. Die Büste stand auf einem Tisch und wurde aus einer Entfernung von 3,4 m stereoskopisch, also zweimal photographiert. (Nach Aufnahme des ersten Bildes wurde die Kamera um 20 cm seitlich verschoben und in dieser Stellung das zweite Bild aufgenommen.) Zur Aufnahme benutzt wurde ein größerer Atelier-Apparat, und es wurden dabei besondere Vorsichtsmaßregeln beobachtet, weil das Instrument kein Präzisions-Instrument war. Fig. 9 zeigt das erhaltene Stereoskop-Bild, das, mit dem Stereoskop betrachtet, die Büste in ausgezeichneter Plastik widergibt. Fig. 7 zeigt den nach dem Stereoskop-Bilde (Fig. 9) vermessenen Schichtenplan. Die Schichten sind hier vertikal und im Abstande von je 1 cm gelegt. Jede Kote ist im Schichtenplane durch einen kleinen Kreis markiert. Die Schichtlinien sind nach dem plastischen Eindruck der Bilder im Stereoskop krokiert. Die Furchen des Gesichts, Konturen der Augen,

Ohren und des Mundes sind wie Gegenstände des Grundrisses bei der Landestopographie, also wie Gräben, Seeufer usw. behandelt. Eine gewisse Porträt-Ähnlichkeit ergibt schon der Schichtenplan Fig. 7. Deutlicher aber tritt die Ähnlichkeit in dem Profil Fig. 10 zutage, das rein geometrisch aus dem Schichtenplane Fig. 7 konstruiert wurde.

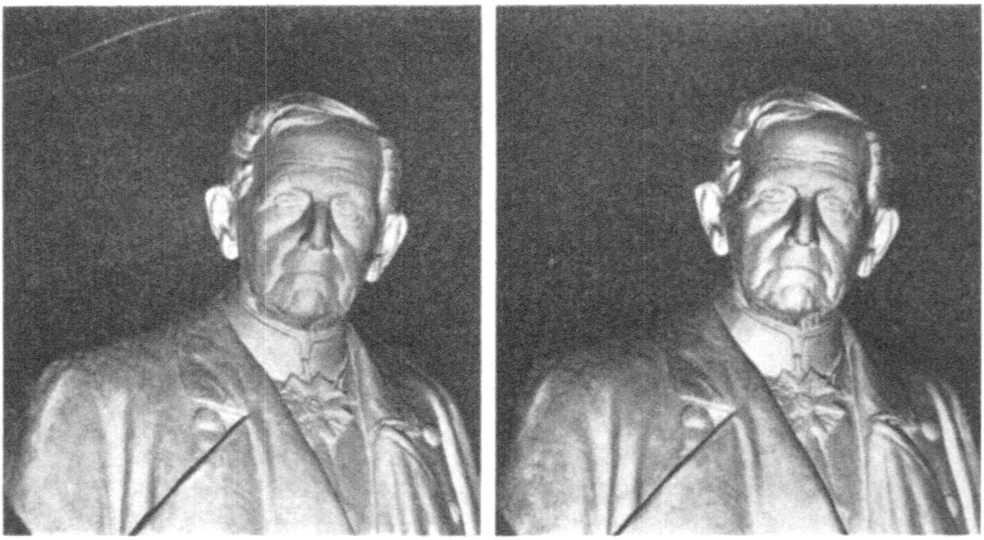

Fig. 9.
Topographie des Menschen.
Das aufgenommene Stereogramm.

Für Beurteilung der Meßschärfe muß noch darauf hingewiesen werden, daß bei jeder einzigen Messung der Abstand des Objektivmittelpunktes vom darzustellenden Punkt, also von einem der kleinen Kreise der Fig. 7, zu ermitteln war, und dies ist stets eine Strecke von mehr als 3 m Entfernung gewesen (s. Fig. 8). Wären diese Entfernungen auch nur um einen Millimeter falsch gemessen worden, also um $^1/_{3000}$ ihrer Länge, so hätte die Porträt-Ähnlichkeit wohl recht empfindlich gelitten und mehr noch die Profil-Ähnlichkeit.

26. Es sei hier jedoch sogleich vor einem Trugschlusse gewarnt, in den man schon verfallen ist, nämlich, daß es gelingen müsse, die stereoskopische Meßmethode zur handwerksmäßigen Anfertigung von Büsten auszunützen. Sollte auf diesem Wege wirklich eine getreue Büste entstehen, so müßte der zu modellierende Mensch zunächst im Momente der Aufnahme den für die Darstellung beabsichtigten Gesichts-

ausdruck zeigen. Die mechanische Wiedergabe desselben durch Ausschneiden von Schichten würde erfordern, daß die Schichten sehr dünn gewählt werden. Die Vermessung derselben wäre eine endlose Arbeit, von der der Nichttopograph keine Vorstellung hat. Und trotzdem wäre dann noch ein Abschrägen der aufeinandergelegten Schichten oder Ausfüllen der Stufen nötig. Würde diese Arbeit nicht von einem Künstler

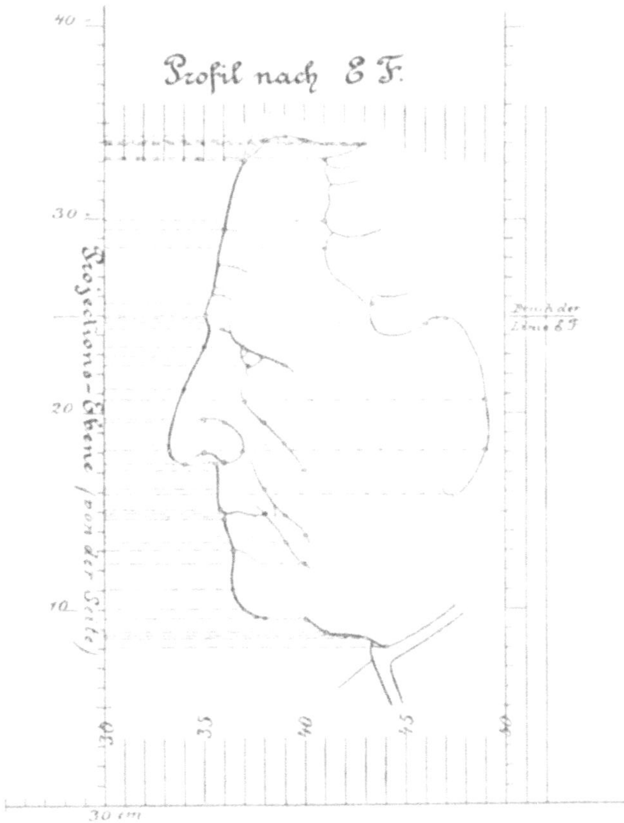

Fig. 10.
Topographie des Menschen.

gemacht, so würde die Büste bei diesem Abschleifen der Form doch noch verdorben werden. Und andererseits, braucht man erst einen Künstler, so braucht man nicht die vielen Messungen.

Wohl aber wird der Künstler das in einem Archiv niedergelegte meßbare Stereoskopbild eines verstorbenen Menschen für seine Arbeit

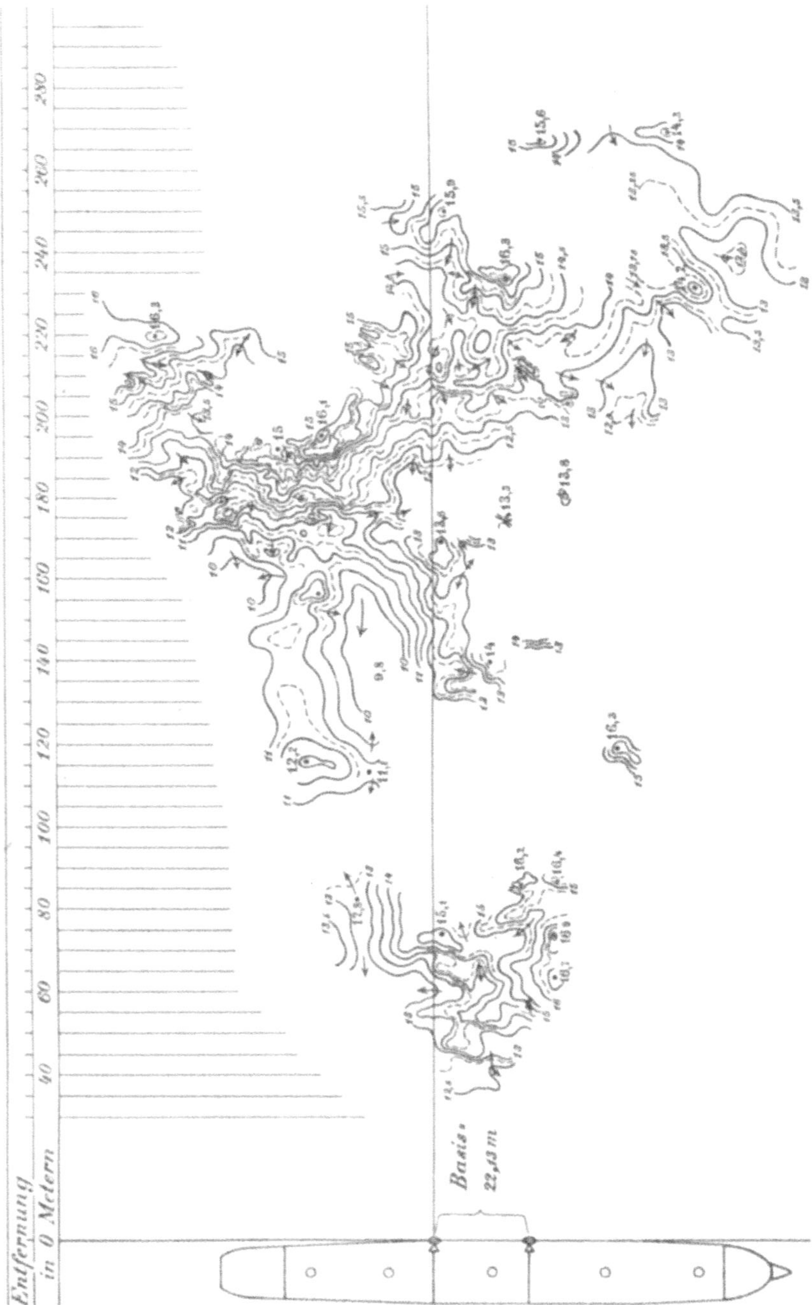

Fig. 11.
Topographie der Meeresoberfläche.
Aufnahme von Professor Laas 1904. Messung von Topograph Seliger 1905.

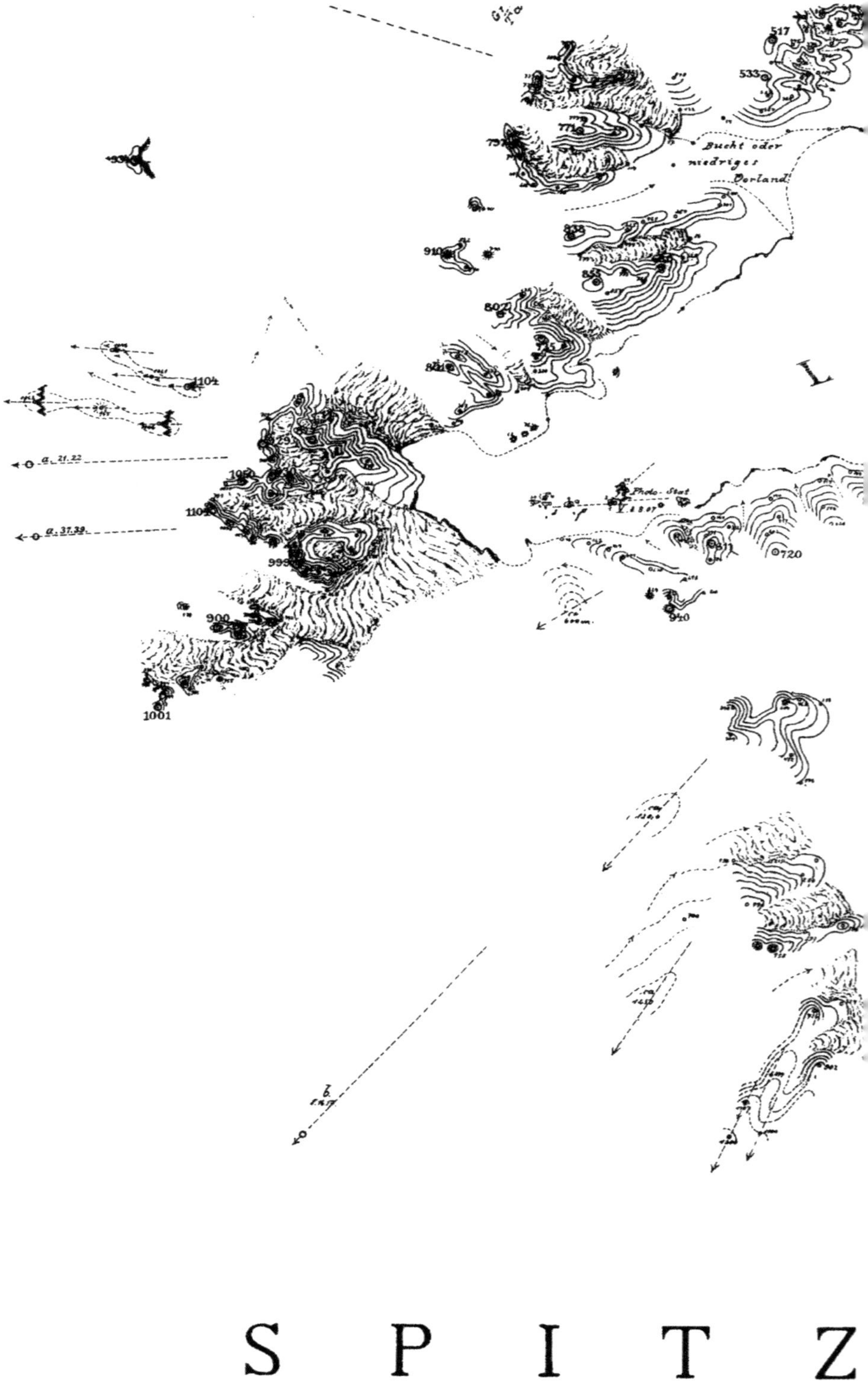
517
533
Bucht oder
niedriges
Vorland
771
757
910
807
1104
a. 21.22
a. 37.39.
1104
999
900
1001
Photo-Stat.
720
L
S P I T Z

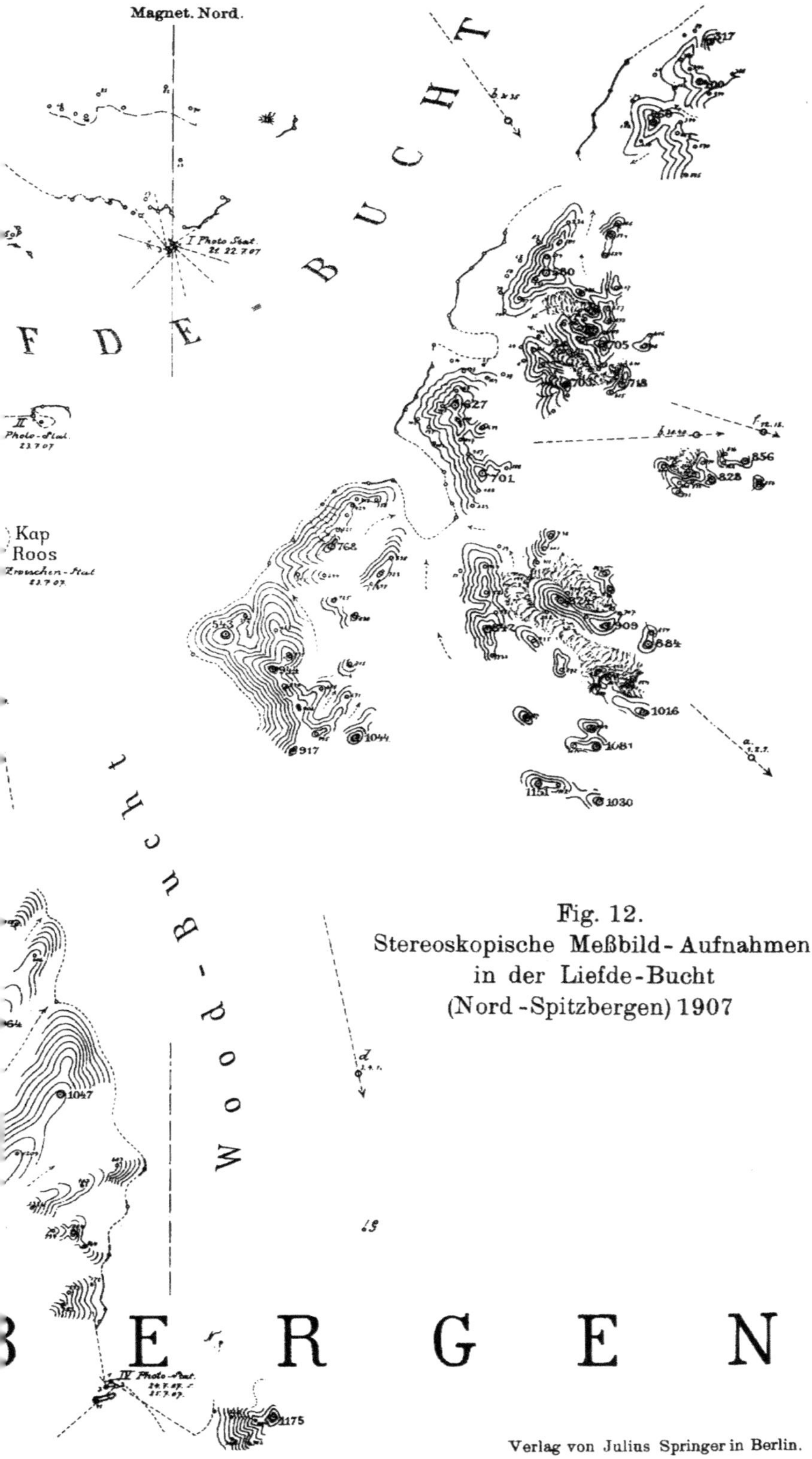

Fig. 12.
Stereoskopische Meßbild-Aufnahmen
in der Liefde-Bucht
(Nord-Spitzbergen) 1907

Verlag von Julius Springer in Berlin.

mit Freuden benutzen, wenn es ihm zuverlässig einige Hauptmaße und einen körperlichen Eindruck des Menschen gewährte, ihm also das lebende Modell bis zu einem gewissen Grade ersetzen könnte.

27. **Topographie der Meeresoberfläche.** Der Versuch ging von Professor Laas-Berlin aus und bezweckte die Feststellung der wahren Formen der Meereswellen im Interesse der Schiffbautechnik und ist publiziert in der Zeitschrift des Vereines deutscher Ingenieure, Berlin 1905.

Fig. 11 zeigt den Schichtenplan, den Verfasser nach einem der von Professor Laas aufgenommenen Stereoskopbilder im Sommer 1905 angefertigt hat.

Dieser Versuch zeigt recht deutlich das Wesen der stereoskopischen Messung, denn eine Topographie der Meereswellen war bisher unmöglich.

Der Versuch lehrte aber auch, daß für die Auswertung der Aufnahmen, für den echt topographischen Teil der Aufnahme, die Erfahrung der Berufstopographie schwer zu entbehren ist.

28. **Forschungs-Topographie.** Ein Beispiel für den Nutzen stereoskopischer Messungen bei Forschungsreisen gibt ein Versuch, den zwei Offiziere der Topographischen Abteilung der Landesaufnahme im Jahre 1907 auf Spitzbergen ausführten. Es waren dies die damaligen Oberleutnants, jetzigen Hauptleute Graf Poninski und von Bock, welche gelegentlich des Wellmann-Aufstiegs den Polarfahrer Theodor Lerner nach Spitzbergen begleitet hatten. Leider war die Zeit zu einer gründlichen Ausbildung der beiden Offiziere viel zu kurz. Die Reise mußte sehr eilig vorbereitet werden. Es war nicht allein eine Ausbildung mit dem stereoskopischen Meßverfahren, sondern auch eine solche in astronomischen Ortsbestimmungen und in flüchtiger Topographie erforderlich.

Auf wie fruchtbaren Boden aber die noch nicht 8 Tage dauernde Ausbildungszeit gefallen ist, wie glänzend sich wieder der für seinen Beruf veranlagte Topograph bewährte, das zeigt das Ergebnis des Versuchs. Es ist selbstverständlich, daß die Aufnehmer noch mehr hätten leisten können, wenn sie vorher gründlich geschult worden wären. Das Ergebnis ist aber doch so erfreulich und zeigt so deutlich die Praxis, die einzuschlagen ist, daß es unbedenklich als Muster hingestellt werden darf.

Fig. 12 zeigt den größten Teil des Ergebnisses der stereoskopischen Vermessung der Liefdebucht — an der Nordseite Spitzbergens — ohne jegliche Eintragung irgendwelcher Topographie, wie es Verfasser nachden von den Aufnehmern nach Hause mitgebrachten stereoskopischen Aufnahmen liefern konnte. Auf der Stationsinsel (s. Fig. 15) wurde der Ort astronomisch bestimmt und die Deklination gemessen. Lediglich von dieser Insel aus wurde der umgebende Kranz von Höhen nach Lage und Meereshöhe durch stereoskopische Aufnahmen gemessen. Dieser

Kranz erstreckte sich westlich bis zum Hufeisen (s. Fig. 15), südlich bis zur Wilhelms-Höhe, der Bock-Bucht und der Auguste-Viktoria-Höhe.

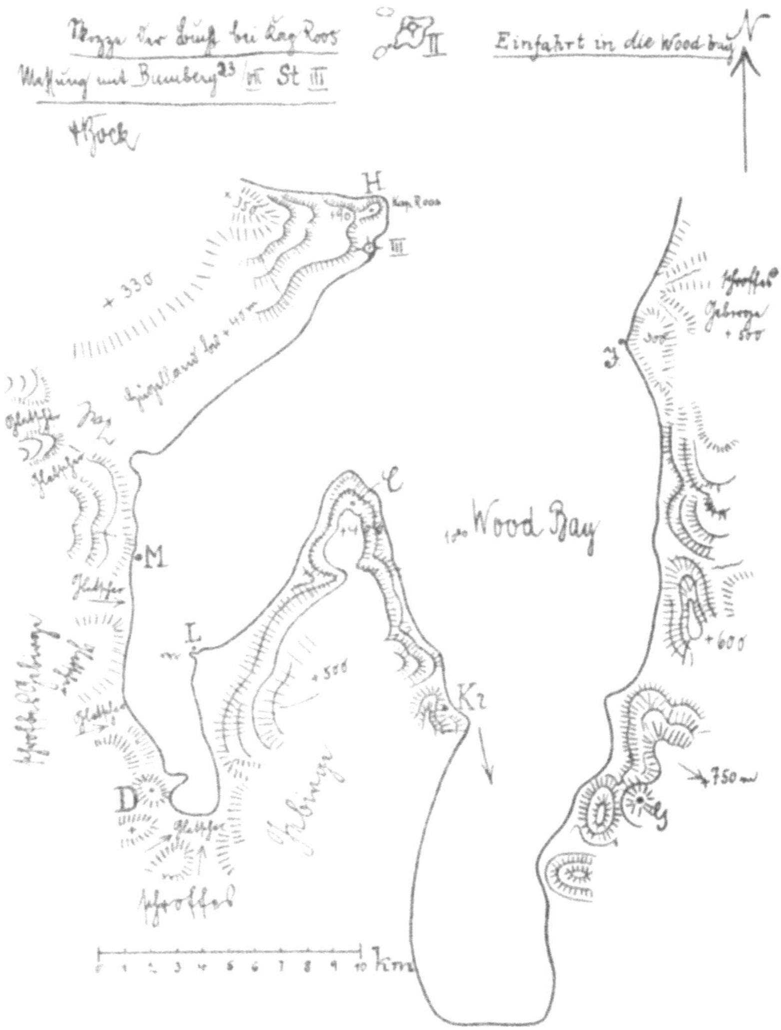

Fig. 13.
Aufnahme der Liefde-Bucht (Nord-Spitzbergen) 1907.
Ein Kroki.

Die ganze Küste der Bucht ist mit einem kleinen Dampfer abgefahren und von Fahrt aus sorgfältig krokiert worden. Dabei wurde besonders daran gedacht, daß die Krokis mit den später zu erwartenden Stereo-Messungen gut in Verbindung kämen.

Fig. 13 zeigt eines der Krokis — die Umgebung der ,,Bock-Bucht"—. Interessant sind darin die Schätzungen der Höhen, die sich später als viel zu gering erwiesen, und die Ziffern und Zahlen, die sich auf eine Übersichtskizze der gesamten Bucht beziehen. Auch diese Skizze ist in Fig. 14 dargestellt. Aus der Übersichtsskizze (Fig. 14), die deutlich er-

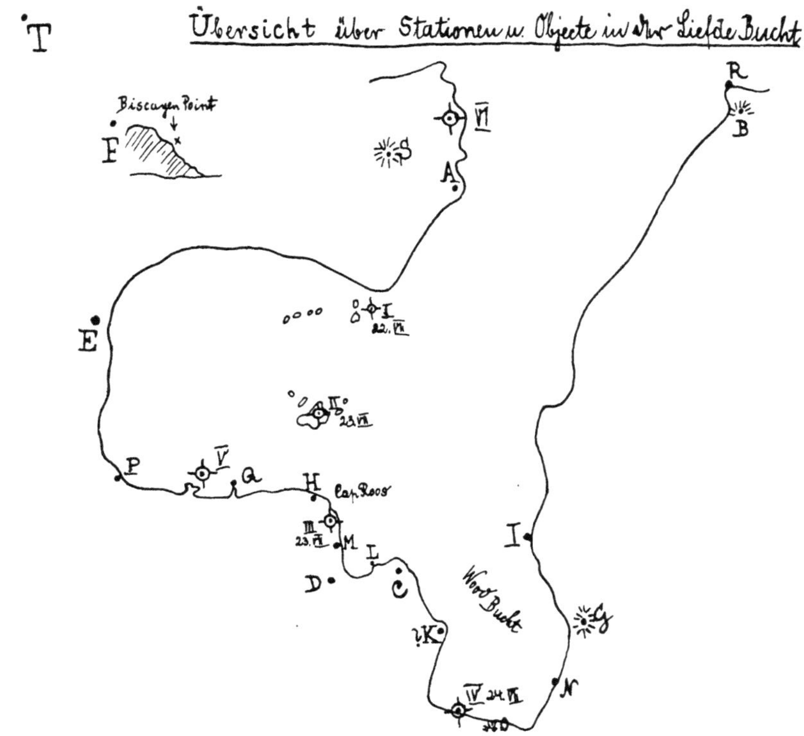

Fig. 14.
Aufnahme der Liefde-Bucht (Nord-Spitzbergen) 1907.

kennen läßt, wie schwer es selbst geübten Topographen fällt, ein größeres Gebiet seiner Form nach ohne Messungen darzustellen, ist aus römischen Ziffern ersichtlich, daß verschiedene Meß-Stationen gemacht wurden. Während auf der Stations-Insel ein volles stereoskopisches Rundbild aufgenommen wurde, wurden auf den Möven-Inseln, den Lerner-Inseln und am Südrande der Woodbucht nur noch einzelne Stereoskop-Aufnahmen für die wichtigsten Richtungen gemacht. Sie bezweckten, die

Strandfigur schärfer zu bestimmen, und am Südende der Woodbucht sollten sie diese an den von der Stationsinsel her gemessenen Höhenkranz durch einen Überschlag (18) über die Auguste-Viktoria-Höhe anschließen. Alle Bestimmungen der photographischen Standorte erfolgten durch Überschläge mittels der magnetischen Nord-Süd-Richtung (18). Die dafür erforderlichen Entfernungen wurden den stereoskopischen Aufnahmen entnommen.

Die Konstruktion der Überschläge erfolgte natürlich in der Heimat.

Einige der in Fig. 14 bezeichneten Meß-Stationen waren nicht Photo-Stationen, sondern Theodolit-Stationen. Die Aufnehmer hatten die Absicht, nach Wellmanns Aufstieg unter Theodor Lerners Führung eine Reise um Nordostland herum zu machen, um die Küste aufzunehmen. — An diesem Vorhaben wurden sie leider verhindert, weil Wellmanns Aufstieg sich zu sehr verzögert hatte und unbedingt von Lerner beobachtet werden mußte. — Um Platten zu sparen, war beabsichtigt, zu versuchen, ob man nicht durch Theodolit-Messungen auf den kleinen Basen, wie sie sonst für die stereoskopischen Aufnahmen benutzt werden, genügend genau die topographischen Entfernungsmessungen für die Überschläge usw. ohne Signalbau ausführen könnte. Diese Versuche führten die Aufnehmer schon in der Liefdebucht aus. Und das war auch recht gut, denn wir wissen nun, daß die Stereo-Messungen unter den geschilderten Verhältnissen den Vorzug vor den Theodolit-Messungen verdienen. Hätten die Aufnehmer diese Versuche nicht gemacht, so wäre allerdings das topographische Ergebnis durch Stereo-Aufnahmen, besonders in der Wood-Bucht und Bock-Bucht, wesentlich besser ausgefallen. Daß die Aufnahme der Liefdebucht — ca. 300 km Küstenlinie — in 5 Feldarbeitstagen erledigt wurde, war schon eine recht gute Leistung. Wenn bei der Gelegenheit auch noch wichtige topographische Versuche ausgeführt wurden, so muß das Ergebnis erst recht befriedigen.

Fig. 15 zeigt den Hauptbestandteil des in der Heimat aus dem stereoskopisch gewonnenen Rahmen und den Krokis hergestellten Planes, der im Original im Maßstabe 1 : 100000 entworfen wurde. Zwei große Täler, die von Südosten und Südwesten her in die Woodbucht einmünden und auch noch stereoskopisch aufgenommen wurden, erscheinen nicht mehr in der Reproduktion (Fig. 15). Es sind dies der Poninski-Grund und der Hoffnungs-Gletscher. In dem fertigen Plane wurde gleichzeitig versucht, ein Muster für Aufnahmen zu geben, in denen sichere und unsichere Topographie durcheinandergehen. Meistens erweckt eine schöne Ausführung der Karte den Glauben an ihre Zuverlässigkeit. Es ist sehr wichtig, dem nachfolgenden Forscher zu zeigen, wo seine Tätigkeit am besten einsetzt, wo er noch verbessern kann.

Seliger, Meßmethode.

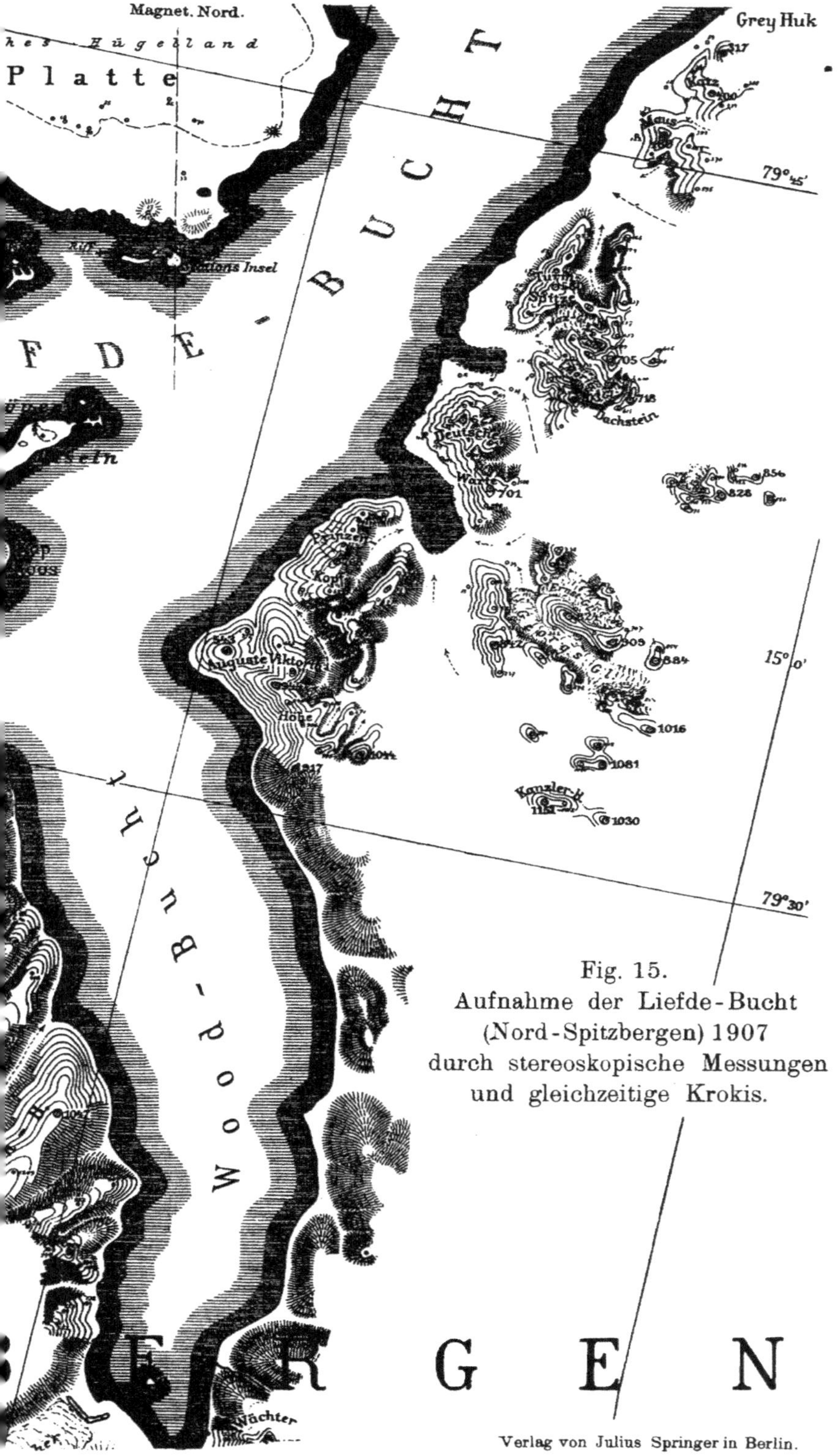

Fig. 15.
Aufnahme der Liefde-Bucht
(Nord-Spitzbergen) 1907
durch stereoskopische Messungen
und gleichzeitige Krokis.

Verlag von Julius Springer in Berlin.

Es wurde deshalb die Strandlinie nur dort ganz stark gezeichnet, wo sie zweifelsfrei gemessen war. Wo sie einwandfrei nach den Krokis vervollständigt wurde, ist sie mit einer feineren Linie dargestellt; wo sie unter dem Eise nicht zu erkennen war — in kleineren Buchten — ist sie mit gerissener Linie gezeichnet.

Hohe Berge in der Ferne, deren Lage nicht mehr sicher ist, wurden mit einer Visierlinie versehen, auf der allein nur die Verschiebung vorgenommen werden darf. Wird der Berg später wirklich verschoben, so ist damit auch seine Höhe zu ändern. Die Bergwände, die sicher stereoskopisch gemessen wurden, sind in Schichtlinien mit 100 m Abstand gezeichnet. Solche Bergwände, die nach dem Kroki ergänzt wurden, sind durch Bergstriche dargestellt.

Man wolle beachten, wie arm die Ostseite der Woodbucht ohne die stereoskopischen Messungen erscheint. Sehr viel besser wäre auch das Ergebnis geworden, wäre Zeit gewesen, auf die Höhen zu steigen. Man würde weit über die Insel hin die bedeutendsten Höhen im Umkreise festgestellt, auch die Strandfigur noch besser gesehen haben. Mit diesem Beispiel ist klar angedeutet, wie die stereoskopische Messung bei sehr flüchtigen Topographien anzuwenden ist. Ihr Vorzug liegt in der vorzüglichen Entfernungsmessung auf kleiner Basis und in der Sicherheit der Raumbeurteilung auf große Entfernungen.

Wollte man nun aber auch noch die Lücken durch Stereoskopie schließen, so wäre dies verfehlt. Man kann dies für die Maßstäbe, die hier in Frage kommen, ausreichend genau durch Krokis an der Hand des gegebenen Haltes erreichen und so schneller zum Ziel gelangen als durch stereoskopische Aufnahmen, die sonst sehr zahlreich gemacht werden müßten.

c) Trigonometrische Grundlagen der Entfernungsmessung mittels kurzer Basen.

29. **Das Ideal der topographischen Entfernungsmessung** wäre, auf dem Standorte direkt die beliebig lange Strecke bis zu einem gesehenen Punkte zu messen, ohne daß zu dem Zwecke irgendjemand den Punkt betritt. Diesem Ideale sind wir in den letzten Jahren durch verschiedene Entfernungsmesserkonstruktionen näher gekommen. Aber noch nicht nahe genug! Durch die stereoskopische Bildmessung kommen wir ihm erheblich näher, wenngleich auch sie es noch nicht ganz erreicht.

Je mehr wir die Basis verkürzen dürfen, desto näher kommen wir dem Ziele, aber um so empfindlicher werden der Meßvorgang und die Instrumente, desto mehr Sachkenntnis erfordert ihre Bedienung. Um das stereoskopische Meßverfahren zu verstehen, müssen wir uns deshalb auch mit den mathematischen Grundlagen der Entfernungsmessung beschäftigen.

30. **Begriff trigonometrischer Entfernungsmessung.** Jede Entfernungsmessung, die nicht vollständig mit einem Maßstabe, Meßband oder sonstigem Längenmeßgerät durchgeführt wird, muß trigonometrisch erfolgen. D. h. die gesuchte Strecke muß von einer anderen gemessenen durch Dreiecksmessung abgeleitet werden. Z. B. sei die Strecke A B (Fig. 16) als Basis gemessen, und die Entfernung A P sei von ihr abzuleiten. Wir denken uns P mit A und B verbunden und erhalten so

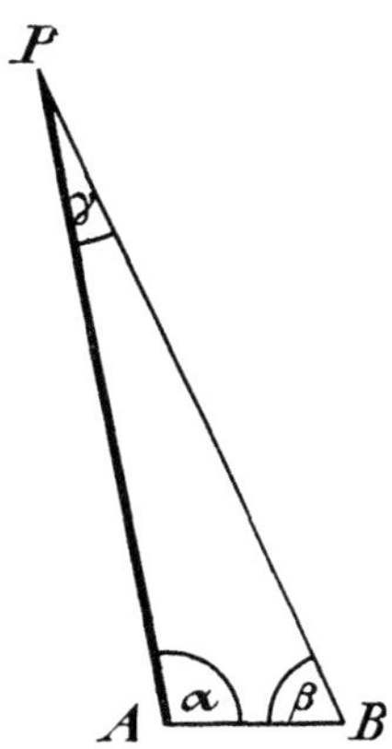

Fig. 16.

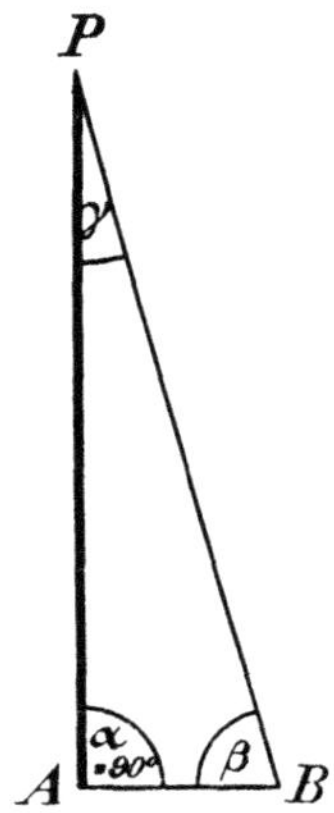

Fig. 17.

das Dreieck A B P, in dem wir außer A B noch die Winkel α und β messen. Die Dreiecksfigur sei in beliebiger Ebene gelegen.

Sind in einem Dreieck drei Stücke bekannt, darunter eine Seite, so ist das Dreieck bestimmt, d. h. es lassen sich die übrigen Stücke berechnen.

Z. B. in Fig. 16 seien gegeben:

Die Basis A B und die Basiswinkel α und β.

Dann ist nach dem Sinussatze:

$$AP : AB = \sin\beta : \sin\gamma$$

oder

$$AP = \frac{AB \cdot \sin\beta}{\sin\gamma}$$

wobei $\sphericalangle\, \gamma = 2\,R - (\alpha + \beta)$ ist.

Ist das zu bestimmende Dreieck rechtwinklig, wie es bei der Entfernungsmessung oft vorkommt, so ist die Berechnung der gesuchten Strecke A P noch einfacher.

Z. B. sei in Fig. 17 gegeben:

Die Basis A B und die Basiswinkel α und β, davon $\sphericalangle \alpha = 90^0$. Dann ist

$$A B : A P = \operatorname{tg} \gamma$$

oder

$$A P = \frac{A B}{\operatorname{tg} \gamma}$$

wobei $\sphericalangle \gamma = 90^0 - \beta$ ist.

31. Bei den meisten topographischen Entfernungsmessern ist das zu bestimmende Dreieck sehr spitz. Die gemessene Strecke ist ein hohes

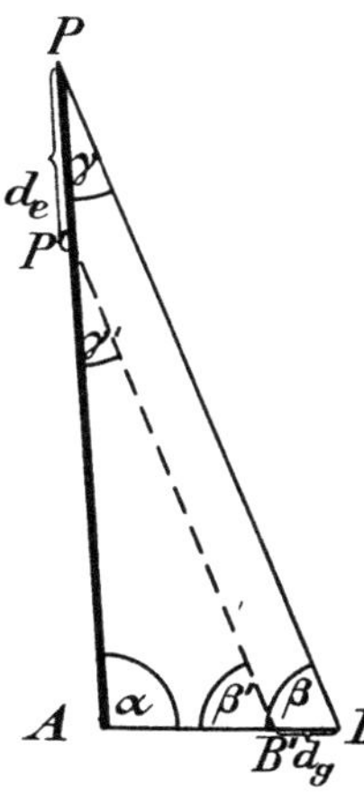

Fig. 18.

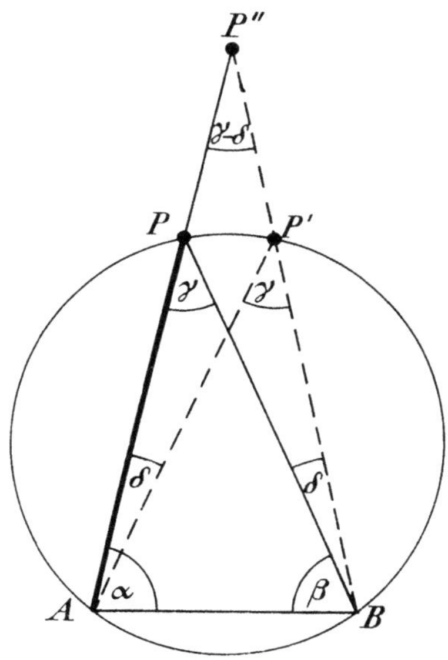

Fig. 19.

Vielfache der Basis. Wären Basis- und Winkelmessung ohne Fehler, so fiele selbst bei ganz spitzen Dreiecken die Streckenmessung genau aus. Da dies aber nicht der Fall sein kann, müssen wir die **Fehlerquellen der Entfernungsmessung** betrachten:

32. **Anwachsen des durch einen Basisfehler erzeugten Entfernungsfehlers.** Der Entfernungsfehler verhält sich zum Basisfehler wie die Entfernung zur Basislänge.

Es sei in Fig. 18 die Basis A B mit dem Fehler $B' B = d_g$ behaftet, die Winkel α und β dagegen seien richtig gemessen.

Infolgedessen rückt Punkt P nach P'. Der entstehende Entfernungsfehler ist $P P' = d_e$.

Voraussetzung: $\sphericalangle \beta = \sphericalangle \beta'$, also $BP \parallel B'P'$

Behauptung: $d_e : d_g = AP : AB$.

Beweis: $AP : AP' = AB : AB'$.

$$(AP - AP') : (AB - AB') = AP : AB$$

oder

$$d_e : d_g = AP : AB.$$

33. **Die Bedeutung des Winkels an der Spitze.** Ist in der Formel $AP : AB = \sin\beta : \sin\gamma$, $AP : AB$ eine große Ziffer, so ist auch $\sin\beta : \sin\gamma$ eine hohe Ziffer. Erfolgen die Messungen in Front, d. h. sind die Winkel α und β (Fig. 19) nahezu $= 90^0$, so ist $\sin\beta$ nahezu $= 1$, und es bleibt in der Formel:

$$AP = \frac{AB}{\sin\gamma} \cdot \sin\beta$$

die Gestaltung der Entfernung AP vorzugsweise abhängig vom Ausdruck $\frac{AB}{\sin\gamma}$. Da $\sphericalangle \gamma$ sehr klein ist, so hat eine geringe Änderung des $\sphericalangle \gamma$ einen großen Einfluß auf den Quotienten $\frac{AB}{\sin\gamma}$, also auch auf die Gestaltung der zu suchenden Entfernung AP.

Sind die Basiswinkel α und β durch irgend einen Umstand, wie er in der stereoskopischen Messung vorkommt, gleichmäßig um $\sphericalangle \delta$ (Fig. 19) falsch gemessen, so daß $\sphericalangle \gamma$ doch richtig erhalten wird, so leidet die Entfernung AP dadurch wenig, denn sie verwandelt sich in AP′. P und P′ liegen in einem Kreise, der auch durch A und B geht Würden dagegen die Basiswinkel in der Weise falsch gemessen, daß dadurch $\sphericalangle \gamma$ um $\sphericalangle \delta$ falsch resultierte, so würde in dem in Fig. 19 dargestellten Falle der Punkt P nach P″ rücken, wo der Winkel an der Spitze $= \gamma - \delta$ ist.

Es bedarf keines Beweises für diesen Satz. Er wird hinreichend durch den Augenschein erbracht. Der Satz hat aber eine hohe Bedeutung für das stereoskopische Meßverfahren, weshalb wir später auf ihn zurückkommen werden.

34. Ein anschauliches Beispiel für die Richtigkeit des Vorstehenden liefert **der Entfernungsmesser der Kippregel.**

Es sei in Fig. 20 P der optische Mittelpunkt des Objektivs eines einfachen oder Ramsdenschen Fernrohres, a und b seien die Querschnitte der beiden Horizontalfäden.

AB sei die durch die Fäden aus einer Meßlatte herausgeschnittene Basis. $\sphericalangle \alpha$ sei $= \sphericalangle \beta$. Das Fernrohrbild ab stehe im hinteren Brennpunkt F. Das Verhältnis $ab : FP$ oder $ab : f$ sei $= 1 : 100$. Die Messung beruht darauf, daß in dem Dreieck a b P der spitze Winkel γ bestimmt ist, und zwar dadurch, daß $\operatorname{tg} \sphericalangle \frac{\gamma}{2} = \frac{\mathrm{a\,F}}{\mathrm{F\,P}} = \frac{1}{200}$ ist. Damit ist aber auch das Dreieck A B P bestimmt aus A B, $\sphericalangle \gamma$ und $\sphericalangle \alpha = R - \frac{\gamma}{2}$. Trifft die Voraussetzung, $\sphericalangle \alpha$ sei $= \sphericalangle \beta$, nicht zu, so muß, falls die Spitze des Winkels γ sich in P′ befindet, $\sphericalangle \delta$ gemessen werden, damit das Dreieck A B P′ berechnet werden kann. In der Praxis findet nun eine Berechnung der Dreiecke A P B bzw. A B P′ überhaupt nicht statt.

Ehe wir kurz den Gebrauch des Entfernungsmessers streifen, sei noch auf die Ähnlichkeit der Figuren 19 und 20 hinsichtlich der Dreiecke A B P und A B P′ aufmerksam gemacht und darauf, daß die Diffe-

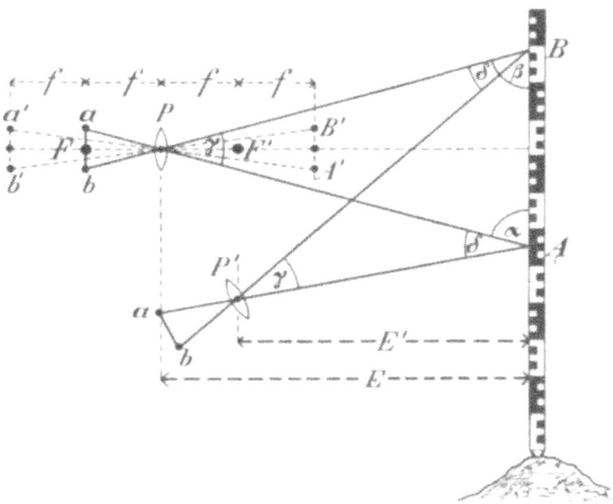

Fig. 20.
Der Entfernungsmesser der Kippregel.

renz der Strecken E und E′ (Fig. 20) in der Kotentafel am Kopfe verzeichnet ist. Die Differenz ist für beträchtliche Winkel, als die wir hier $\sphericalangle \delta$ ansprechen müssen, noch recht gering.

35. **Das Verhältnis des Fadenabstandes a b zur Brennlänge f** des Fernrohres legt uns also einen sehr spitzen Winkel dauernd fest, den wir z. B. für das Verhältnis 1 : 100 zu 34′ 22,6″ finden. Um die zu diesem kleinen Winkel gehörige Basis, auf deren Genauigkeit ebensoviel ankommt als auf die Genauigkeit des $\sphericalangle \gamma$, scharf zu erkennen, brauchen wir an der Kippregel ein so gutes Fernrohr, als wollten wir Winkel auf 1 Sekunde genau messen. Die Kippregel hat ein 15—20 faches Fernrohr,

aber nur des Entfernungsmessers wegen. Für die übrigen Winkelmessungen wäre ein viel schwächeres Fernrohr ausreichend.

Tatsächlich kümmern wir uns um den Winkel γ nicht, sondern wir messen nach der Proportion (s. Fig. 20)

$$E : AB = f : a = 100 : 1.$$

Daraus folgt

$$E = 100\ AB.$$

Im Verhältnis a b : f = 1 : 100 ist f die Brennlänge. Je näher uns die Meßlatte kommt, desto mehr entfernen wir das Fernrohrbild mit dem Fadenpaar vom hinteren Brennpunkte F, um die Latte scharf sehen zu können. Wir fälschen also das angenommene Verhältnis 1 : 100, und doch messen wir damit auf kürzeste Entfernungen. Wir müßten diese also falsch messen, wenn sich nicht ein Ausgleich fände. Denken wir uns die Meßlatte im Abstande = 2 f von P, so müssen wir das Fadenpaar a b in die Stellung a′ b′ bringen, also auch in den Abstand = 2 f von P, um die Meßlatte scharf zu sehen. In diesem Falle ist das aus der Latte herausgeschnittene Basisstück A′ B′ genau gleich dem Fadenabstande a′ b′. In Wirklichkeit hat der Entfernungsmesser nun das Verhältnis 1 : 200, und doch multiplizieren wir A′ B′ mit 100. Wir erhalten also nur die Hälfte des Abstandes P von A′ B′. Da dieser = 2 f ist, so erhalten wir nur f

36. Der Anfangspunkt der Messung liegt beim einfachen und Ramsdenschen Fernrohr [1]) nicht in P, sondern in F′. Halten wir diesen Punkt F′ als Anfangspunkt für die Entfernungsmessungen fest, so erhalten wir aus der Multiplikation der Basis A B mit 100 stets den genauen Endpunkt der gemessenen Entfernung [2]).

37. Bei Messung spitzer Dreiecke läßt man sich gewöhnlich nicht darauf ein, den Winkel an der Spitze aus dem Rest der Basiswinkel gegen 2 R zu bilden, sondern man stellt sich mit dem Instrument an die Spitze des Dreiecks und mißt den kleinen Winkel mit ganz besonderer Schärfe, wie wir das eben bei der Entfernungsmessung mit der Kippregel gesehen haben. Wollen wir nun aber einen Lattenträger nicht entsenden, so müssen wir die notwendige Basis in unsere Meßstation verlegen, können also den Winkel an der Spitze direkt nicht messen. Daß wir beim stereoskopischen Verfahren nun trotzdem zu außerordentlich scharfen Messungen der Winkel an der Spitze kommen, darin liegt ein hoher topographischer Wert dieser Meßmethode.

---

[1]) Beim Porroschen Fernrohr liegt der Anfangspunkt der Messung mitten im Fernrohr.

[2]) Weiteres hierüber s. Dr. W. Jordan, Handbuch der Vermessungskunde. Stuttgart.

38. **Anwachsen des durch einen Fehler des Winkels an der Spitze erzeugten Entfernungsfehlers.**

Es sei A P die gemessene Entfernung E,
A′ P die gemessene Entfernung 2 E,
A B = A′ B′,
$\sphericalangle \delta$ der Fehler der Winkel γ bzw. γ' an der Spitze.

Behauptung: Ist für E der Entfernungsfehler = d, so ist für 2 E der Entfernungsfehler = 4 d usw.

Betrachtung für überschlägliche Ermittelungen durch Kopfrechnung.

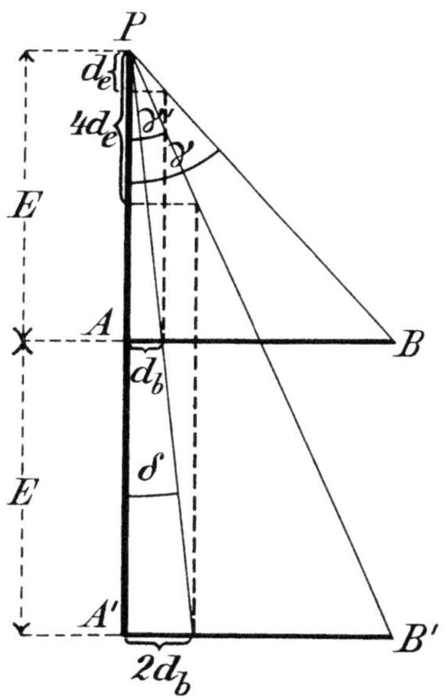

Fig. 21.

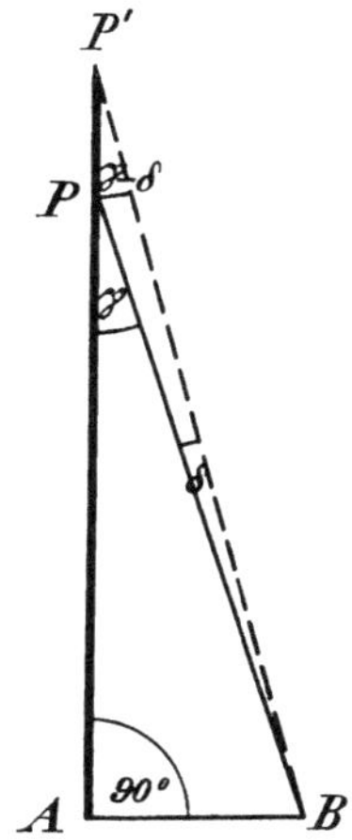

Fig. 22.

Durch Winkel δ wird aus der Basis A B das Stück d_b, aus der Basis A′B′ das Stück 2 d_b herausgeschnitten. Man errechnet d_b nach der Gedächtnisregel: $E : d_b = 60^0 : \delta^0$.

Der Basisfehler d_b erzeugt im Dreieck A B P den Entfernungsfehler d_e. Mit der Entfernung E wächst proportional d_b, also für 2 E auf 2 d_b. Da der durch den Basisfehler erzeugte Entfernungsfehler auch mit der Entfernung proportional wächst, so ist die Gesamtwirkung des Fehlerwinkels δ ein quadratisches Anwachsen des Entfernungsfehlers, so daß dieser, wie auch Fig. 21 lehrt, für 2 E = 4 d_e ist.

39. Probe-Rechnungen zur Veranschaulichung der Richtigkeit des Satzes 38.

Man denke sich eine Anzahl von rechtwinkligen Dreiecken (Fig. 22), in denen die kurze Kathete, die Basis A B, stets 10 m lang sei. Die Strecke A P sei nacheinander zu 100, 200, 500, 1000, 2000, 5000 und 10000 m angenommen. Daraus ergibt sich jedesmal ein mathematisch genauer Wert für $\sphericalangle \gamma$. Nimmt man nun in allen 7 Dreiecken den gleichen Fehler $\delta = 16''$ für $\sphericalangle \gamma$ an, so rückt jedesmal Punkt P nach P′, wo der spitze Winkel $= \sphericalangle \gamma - \delta$ ist. Die Strecke P P′ ist für die 7 Dreiecke, und zwar jedesmal für einen Fehler von + und — $\delta = 16$ Sekunden, ausgerechnet worden. Die Tabelle 40 zeigt deutlich, daß der Entfernungsfehler P P′ (für praktische Überlegungen genau) quadratisch mit der Strecke A P anwächst.

40.

Länge der Strecken A P	Bei einer Basis AB = 10 m beträgt der Winkel γ			Fehler an den Strecken in Spalte 1 bei Änderung des ∢ in Spalte 2 um		Es wachsen die Strecken in Spalte 1	Es wachsen die Fehler in Spalte 5
m	°	′	″	+ 16″	— 16″	im Verhältnis von rund	
1	2			3	4	5	6
				m	m		
100	5	42	38,1	0,078	0,079	1 zu	1 zu
200	2	51	44,7	0,311	0,311	2 ,,	4 ,,
500	1	8	44,8	1,939	1,941	5 ,,	25 ,,
1 000	0	34	22,6	7,708	7,809	10 ,,	100 ,,
2 000	0	17	11,3	30,527	31,552	20 ,,	400 ,,
5 000	0	6	52,5	186,356	202,125	50 ,,	2 500 ,,
10 000	0	3	26,26	719,660	841,225	100 ,,	10 000 ,,

41. Ein Beweis für den wichtigen Satz 38 sei in Folgendem gegeben (s. Fig. 23):

In den rechtwinkligen Dreiecken A B P und A B P′ sei

$$\mathrm{A\,P} = \frac{\mathrm{AP'}}{2} = \mathrm{P\,P'}$$

Die Winkel γ und γ' an der Spitze dieser Dreiecke seien um das gleiche Maß $= \sphericalangle \delta$ falsch bestimmt.

Die hierdurch verursachten Entfernungsfehler seien d und d′.

Voraussetzung: $\mathrm{A\,P'} = 2\,\mathrm{A\,P}$, $\sphericalangle \mathrm{P\,A\,B} = 90^0$.

$\sphericalangle \mathrm{A\,P\,A'} = \sphericalangle \mathrm{A\,P'\,A''} = \sphericalangle \delta$.

$\mathrm{A\,P'} \parallel \mathrm{A'\,r} \parallel \mathrm{A''\,r'}$, $\mathrm{l'\,r'} \parallel \mathrm{l\,r} \parallel \mathrm{A\,B}$.

Behauptung: $\mathrm{d'} = 4\,\mathrm{d}$.

Beweis:

$$r = AA' = AP \,.\, \mathrm{tg}\,\delta,\quad l'r' = AA'' = 2AP \,.\, \mathrm{tg}\,\delta \qquad\qquad \mathrm{tg}\,\gamma = \frac{AB}{AP}$$

$$= \frac{l\,r}{\mathrm{tg}\,\gamma} = \frac{AP \,.\, \mathrm{tg}\,\delta}{\mathrm{tg}\,\gamma},\quad d' = \frac{l'\,r'}{\mathrm{tg}\,\gamma'} = \frac{2\,AP \,.\, \mathrm{tg}\,\delta}{\mathrm{tg}\,\gamma'} \qquad\qquad \mathrm{tg}\,\gamma' = \frac{AB}{2AP}$$

$$\frac{d'}{d} = \frac{2\,AP \,.\, \mathrm{tg} \,.\, \delta\; \mathrm{tg}\,\gamma}{\mathrm{tg}\,\gamma' \,.\, AP \,.\, \mathrm{tg}\,\delta} = 2 \,.\, \frac{\mathrm{tg}\,\gamma}{\mathrm{tg}\,\gamma'} \qquad\qquad \frac{\mathrm{tg}\,\gamma}{\mathrm{tg}\,\gamma'} = \frac{AB \,.\, 2\,AP}{AP \,.\, AB} = 2.$$

$$\frac{d'}{d} = 2 \,.\, 2 = 4$$

$$d' = 4\,d.$$

(Die Beweisführung für schiefwinklige Dreiecke glaubt Verfasser sich ersparen zu können. Es wäre für die praktischen Überlegungen, denen obiger Satz dienen soll, belanglos, wenn sich der Beweis für schiefwinklige Dreiecke nicht scharf erbringen ließe.)

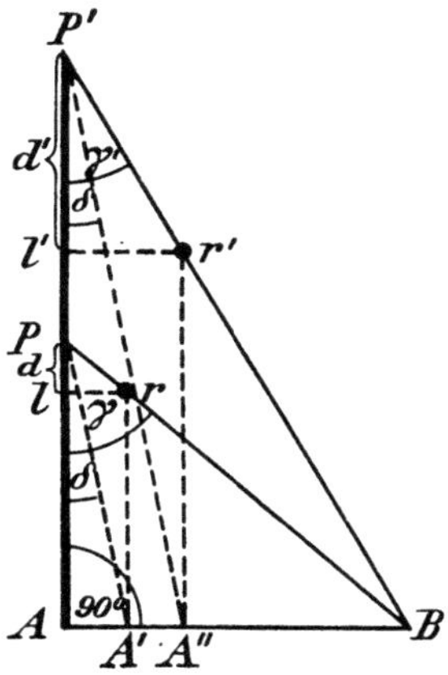

Fig. 23.

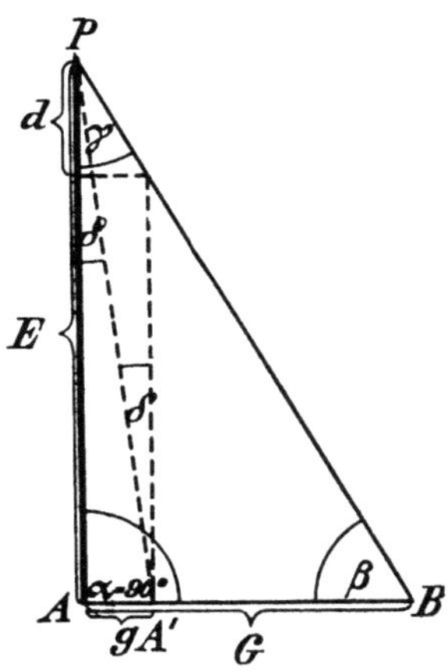

Fig. 24.

42. **Berechnung eines Entfernungsmeßfehlers d,** der durch einen Fehler des Winkels an der Spitze verursacht ist — bei Frontmessung — (s. Fig. 24).

Voraussetzung: Falsch gemessen: $\sphericalangle\,\gamma$ um den $\sphericalangle\,\delta$.
Richtig gemessen: $G = AB$
$\sphericalangle\,\alpha = 90^0$.
E sei die zu messende Entfernung,
d sei der Entfernungsmeßfehler.

Behauptung:

$$d = \frac{E^2 \,.\, \mathrm{tg}\,\delta}{G}$$

Beweis:

$$G : g = E : d \quad . \; . \; . \; . \; . \; . \; . \; . \; . \quad (32)$$

oder

$$d = g \cdot \frac{E}{G}$$

$$g = E \cdot \operatorname{tg} \delta$$

$$d = E \cdot \operatorname{tg} \delta \cdot \frac{E}{G}$$

$$d = \frac{E^2 \cdot \operatorname{tg} \delta}{G}$$

Beispiel für

$G = 100$ m

$E = 10000$ m $\quad d = \frac{10000^2 \cdot \operatorname{tg} 10''}{100} = 48.48$ m

$\sphericalangle \delta = 10''$.

43. **Änderung des Entfernungsmeßfehlers** im Umkreise über ein und derselben Basis und bei gleichbleibendem Winkel γ an der Spitze (s. Fig. 25).

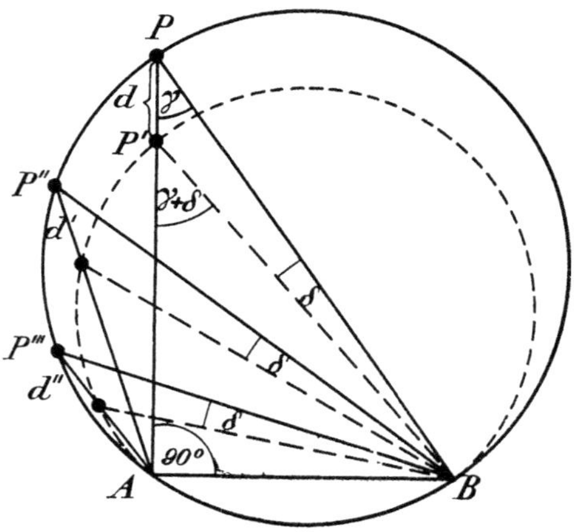

Fig. 25.

Voraussetzung: d sei der Entfernungsmeßfehler P P' in Frontmessung, hervorgerufen durch Fälschung des $\sphericalangle \gamma$ um den $\sphericalangle \delta$ (42).

Betrachtung: Wir denken uns zwei Kreise, von denen der eine durch A, B und P, der andere durch A, B und P' geht. Im ersteren Kreise nehmen wir noch zwei Punkte P'' und P''' an, die durch schräg liegende Dreiecke gemessen seien. Die Winkel γ bei P, P'' und P''' sind gleich als Peripherie-Winkel über A B. Die durch einer gleichmäßig groß angenommenen Winkelfehler δ entstandenen Entfernungsmeßfehler sind für Punkt P = d, für Punkt P'' = d' und für Punkt P''' = d''.

Ein Vergleich der Entfernungen A P, A P'' und A P''' untereinander und mit den korrespondierenden Entfernungsmeßfehlern d, d' und d″ lehrt, daß letztere nicht so schnell abnehmen wie die Entfernungen. Die Messungen im Umkreise fallen also schlechter aus als in Front.

(Diese Überlegung ist wertvoll für die Bemessung des Bildwinkels, den man einer Meßkamera für stereoskopische Aufnahmen gibt. Der Bildwinkel sollte 45⁰ nicht überschreiten. Hierfür spricht noch der Umstand, daß das Licht im Innern der Kamera an den Bildrändern schwächer wird als in der Bildmitte. Man erhält bei zu großen Bildwinkeln ungleich belichtete Platten.)

44. **Ermittelung der erforderlichen Basislänge G,** wenn gegeben:
E die zu messende Entfernung,
d der nicht zu überschreitende Entfernungsmeßfehler,
$\sphericalangle\ \delta$ der Fehler des Winkels an der Spitze.

Berechnung:

$$d = \frac{E^2 \cdot \operatorname{tg} \delta}{G} \quad \dots\dots\dots \quad (42)$$

oder

$$G = \frac{E^2 \cdot \operatorname{tg} \delta}{d}$$

Beispiel für

$$E = 10\,000 \text{ m}$$

$$d = 48{,}48 \text{ m} \qquad G = \frac{10\,000^2 \cdot \operatorname{tg} 10''}{48{,}18} = 100 \text{ m.}$$

$$\sphericalangle\ \delta = 10''.$$

45. **Ermittelung der Grenz-Entfernung E,** wenn gegeben:
G die Basislänge,
d der nicht zu überschreitende Längenmeßfehler,
$\sphericalangle\ \delta$ der Fehler des Winkels an der Spitze.

Berechnung:

$$d = \frac{E^2 \cdot \operatorname{tg} \delta}{G} \quad \dots\dots\dots \quad (42)$$

$$E^2 = \frac{d \cdot G}{\operatorname{tg} \delta} \qquad \text{oder} \qquad E = \sqrt{\frac{d \cdot G}{\operatorname{tg} \delta}}$$

Beispiel:

$$d = 48{,}48 \text{ m}$$

$$G = 100 \text{ m} \qquad E = \sqrt{\frac{48{,}48 \cdot 100}{\operatorname{tg} 10''}} = 10\,000 \text{ m}$$

$$\sphericalangle\ \delta = 10''.$$

46. **Abschätzung des Wirkungsbereichs einer Basis.** Setzt man sich für die Entfernungsmessungen auf einer Basis eine gewisse Genauigkeitsgrenze, so läuft dies etwa darauf hinaus, daß die beiden zur Bestimmung eines Punktes von den Endpunkten der Basis gezogenen Visierlinien sich unter mindestens einem Winkel von gegebener Größe schneiden sollen. Ist der Schnittwinkel kleiner als der gegebene, so ist die Entfernungs-

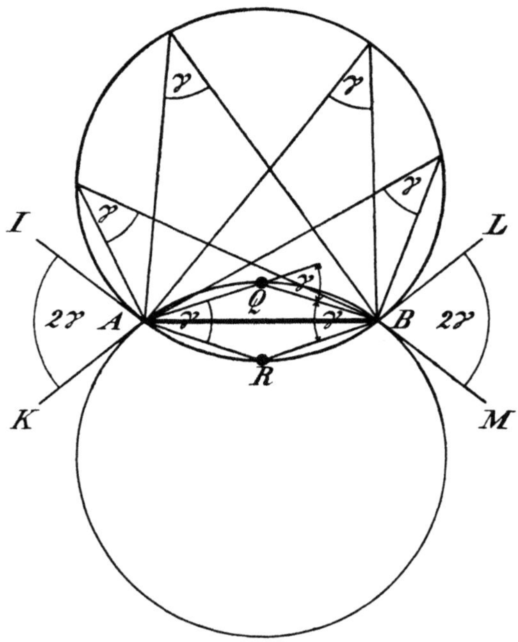

Fig. 26.

genauigkeit nicht groß genug. Wird z. B. dieser Grenzwinkel $= \sphericalangle \gamma$ in Fig. 26 angenommen, so liegt der Wirkungsbereich der Basis A B in einem Kreise, der durch A und B geht und $\sphericalangle \gamma$ als Peripheriewinkel über der Sehne A B enthält. Ein solcher Kreis ist auf beiden Seiten von A B denkbar. Außerhalb der beiden Kreise hat unsere Basis nicht mehr ausreichende Wirkung.

Aber auch innerhalb der beiden Kreise, dicht um die Basis herum gruppiert, liegt ein Raum, in dem die Messungen nicht gut genug ausfallen, weil die Supplementwinkel der Winkel an der Spitze der zu vermessenden Dreiecke kleiner als $\sphericalangle \gamma$ sind. Dieser symmetrische Raum ist in Fig. 26 durch A R B Q bezeichnet. (Diese Überlegung ist besonders wertvoll für die Bildmessung, weil sie zur Vorstellung führt, welche Teile der Rundsichten auf den beiden Basisendpunkten zu photographieren sind. Es ergibt sich, daß man jedesmal von der Rundsicht den Winkel γ mindestens dreimal abziehen kann, einmal über die Basis und zweimal entgegengesetzt gerichtet [s. Fig. 26].)

47. Jede Entfernungsmessung, erfolge sie nun graphisch auf dem Meßtisch oder sie sei ,,optisch", ,,mikrometrisch" oder ,,stereoskopisch" benannt, muß auf einen trigonometrischen Vorgang zurückgeführt werden und unterliegt den hier genannten Gesetzen. Je weiter die Messung im Verhältnisse zur Basis reicht, desto empfindlicher ist sie, und um so nötiger ist es, ihren Zusammenhang zu verstehen.

d) Topographische Winkelbegriffe.

48. Trigonometrische Entfernungsmessungen erfordern nach Vorstehendem Basis- und Winkelmessungen. Hinsichtlich der Basismessung bringt das stereoskopische Meßverfahren nichts **Neues**, weshalb über sie an dieser Stelle noch hinweggegangen werden kann.

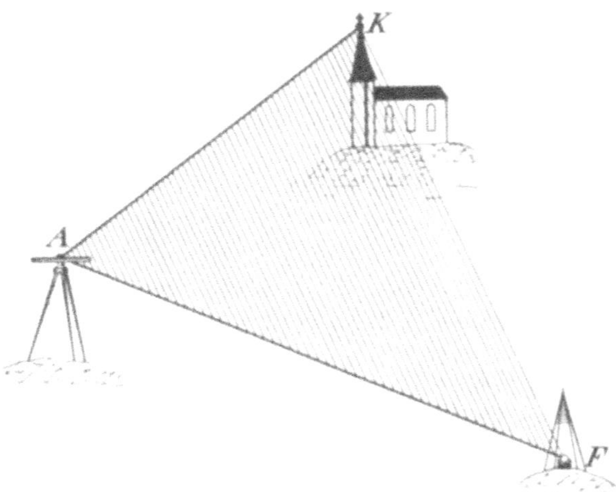

Fig. 27.
Ein schrägliegender Winkel K A F.

Anders ist es hingegen mit den **Winkelmessungen.** Um das Verständnis der hierüber später folgenden Erklärungen zu erleichtern, seien die für die Topographie geltenden Winkelbegriffe kurz beschrieben.

49. Denken wir uns (s. Fig. 27) drei Punkte der Natur K, A und F in beliebiger Höhenlage, so ist durch diese eine schräg liegende oder

geneigte Ebene bestimmt. In dieser Ebene liegt der Winkel K A F, der aber für die Topographie wenig Interesse bietet, weil wir als Zeichenebene eine im Stationsorte A gedachte Horizontalebene annehmen (6). In dieser Ebene können wir natürlich nur solche Winkel richtig wiedergeben, die tatsächlich in der durch A gedachten Horizontalebene liegen. Da nun aber die zu vermessenden Punkte fast nie mit dem Stationspunkte A

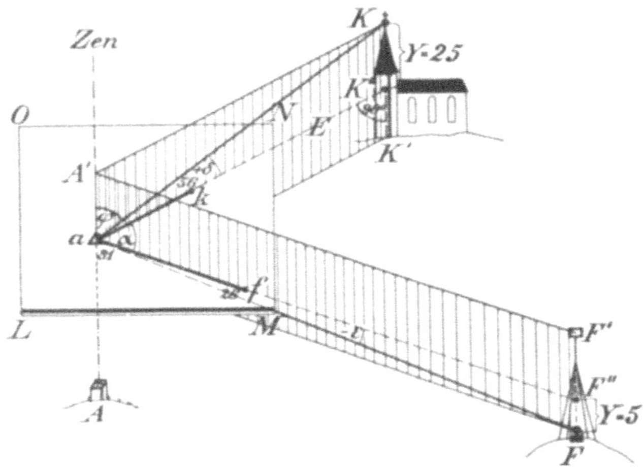

Fig. 28.
Zerlegung des schrägliegenden Winkels K A F in den Horizontalwinkel α und die beiden Vertikalwinkel $+\delta$ und $-\varepsilon$.

in gleicher Höhe liegen, so denken wir uns den **schrägliegenden Winkel** K A F **in drei Komponenten zerlegt,** in einen Horizontalwinkel und in zwei Vertikalwinkel.

50. **Erklärung des Horizontalwinkels.** Wir denken uns auf Punkt A der Fig. 27 die Zeichenfläche des Meßtisches L M N O (4) horizontal aufgestellt. Durch A und Punkt K sei die lotrechte Ebene a A′ K K′ A (Fig. 28) gedacht. Diese hier nur der Deutlichkeit halber begrenzt gezeichnete Vertikalebene — auch Visierebene genannt — durchdringt die Zeichenfläche in der Linie a k. Beim Anvisieren des Punktes K von A aus kippt in dieser Vertikalebene das Kippregel-Fernrohr (Fig. 2). a k ist die topographische Visierlinie von A nach der Kirchenspitze K (und natürlich auch nach dem Fuß der Kirchturmsmitte K′) Auf dieser Linie zieht der Topograph auf der Meßtischplatte einen Strich an dem Lineal seiner Kippregel.

Eine ebensolche Vertikal- oder Visier-Ebene denken wir uns durch A und F, also die Ebene a A′ F′ F A, die die Tischplatte in a f durchdringt. Die beiden Visierebenen schneiden sich in dem durch A gehenden Lote A a A′ Zen.

Die Linien a k und a f schließen den in der Zeichenfläche gelegenen Winkel α ein, den wir „Horizontalwinkel" nennen. Der Topograph stellt diesen Winkel im allgemeinen graphisch auf der Meßtischplatte dar, und zwar mit der Kippregel (Fig. 2). Um die Größe dieses Winkels in Graden kümmert er sich gewöhnlich nicht, weil das für seine Meßoperationen nicht erforderlich ist.

51. **Erklärung des Vertikalwinkels.** In jeder der beiden Vertikalebenen, die den Horizontalwinkel α einschließen, liegt ein Vertikalwinkel. Der eine Schenkel dieses Winkels ist stets die Zeichenlinie auf dem Meßtische, die für die Vertikalwinkelmessung jedesmal noch besonders scharf mit der Libelle Li 1 der Kippregel (Fig. 2) horizontal gerichtet wird [1]). Der andere Schenkel des Vertikalwinkels ist die Verbindungslinie des Stationspunktes a der Platte mit dem Objekt K bzw. F (Fig. 28). So ist z. B. der Vertikalwinkel für die Kirchenspitze $K = \sphericalangle K a K'' = + \sphericalangle \delta$, für den Fußpunkt desselben Kirchenturmes $= \sphericalangle K'' a K'$, für den Festpunkt $F = \sphericalangle F'' a F = - \sphericalangle \varepsilon$, für die Spitze der darüber stehenden Pyramide $= \sphericalangle F'' a F'$.

52. Als **der genauere Stationspunkt a** gilt bei der Messung der Vertikalwinkel stets der Schnittpunkt der Fernrohrachse mit der horizontal liegenden Kippachse der Kippregel. Auf der durch diesen Punkt gedachten Horizontalebene findet tatsächlich die Messung der Vertikalwinkel statt, welche am Teilkreise V V der Kippregel (Fig. 2) abgelesen werden.

Spielen beide Libellen der Kippregel ein, von denen die eine das Lineal bzw. die Null-Linie des Vertikalkreises, die andere das Fernrohr horizontal stellt, so soll der Teilkreis den Vertikalwinkel Null anzeigen. Wird dann das Fernrohr bis auf das Objekt gehoben oder gesenkt, so zeigt sich am Kreise der richtige Vertikalwinkel.

e) Topographische Höhenberechnung.

Durch trigonometrische Berechnung erhalten wir zunächst die relative Höhe, welche für größere Entfernungen noch einer Korrektion wegen der Erdkrümmung und Strahlenbrechung bedarf. Erst nach Feststellung der relativen Höhe finden wir die absolute Höhe, d. h. die Höhe über dem Meere.

53. Als **„Relative Höhe"** bezeichnen wir den Höhenunterschied Y zweier Punkte. Ist z. B. der eine dieser Punkte der genauere Stations-

[1]) Dies ist nur im idealen Sinne gesprochen. Tatsächlich kann man auch statt des Lineals die Null-Linie des Vertikalkreises mit der Libelle ausrichten.

punkt a (52 und Fig. 28) und der andere Punkt sei K (Fig. 28), so ist Y = K K″. In dem rechtwinkligen Dreieck a K″ K (Fig. 28), welches in der von a durch K und K″ gedachten Vertikalebene liegt, ist a K″ die durch irgendeine topographische Operation (10 bis 20) gewonnene, in der durch a gedachten Horizontalebene liegende Entfernung E, $\sphericalangle\ \delta$ ist als Vertikalwinkel gemessen. Hieraus ergibt sich K K″ : a K″ =

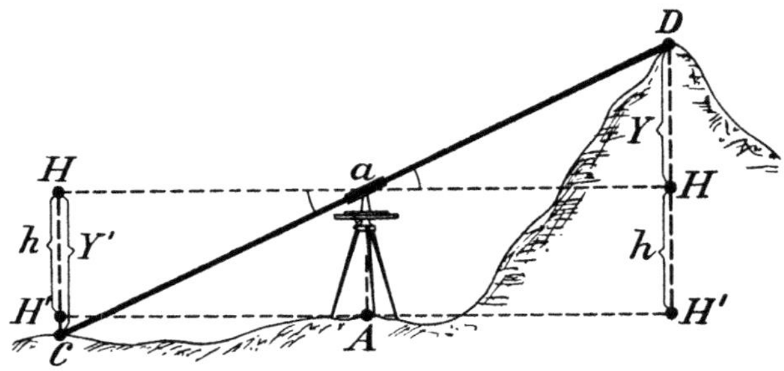

Fig. 29.
Die Korrektion der relativen Höhe wegen der Instrumentenhöhe.

Y : E = tg $\sphericalangle\ \delta$ oder allgemein: Relative Höhe Y = E.tg Vertikalwinkel, wobei E die Horizontalprojektion der Entfernung ist.

Über der durch den Stationsort gedachten Horizontalebene hat die relative Höhe Y positives, unterhalb derselben negatives Vorzeichen.

So ist die relative Höhe Y (s. Fig. 28)

von a aus für K = + K K″ = + a K″ . tg $\sphericalangle\ \delta$
,, a ,, ,, K′ = — K″ K′
,, a ,, ,, F′ = + F′ F″
,, a ,, ,, F = — F″ F = — a F″ . tg $\sphericalangle\ \varepsilon$.

54. **Die Instrumentenhöhe.** Die Höhe des genaueren Stationspunktes a (52) über dem Fußpunkte A muß noch berücksichtigt werden, sobald man bei feineren Höhenberechnungen die **relative Höhe für den Erdboden** des Stationspunktes ermitteln will. Wir wissen, daß die Messung des Vertikalwinkels auf derjenigen Horizontalebene erfolgt, die durch die Kippachse der Kippregel geht (52). Wir müssen also das Maß h — Abstand der Kippachse a vom Fußpunkt A —, wie Fig. 29 zeigt, in Rechnung stellen.

Es sei H H die Horizontalebene für a, H′ H′ die Horizontalebene für A.

Die relative Höhe für die Punkte:	Gemessen ist aber:	Die errechnete Höhe
A und D ist = H′ D	Y = H D	vergrößert sich um h.
A ,, C ist = H′ C	Y′ = H C	verkleinert sich um h.

Eine einfache Überlegung auf Grund dieser Zeichnung führt am sichersten zur richtigen Berücksichtigung der Korrektion h.

55. Relative Höhenberechnungen für größere Entfernungen bedürfen einer **Korrektion wegen Erdkrümmung und Strahlenbrechung.**

In Fig. 30 stellt der Kreis die Erdoberfläche dar. Diese Form hat auch der Meeresspiegel, über dem wir schließlich alle Höhen messen wollen. Wir messen aber die relativen Höhen über der durch A (Fig. 30) gedachten Tangentialebene H A H, machen also wegen der Erdkrümmung einen Fehler (s. Fig. 30).

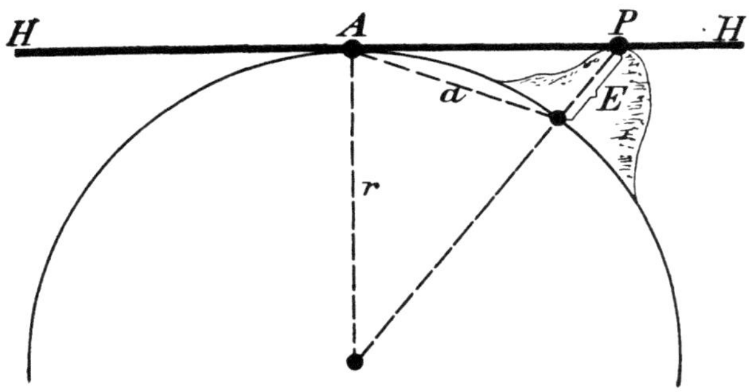

Fig. 30.
Die Korrektion der relativen Höhe wegen der Erdkrümmung.

Erdkrümmung $= \frac{a^2}{2\,r}$, wobei a die Entfernung (als Sehne oder Bogen), r der Erdradius mit log 6,80489 ist. Bei heimischen Original-Meßtischaufnahmen berücksichtigt man die Erdkrümmung von etwa 1200 m Entfernung ab, wo sie rund 0,1 m beträgt. Bei flüchtigen Meßtischaufnahmen in Kolonien oder auf Forschungsreisen geht man mit Vertikalwinkelmessungen zuweilen bis auf sehr große Entfernungen. Bei 100 km Entfernung beträgt die Erdkrümmung 784 m.

56. Strahlenbrechung. Diese erfordert eine Korrektion der relativen Höhe nach der Formel:

$$\text{Korrektion wegen Strahlenbrechung} = \frac{a^2}{2\,r} \cdot k$$

wobei $\frac{a^2}{2r}$ die Erdkrümmung und k der Refraktions-Koeffizient ist. Der Refraktions-Koeffizient ist eine unbestimmte Größe, sie schwankt in Deutschland für verschiedene Tages- und Jahreszeiten zwischen 0,1 und 0,2.

Im Mittel wird $k = 0{,}13$ angenommen.

Für grundlegende trigonometrische Höhenberechnung muß der

Strahlenbrechung sehr hohe Beachtung gezollt werden. Für topographische Höhenberechnungen spielt die Unsicherheit von k nur eine untergeordnete Bedeutung. Bei dem Mittel von k = 0,13 beträgt die Korrektion wegen Strahlenbrechung von der Erdkrümmung $\frac{1}{0,13}$, also den 7,8. Teil. In der Topographie rechnet man mit einer

57. **Gesamt-Korrektion wegen Erdkrümmung und Strahlenbrechung.** Diese berechnet sich nach der Formel:

$$\text{Gesamt-Korrektion } E = \frac{a^2}{2\,r} - \frac{a^2}{2\,r} \cdot k = \frac{a^2}{2\,r}(1 - k).$$

Man zieht also von der Erdkrümmung die Korrektion wegen Strahlenbrechung ab.

Eine Tabelle der Gesamt-Korrektion E für Entfernungen von 1—100 km, basierend auf k = 0,13, befindet sich im Anhang (350). *Wie die Gesamt-Korrektion anzubringen ist*, erläutert Fig. 30. Der Meßtisch sei in A mit seiner Zeichenfläche auf dem Meeresspiegel gedacht, der die Kugelform hat.

Es rage aus dem Meere der Felsen P um die Höhe E heraus. E wollen wir messen, stellen z. B. aber nur fest, daß Punkt P mit unserer Zeichenebene — der Horizontalebene H A H — in gleicher Höhe ist, also die relative Höhe = 0 hat. Wir machen einen Fehler, der = E ist. Da wir die nötige Gesamt-Korrektion E nennen, so muß Punkt P gegen die gemessene Höhe 0 um E erhöht werden.

Rechnen wir umgekehrt von der gegebenen Höhe des Punktes P unsere Höhe bei A aus, so kommen wir mit unserem Standpunkt zu hoch, weil wir uns mit P in einer Höhe liegend finden. In diesem Falle müssen wir von der für A gefundenen Höhe noch den Betrag der Gesamt-Korrektion E abziehen.

58. Zur schnellen Ermittelung der relativen Höhe dient die **Kotentafel** [1]), die der Topograph im Felde fortwährend gebraucht. Die Kotentafel ist eine einfache Hilfs- und Rechentafel, aus der dreierlei Feststellungen kurzerhand zu machen sind.

a) *Die Korrektion der Entfernungen*, welche mittels des Entfernungsmessers der Kippregel und der Meßlatte gewonnen werden. Sie ist unter 34 erklärt und am Kopfe der Kotentafel für verschiedene Entfernungen und Vertikalwinkel mit ausreichender Genauigkeit ohne weiteres abzulesen.

b) *Die eigentliche Höhenberechnung*, d. h. die Feststellung der relativen Höhe nach der Formel unter 53, nimmt den breitesten

[1]) Zu beziehen durch E. S. Mittler & Sohn, Berlin. (Es gibt Zahlentafeln und graphische Tabellen; mit letzteren läßt sich schneller rechnen als mit ersteren.)

Raum in der Kotentafel ein. Für diese Berechnung muß natürlich die gemessene Entfernung schon auf die Horizontalebene bezogen, vorstehende Korrektion also schon ausgeführt sein. Für Entfernungen dagegen, die nach den graphischen Festlegungen des Meßtisches mit Zirkel und Maßstab ermittelt werden, die also in der Horizontalfläche gemessen sind, ist bei Höhenberechnungen keinerlei Korrektur mehr nötig. [1])

c) Die Korrektion E wegen Erdkrümmung und Strahlenbrechung ist am Schlusse der Kotentafel in einer Tabelle für Entfernungen bis zu 10 km verzeichnet [2]).

59. **Mechanische Höhenmeß-Vorrichtungen** zur Ermittelung der relativen Höhe sind in verschiedener Form konstruiert worden. Bis jetzt hat aber noch keine dieser Konstruktionen in die topographische Praxis Einführung gefunden. Obgleich diese Vorrichtungen besonderes Interesse bei der Bildmessung verdienen, sei hier vorläufig über sie hinweggegangen. Sie werden später bei den Bildkonstruktionen besprochen werden (138).

60. **Absolute Höhe** ist die Höhe eines Punktes über dem Meere. Jedes Kulturland hat ganz bestimmte Festsetzungen darüber, welche Höhe des in fortwährender Bewegung befindlichen Meeresspiegels als Null-Höhe gelten soll. Diese ist sehr dauerhaft vermarkt.

Will man im Innern des Landes aus der relativen Höhe die absolute Höhe ableiten, so muß einer der beiden Punkte nach absoluter Höhe schon bekannt sein.

Die trigonometrischen Festpunkte werden deshalb nach Möglichkeit in bezug auf ihre absolute Höhe genau bestimmt.

61. In Ländern, die der Kultur erst erschlossen werden sollen, kommt man mit den Grundlagen für die absoluten Höhenbestimmungen gewöhnlich schwerer vorwärts als mit den trigonometrischen Festlegungen auf der Horizontalfläche. Sind Nivellements noch nicht vorhanden, und werden Triangulationen irgendwelcher Art ausgeführt, so wolle man auch an die Topographie denken und die Messung der Vertikalwinkel nie unterlassen. Die trigonometrischen Höhenmessungen sind trotz der Unsicherheit des Refraktionskoeffizienten (56) für die erste Topographie doch von höchstem Werte. Im andern Falle wird die Topographie auf die dürftigsten Mittel der Höhenbestimmung angewiesen, auf das Barometer und das Siedethermometer.

62. **Berechnung der absoluten Höhe.** Hierzu bedarf man:

der relativen Höhe Y zweier Punkte,
des Abstandes E der beiden Punkte und der
absoluten Höhe eines der beiden Punkte.

---

[1]) Dies ist bei den Tafeln der Landes-Aufnahme zutreffend für die Zahlentafel; für die graphische (Sinus-)Tabelle ist es umgekehrt.

[2]) Eine Tabelle bis zu 100 km Entfernung reichend (s. Anhang 350).

Die relative Höhe (53) wird zunächst wegen Instrumentenhöhe (54) und Erdkrümmung usw. (57) korrigiert und dann zur absoluten Höhe des bekannten Punktes hinzugezählt oder von ihr abgezogen. Bei den Korrektionen ist auf Fig. 29 und 30 zu achten. Sind beide Korrektionen nötig, so werden sie addiert und stets im gleichen Sinne angewandt. Der Sinn erklärt sich aus folgendem: Ist die absolute Höhe des eigenen Standortes (Fußpunktes) gegeben, und es ist die absolute Höhe eines anderen Punktes zu errechnen, so ist die absolute Höhe des letzteren Punktes grundsätzlich um Instrumentenhöhe und Korrektion E zu vergrößern. Umgekehrt: Rechnet man seine eigene absolute Fußpunkthöhe nach einer anderen aus, so ist die absolute Höhe des eigenen Standpunktes grundsätzlich um Instrumentenhöhe und Korrektion E zu erniedrigen. Dies gilt also für positive und negative Vertikalwinkel.

63. **Höhenmessung mit dem Barometer.** Steigt man bergauf, so fällt das Barometer, umgekehrt steigt es. Ganz roh genommen entspricht der Ausschlag des Barometers um 1 mm einem Höhenunterschied von 10—12 m. Das Barometer steigt und fällt aber auch durch Änderung des allgemeinen Luftdrucks, wenn es am selben Orte verbleibt. Hierin liegt die Hauptgefahr für Barometermessungen. Wir sehen in den Wetterkarten Luftdruckdifferenzen wohl bis zu 60 mm. Wir können demnach barometrisch bei einer einzelnen Beobachtung den Meeresspiegel um 600—700 m verschieden hoch messen. Am Meere merken wir den Fehler, im Inlande aber nicht. Wir wissen nicht, wenn wir marschieren, aus welchem Grunde das Barometer um ein bestimmtes Maß seinen Zeigerstand geändert hat. Wir rechnen die ganze Veränderung in Höhenunterschiede um.

Der Forschungsreisende notiert bei seinen Barometermessungen Zeit, Temperatur und Zeigerstand. Das macht er auch bei Antritt seiner Reise am Meere oder an einem bekannten Höhenpunkte und ebenso am Schlusse der Reise. Die Höhen der gemessenen Punkte werden später mit Hilfe der Jordanschen Barometertafeln berechnet. Der Fehler, den solche Höhenmessungen erleiden, hängt ab von der Konstanz des Luftdrucks der durchwanderten Gebiete und von der Zuverlässigkeit des Barometers [1]). Man darf sich über Höhenfehler von 100 m nicht wundern. Solche Höhenfehler sind für Flächentopographie viel zu groß. Der Topograph arbeitet daher vorteilhaft mit 2 Barometern. Das eine — das Standbarometer, am besten ein Barograph — bleibt zu Hause und registriert die Luftdruckschwankungen, das andere nimmt er mit zur Arbeit. So gelingt es, die Barometermessungen im Quartier zu verbessern. Bei so lokalen und relativen Barometermessungen, bei denen man

[1]) Quecksilber-Barometer sind zuverlässig, weil ihnen die Mechanik fehlt. Aneroid-Barometer sind aber transportabler.

also von bekannten Höhenpunkten ausgeht bzw. an solche anschließt, arbeitet man gewöhnlich mit genaueren Differenz-Tabellen, die angeben, wie groß für 1 mm Zeigerdifferenz der Höhenunterschied bei verschiedenen Temperaturen ist. Eine solche kurze Tabelle nebst Rechenbeispielen sind im Anhang (351. 352) gegeben.

64. **Höhenmessungen mit dem Siedethermometer.** Ändert sich der Luftdruck, so ändert sich auch die Siedetemperatur des Wassers. Man kann also durch die Siedetemperatur den Luftdruck messen. Ändert sich die Siedetemperatur des Wassers um ein Zehntel Grad, so ist das so gut, als änderte das Barometer seinen Zeigerstand um etwa 2,7 mm. Das Siedethermometer ist also nicht so empfindlich wie ein Barometer und bedarf einer besonderen Konstruktion, damit Temperatur-Unterschiede von etwa 0,01 Grad abzulesen sind — die schon etwa 3 m Höhenunterschied entsprechen. — Dafür ist das Siedethermometer wohl etwas zuverlässiger als ein Aneroid-Barometer, dessen Mechanik leicht eine sprungweise Änderung der Zeigerstellung verschulden und die dann als Höhenunterschied verrechnet werden kann.

Das Siedethermometer hat besonderen Wert bei Forschungsreisen zur möglichst sicheren Messung wichtiger Höhen und zur Kontrolle der Zeigerstellung der mitgeführten Barometer.

Im übrigen aber leidet die Höhenmessung mit dem Siedethermometer ebenso unter den Luftdruckschwankungen wie die Barometermessung.

Zum Siedethermometer gehört eine Gebrauchsanweisung, die genau zu beachten ist.

f) Topographische Arbeitsgebiete und Aufnahme-Methoden.

65. Um Nutzanwendungen für das stereoskopische Meßverfahren zu finden, müssen wir nun die topographischen Arbeitsgebiete und die bekannten Aufnahme-Methoden einer Betrachtung unterziehen.

Hierbei mögen die ganz neuen Arbeitsgebiete, die in den Fig. 7—11 angedeutet sind, unberücksichtigt bleiben. Es ist selbstverständlich, daß, sobald derartige Aufnahmen verlangt werden, man sich nur der neuen Methode wird bedienen können.

Von höherem Interesse sind die schon bestehenden topographischen Aufgaben: Heimische Landes-Topographie, Kolonial- und Forschungs-Topographie.

66. **Die heimische Landes-Topographie** erfolgt in altbewährter Organisation. Für Deutschland ist in diesem Betriebe ein Bedürfnis

nach photogrammetrischen Aufnahmen noch nicht hervorgetreten. Es wurden deshalb die früher nach dieser Richtung hin angestellten Versuche nicht weiter fortgesetzt. In der Heimat stützen die topographischen Aufnahmen sich auf ein dichtes Netz von trigonometrischen und Nivellementspunkten. Die Topographie arbeitet mit einem ständigen Personal, das sorgfältig ausgesucht wird, und dessen Erfahrungen sich weiter vererben. Als Meß-Vorrichtung verwendet sie moderne Meßtische und Kippregeln (s. Fig. 2) Diese Einrichtung hat sich bei dem gebräuchlichen Aufnahme-Maßstab und gegenüber den für die Aufnahme gegebenen Unterlagen vorzüglich bewährt.

Mehrfach ist zwar der Maßstab 1 : 25 000 der Preußischen Original-Meßtisch-Aufnahmen als für die Technik nicht ausreichend bezeichnet worden, und es sind Untersuchungen angestellt worden, mit welchen Unsicherheiten man zu rechnen hat, wenn man der Karte Maße entnehmen will.

Da in dieser Hinsicht durch stereoskopische Aufnahmen Fortschritte nicht zu erwarten sind, wenigstens für den Maßstab 1 : 25 000, seien folgende Bemerkungen gestattet: Man kann mit dem Meßtische in ein und demselben Maßstabe recht verschieden genau arbeiten. Es läßt sich, wie Original-Meßtisch-Aufnahmen in Preußen gezeigt haben, in dem Maßstabe 1 : 25 000 so Vorzügliches leisten, daß Professor Koppe-Braunschweig kein Bedenken trug, die Höhendarstellungen dieses Maßstabes als für Schicht-Linien-Pläne in 1 : 10 000 genau genug zu bezeichnen. Das Schwierigste ist, die Originalkarte unter allen Gelände- und Bedeckungs-Verhältnissen und bei Einhaltung eines gewissen Arbeitspensums überall mit gleichbleibender Genauigkeit aufzunehmen. Es sind die unvermeidlichen Anfängerarbeiten, die zuweilen dem guten Rufe der Aufnahmen schaden. Störungen dieser Art lassen sich weder durch Meßmethoden, noch durch Vorschriften, Kontrollen oder durch Maßstäbe ganz beseitigen. Es zeigt sich hierbei nur, wie wichtig es ist, daß die Behörden für Landesaufnahme mit einem geeigneten und ständigen Personal arbeiten, dessen Erfahrungen und Charakter vererbt werden. Dies Moment ist so wichtig, daß es auch für andere Aufgaben der Topographie nie außer acht bleiben darf.

67. **Der Maßstab 1 : 25 000** der heimischen Original-Aufnahme bedingt einen gewissen Abstand für die Koten, also die Dichtigkeit des topographischen Kleinpunktnetzes. In Deutschland kann der Lattenträger in diesen Abständen noch in den steilsten Gebirgspartien ohne wesentliche Gefahr und Zeitverlust seine Meßlatte aufrichten. Deutschland hat nicht, wie die Schweiz, Österreich, Italien, schwer passierbare Hochgebirge. Wäre das der Fall, so wäre die Photogrammetrie in Deutschland längst, wie in Italien und Österreich, bei der Original-Meßtisch-Aufnahme in Anwendung.

68. Würden **Original-Meßtisch-Aufnahmen** 1 : 10 000 angeordnet, die entsprechend besser sein sollen als die des Maßstabes 1 : 25 000, so änderte sich die Sache vielleicht schon. Dann wäre ein dichteres Kotennetz nötig. Es fänden sich wohl schon einige steilere Gebirgspartien, deren Aufnahme durch Photogrammetrie praktisch wäre. Auch manches Industriegebiet mit seinen zahlreichen Schornsteinen ließe sich photogrammetrisch für die topographische Aufnahme besser vorbereiten [1]). Wesentlich für das Gelingen derartiger Unternehmungen würde sein, wie die photogrammetrischen Aufnahmen mit der Triangulation und Topographie zeitlich in Verbindung gebracht werden.

69. **Spezialaufnahmen für Sonderzwecke** in Wissenschaft und Technik, etwa in den Maßstäben 1 : 5000 bis 1 : 500, die vielleicht von Geologen oder Eisenbahn-Technikern am ehesten verlangt werden könnten, würden eine weitere Anwendungsmöglichkeit für die Bildmessung bieten, doch müßten die zu vermessenden Gebiete aus Rücksicht auf diese Maßstäbe nahezu frei von Waldbestand sein.

70 Ist das Bedürfnis nach photogrammetrischen Aufnahmen bei der heimischen Topographie auch noch nicht groß, so ließe sich zuweilen doch ein Nutzen von der Sache denken, wenn nur die Aufwendungen dafür nicht zu groß wären. **Selbständige Behörden oder Ämter** neben den Behörden für Landesaufnahme lassen sich jedenfalls für diesen Zweck nicht rechtfertigen. Zudem würde die ihnen mangelnde Übung und Erfahrung in der Topographie den Erfolg wahrscheinlich doch noch in Frage stellen.

71. **In der Kolonial-Topographie** liegt die Sache wesentlich anders. Ein Bedürfnis nach Original-Meßtisch-Aufnahmen im Maßstabe 1 : 25 000 ist bei dem Kulturzustande der Kolonien zunächst wohl nur an den Verkehrszentren vorhanden.

Allgemeiner ist das Bedürfnis nach zuverlässigen Übersichtskarten in den Maßstäben von etwa 1 : 500 000 uud 1 : 1 000 000. Wie in der Heimat kurzerhand aus den Original-Meßtisch-Aufnahmen lassen diese sich für Kolonien keinesfalls herstellen. Diese Aufnahme würde Menschenalter dauern und unerschwingliche Gelder fordern.

Zuverlässige Übersichtskarten direkt aufzunehmen, stellt ganz neue Anforderungen an die Topographie. Die Kolonial-Topographie unterscheidet sich so sehr von der heimischen, daß auf diesem Gebiete selbst Behörden für heimische Landesaufnahme noch speziellere Erfahrungen sammeln müssen.

72. **Schnelle Aufnahme von Karten im Maßstabe von 1 : 500 000.** Diese Aufnahmen erfordern ebenso wie die Heimatstopographie eine

---

[1]) P. Seliger, Topographische Triangulation durch Stereophotogrammetrie. Zeitschrift für Vermessungswesen 1905, Heft 17.

trigonometrische Grundlage in Form eines Dreiecksnetzes. Ein solches wird in einer Kolonie bald erforderlich zur Festlegung der Landesgrenzen, der Besitzgrenzen und beim Landverkauf.

Diese Triangulation kann der Topographie als Grundlage dienen, sie muß jedoch, wenn sie sehr weitmaschig ist, für diesen Zweck noch etwas verdichtet werden; dies indessen nur mit topographischer Genauigkeit.

In erster Linie schließt man die Landmesser-Triangulationen

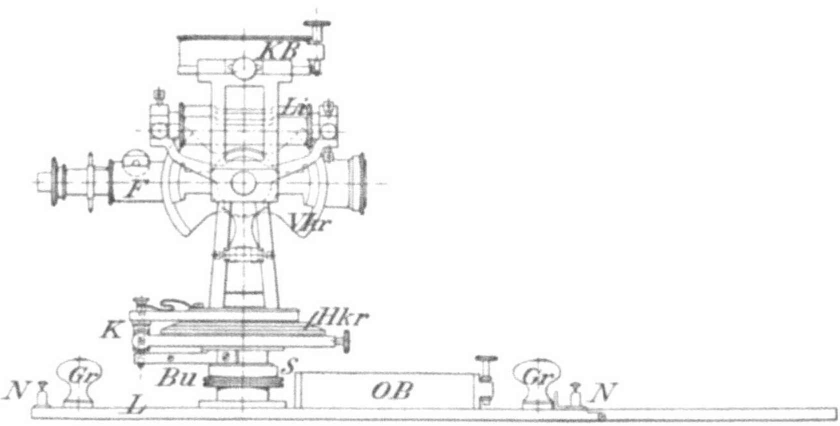

Fig. 31.

Theodolit-Kippregel (von der Firma Bamberg, Friedenau).

L Lineal (zusammenlegbar).
OB Orientierbussole.
Bu Buchse zur Aufnahme des Theodoliten. (Dieser ist durch Lösen der Schraube S herauszunehmen und in einen Dreifuß zu setzen).
Gr Handgriffe.
N Nadeln zur Feststellung des Lineals beim Winkelmessen auf dem Meßtisch.
Hkr Horizontalkreis.
K Verbindung der Alhidade mit dem Kippregel-Lineal.
Vkr Vertikalkreis.
Li Zeiger- und Alhidaden-Libelle.
F Fernrohr mit Distanz-Messer.
KB Kreisbussole (falls der Theodolit allein auf Dreifuß benutzt wird).

an die Großtriangulation an. Die weitere Verdichtung des Festpunktnetzes kann zur Not der Topograph selbst ausführen, der sich dabei eines kleinen Universal-Instruments oder einer kleinen Kippregel bedient, die auch als Theodolit eingerichtet ist. Mittels dieses letzteren Instruments kann man vom Meßtisch herunter Horizontalwinkel mit dem Teilkreis messen, man kann es auch mittels eines Dreifußes auf ein besonderes Stativ setzen und so messen. Fig. 31 zeigt dieses Instrument in schematischer Darstellung.

Allerdings muß der Topograph in diesem Falle mit den einfachsten Begriffen der Triangulation vertraut sein und wissen, wie er die sämtlichen topographischen Meßoperationen auch mit dem Instrument der Triangulation durchführen kann (102), und zwar schärfer als mit der Kippregel. Außer diesem Hilfsmittel der Topographie sind zu empfehlen:

73. **Stereoskopische Aufnahmen zur Verdichtung eines weitmaschigen** [1]) **Festpunktnetzes,** wenn das Arbeitsgebiet reich an auffallenden Höhenpunkten ist, und wenn es möglich ist, sie mit der Triangulation zugleich auszuführen. Kann dies letztere nicht geschehen, so ist der Nutzen der Sache nur noch gering. Das zweite Bearbeiten der Landschaft erfordert vielfach neuen Signalbau. Die Orientierung in der fremden Gegend über das Aussehen der Festpunkte und ihrer Umgebung ist schlecht. Es kommen viele Irrtümer vor. Schnell und sicher kann die stereoskopische Aufnahme nur mit der weitmaschigen Triangulation zugleich erfolgen. Läßt sich dies durchführen, so ist der Nutzen recht erheblich. Für die Aufnahmen 1:500000 gut genug, können die wesentlichsten Erscheinungen im Umkreise bis zu etwa 20 km Entfernung von einer Station aus nach Lage und Höhe an die Triangulation angeschlossen werden. Auch auf den baumloseren Grasflächen sind Lage- und Höhenbestimmungen mit Feld-Instrumenten noch recht gut bis auf 5 km Entfernung möglich. Die Landmesser-Aufnahmen geben der Topographie nur selten Höhenmessungen. Die stereoskopischen Aufnahmen sind deshalb besonders wertvoll für die Verbreitung der von der Großtriangulation kommenden absoluten Höhenbestimmungen über Berge und Flächen. Es ist nicht nötig, daß die stereoskopischen Aufnahmen in vollen Rundsichten erfolgen. Es genügt, wenn dem Topographen durch Bestimmung einzelner recht auffallender Objekte, die wie Signale wirken, und die er durch Zeichnung, Beschreibung oder Photographie leicht in der Natur erkennt, Operationsbasen für seine Kleinarbeit gegeben werden. Mißt man aber aus den stereoskopischen Aufnahmen für obigen Zweck zuviel heraus, so wird der Aufnehmer verwirrt, und es geht der Nutzen der Sache auf diese Weise verloren.[2])

74. **Vorarbeiten für schnelle Kartenaufnahmen** 1:500000. Bei der Dienststelle, bei der die sicheren Ergebnisse der Triangulation zuerst bekannt werden, müssen auch die Vorarbeiten für die Topographie

[1]) Darunter sollen Abstände der Festpunkte von etwa 30 km und mehr verstanden werden.

[2]) Mit derartigen Aufnahmen sind stets zu verbinden Krokis — Rundpeilungen (75) — der Umgebung bis zu mindestens 2 km Entfernung.

gemacht werden. Sie bestehen im wesentlichen im Anlegen von Meßtischblättern im Maßstabe 1:100 000 bzw. 1:200 000, die das Gradnetz, die Triangulation, die Landmesser- und stereoskopischen Aufnahmen enthalten. Ist das Ziel der Aufnahme auch die Karte 1:500 000, so ist es doch praktisch, die exakten Grundlagen so genau als möglich auf den Meßtischblättern 1:100 000 oder 1:200 000 zu entwerfen. Die Vorbereitung der Meßtischblätter macht deshalb Berechnungen zum Anschlusse von Triangulationen der Landvermessung an die Groß-Triangulation erforderlich, ist mühsamer und erfordert mehr topographisches Verständnis als die Vorbereitung der heimischen Meßtischblätter. Besonders viel topographische Erfahrung verlangt die Bearbeitung der stereoskopischen Messungen. Die Kolonial-Topographie erfordert hiernach eine feste Organisation im engsten Anschlusse an die heimischen Behörden für Landesaufnahme. Zur Organisation würden gehören:

im Felde: Triangulation, stereoskopische und topographische Aufnahme, Sammlung des Landmesser-Materials,

in der Heimat: Oberleitung, Rechnung, Vorarbeit, Konstruktion und Kartographie.

75. **Schnelle Meßtisch-Aufnahmen** im Maßstabe 1 : 100 000 oder 1 : 200 000 eignen sich am besten zur direkten Herstellung einer guten Flächenkarte im Maßstabe 1 : 500 000. Die Meßtisch-Aufnahmen müssen im Felde schnell und grob in Bleizeichnung aufgenommen und mit vielen Notizen über Höhenmessungen und -schätzungen, Bodenbedeckung, Landschaftscharakter usw. versehen werden. Deshalb braucht man eine geräumige Zeichenfläche. Man arbeitet also im Geiste bei der Aufnahme im Maßstabe 1 : 500 000.

Der Aufnehmer muß möglichst mit Zeichenarbeiten verschont werden. Es wird — geübtere Topographen vorausgesetzt — genügen, wenn er den Grundriß — Eisenbahnen, Wege, Gewässer, Ortschaften, Wasserstellen, Besitzgrenzen usw. — und die gemessenen Höhenpunkte in Tusche nachzieht und undeutliche Geländedarstellung klar macht. Dafür möge der Aufnehmer mit Notizen im Blatte und auf seinen Rändern, die für die Kartographie nützlich scheinen, nicht kargen.

Bei der Aufnahme müssen die in den vielen einfachen Methoden des Abschneidens und Einschneidens (10—18) liegenden Vorzüge der Meßtisch-Aufnahme recht ausgenutzt werden. Zu den Stationierungen und Neubestimmungen benutzt man ganz einfache leichte Kippregel-Modelle, das „Diopter-Lineal", den „Prismenkreis" oder auch das „Clinometer" (Fig. 32). Letzteres ist allein nur für Vertikalwinkelmessung brauchbar und müßte durch Anbringung eines kurzen Lineals verbessert werden. In vielen Fällen genügt zum Visieren schon ein ganz gewöhnliches Taschen-Lineal. Die nächste Umgebung — im Umkreise von 2—3 km —

krokiert man direkt vom Stationspunkte aus, soweit sie sicher beurteilt werden kann.

Rundpeilungen. Diese bestehen gewissermaßen in Koten (20), deren Richtung man durch Visur mit einem kleinen Lineal bestimmt. Die Entfernung für die nähere Umgebung schätzt man. Für größere Entfernungen macht man Abschnitte. Die Umgebung der so gewonnenen Punkte auf dem Meßtische krokiert man möglichst vom Stationspunkte aus. Auf den Wegen von Station zu Station macht man Routenaufnahmen, um das Zwischengelände in möglichst breitem Streifen zu krokieren und für den Fall, daß auf dem nächsten Übersichts- oder Stationspunkt für die Rundpeilung ein Einschnitt nicht möglich oder die dafür nötige Orientierung schlecht ist.

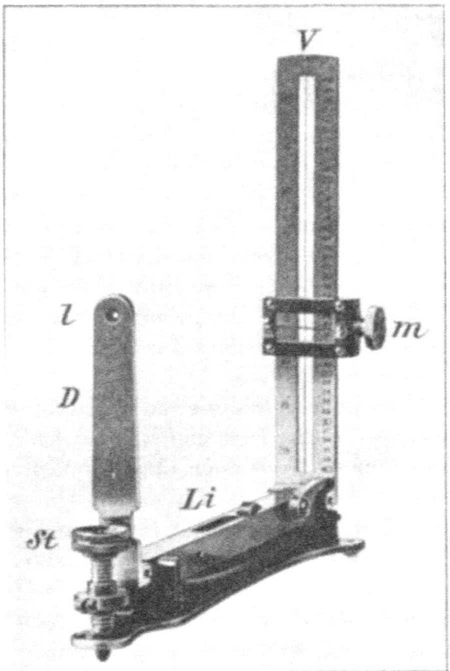

Fig. 32.
Clinometer (zum Messen von Vertikalwinkeln).
D Diopterplatte mit feststehender Durchbohrung l, zusammenklappbar.
V Visierfäden mit verstellbarer Höhenmarke m, zusammenklappbar.
Li Libelle zum Horizontalstellen der Höhenmarke 0°.
St Stellschraube zum Horizontalstellen der Höhenmarke 0°.
(Das Instrument hat keine Ziehkante. Durch Anbringung einer solchen würde es wesentlich wertvoller werden.)

Das Wesentlichste bei der Aufnahme ist der Grundriß, d. h. die Lage der Ortschaften, Farmen, Wasserstellen, das Netz der Wege und Gewässer, die Bodenbedeckung. Militärisch sehr wichtig ist auch die Darstellung der Geländeformation, diese erfordert jedoch schon hohe Erfahrung und Geschicklichkeit. Man hüte sich hierbei vor Darstellungen, wie sie bei exakten Meßtisch-Aufnahmen gebräuchlich sind.

Geländedarstellungen in Schichtlinien von bestimmtem Werte sind bei schnellen Meßtisch-Aufnahmen fast unmöglich. Man würde durch solche Darstellung den Schein genauer Aufnahmen erwecken und somit täuschen. Man wähle lieber abgerissene Formlinien von bestimmten Abständen, mit denen man die relativen Höhenverhältnisse auch darstellen kann, oder man kombiniere zwischen flüchtiger Bergstrichmanier und Formlinien, was eine gute Plastik ergibt. Die wenigen zuverlässigen Höhenmessungen schreibe man alle in die Original-Aufnahme ein und überlasse es der Kartographie, nach den Vorlagen eine Karte in geeigneter Manier und in gleichmäßiger Güte herauszugeben.

Wie ausgeführte Arbeiten schon erwiesen haben, kann in diesem Verfahren ein gewandter Aufnehmer etwa 30—40 mal soviel an Fläche bearbeiten, als dies bei der heimischen Original-Meßtisch-Aufnahme im Maßstabe 1:25000 in der gleichen Arbeitszeit möglich ist, d. h. der Aufnehmer kann täglich eine Fläche von 30—40 qkm bearbeiten.

Für verschiedene dienstliche Zwecke wird eine Vervielfältigung dieser Original-Aufnahmen (im Maßstabe 1:100000) erforderlich sein. Für eine allgemeine Herausgabe derselben als Karte 1:100000 dürfte die Aufnahme aber nicht immer geeignet sein, da sie dafür häufig zu flüchtig sein wird.

76. **Schnelle Aufnahme von Karten im Maßstabe von etwa 1:1000000.** Aufnahmen dieser Art zur ersten flächenmäßigen Kartierung eines Landes können wohl auch ohne die Grundlage einer Triangulation gemacht werden. Den geographischen Halt gewinnt man dann durch astronomische Ortsbestimmungen in Abständen von etwa 100 km. Die Fläche füllt man durch Routenaufnahmen, Wegeskizzen oder Itinerare und Rundpeilungen. Dieses Verfahren erfordert aber sehr sorgfältige Dispositionen. Es ist schwer, von vornherein die Arbeitsgebiete für mehrere gleichzeitig arbeitende Aufnehmer abzugrenzen. Wenig aussichtsvoll ist die Karten-Herstellung, wenn keine planmäßige Aufnahme erfolgt, man aus Gelegenheits- und freiwilligen Routen-Aufnahmen die Karte zusammenstellen will. Ein Aufnehmer sieht die Arbeit des anderen nicht, viele Routen sind mehrmals aufgenommen, andere fehlen. Es entstehen Zweifel und Widersprüche aller Art bei der Kartierung. Werden Aufnahmen dieser Art im größeren Stil unternommen, so ist es zweckmäßig, bestimmte Arbeitsgebiete für jeden Aufnehmer zu schaffen und diese durch natürliche Grenzen — Flüsse, Gebirgskämme — zu scheiden.

Ist das Gelände dafür geeignet, so werden stereoskopische Aufnahmen auf guten Übersichtspunkten, möglichst in der Nähe der Ortsbestimmungen oft ein wertvolles Hilfsmittel bei derartigen Aufnahmen bieten — siehe die Aufnahme der Liefde-Bucht (28). —

77. **Forschungs-Topographie.** Hierunter mögen verstanden werden:

a) Aufnahmen langer Reisewege durch Ortsbestimmungen, Routen, Barometer- und Siedethermometermessungen,

b) Flächen-Aufnahmen enger begrenzter Gebiete,

c) Spezial-Aufnahmen für die verschiedenen Zweige der Forschung und Technik wie Vorarbeiten für größere Projekte, Aufnahmen von Gebirgsbildungen, Architekturen, Menschen, Tieren, Pflanzen, Wohnstätten, Geräten usw.

Hier eröffnet sich eine weite Perspektive für Anwendung der Bildmessung und ganz besonders der stereoskopischen Methode. Kann der Reisende eine geeignete Ausrüstung mitführen, und weiß er die Aufnahmen richtig zu machen und mit den sonstigen topographischen Aufnahmen gut zu verbinden, so kann er mit dem stereoskopischen Meßverfahren ganz Hervorragendes leisten. Dies dürfte durch die Versuchsarbeiten (25—28) überzeugend festgestellt sein.

78. Der Erfolg bei stereoskopischen Aufnahmen ist abhängig, das sei wiederholt, von folgenden Bedingungen:

Der Aufnehmer muß gut vorgebildet sein,

er darf nur Präzisions-Instrumente benutzen,

hinter ihm muß eine Stelle stehen, die seine Aufnahmen sachgemäß verarbeitet.

Dies möchte Verfasser nachweisen und, soweit das mit einem Buche überhaupt möglich ist, dem Aufnehmer noch im Felde bei Verfolgung seiner Ziele behülflich sein.

Zweites Kapitel.

Einführung in die Bildmessung.

Der Unterschied zwischen dem alten Verfahren der Bildmessung und dem stereoskopischen Meßverfahren liegt hauptsächlich in der verschiedenen Art der Ausmessung der Bilder. Während im alten Verfahren jedes Bild einzeln ausgewertet wird, werden im neuen Verfahren die beiden an den Enden einer Basis aufgenommenen Bilder zugleich mittels des Stereoskops ausgemessen. Die Aufnahme selbst ist in beiden Verfahren prinzipiell gleich. Zum Verständnis der neuen Methode ist deshalb eine kurze Einführung in die alte unentbehrlich.

a) Winkelmessung mit dem Theodoliten.

79. Das Bildmeßverfahren ist bezüglich der Aufnahme nicht graphisch wie das topographische Meßtischverfahren. Erst die Auswertung der Aufnahmen kann graphisch erfolgen. Dies kann natürlich mit jeder Triangulation auch geschehen, wie es auch teilweise in der Topographie üblich ist (4 u. 74).

Die Bildmessung nähert sich im Prinzip mehr den trigonometrischen als den topographischen Meßmethoden.

Man hat wohl auch photographische Meßinstrumente topographischer Art, also als Kippregel, gebaut. Im allgemeinen bringt man aber die photographische Meßvorrichtung mit dem Theodoliten in Verbindung. Eine unmittelbare graphische Auswertung der photographischen Aufnahme ist unmöglich, weil das aufgenommene Bild erst entwickelt, fixiert und getrocknet werden muß. Dies läßt sich im Felde nur schwer ausführen und erfordert einige Zeit.

Zwischen der Aufnahme und der Auswertung derselben muß Zeit liegen, wie das auch bei trigonometrischen Messungen nötig ist. Der theodolitartige Charakter der photographischen Meßinstrumente macht eine kurze Betrachtung der Theodolitmessung erforderlich.

80. **Allgemeines über Einrichtung des Theodoliten.** Wollen wir Winkel im Zahlenwerte messen, so benutzen wir den Theodoliten. Ist das Instrument zum Messen von Horizontal- und Vertikalwinkeln

Fig. 33 a.
Universal-Instrument von Otto Fennel-Söhne in Cassel.

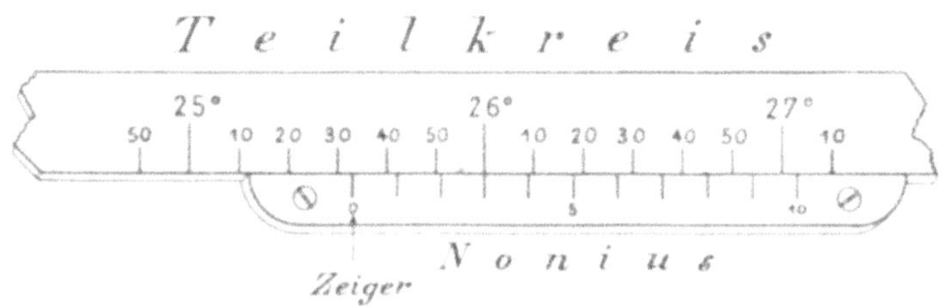

Fig. 33 b.
Der Nonius.
Es werden z. B. 9 Teile des Teilkreises durch den Nonius in 10 gleiche Teile geteilt. Die Ablesung in dieser Figur lautet: 25^0 33′.

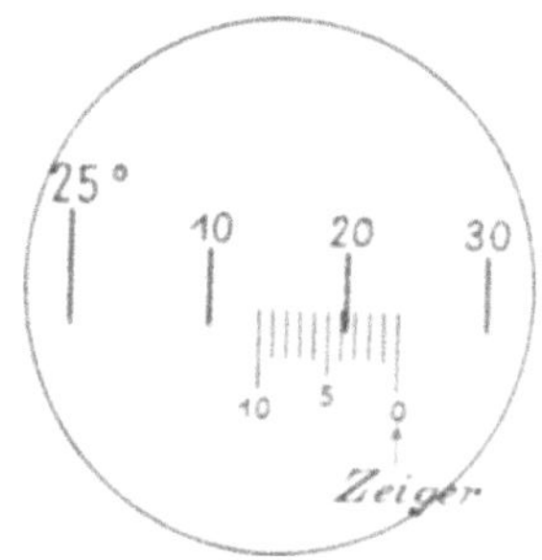

Fig. 33 c.
Das Schätz-Mikroskop.
Ein Intervall des Teilkreises wird durch eine Skala im Gesichtsfelde des Mikroskops in eine passende Anzahl gleicher Teile geteilt. Die Ablesung in dieser Figur lautet: 25^0 23,7′.

(48—52) eingerichtet, so nennen wir es „Universal-Instrument“. Nur ein solches (Fig. 33 a) kommt für topographische Zwecke in Betracht.

Ein durch einen Stengelhaken mit dem Stativ zu verbindender Dreifuß trägt eine vertikale Drehachse. Auf dieser sitzt der in der Regel rechtsherum zählend beschriebene Horizontalkreis, der zwar drehbar ist, beim Messen aber doch stehen bleiben soll. Um die Vertikalachse herum dreht sich ein nach oben meistens gabelförmig auslaufender Teil — die „Alhidade“. — Dieser trägt das Fernrohr nebst Vertikalkreis, die Libelle und die beiden doppelarmigen (verschiedenartig ausgebildeten) Zeiger zum Ablesen des Horizontal- und des Vertikalkreises.

Beim Messen soll die Vertikalachse senkrecht, der Horizontalkreis also horizontal stehen, das Fernrohr vertikal kippen und bei zentrischer Lagerung durch die Vertikalachse zeigen. Das Vertikalstellen der Vertikalachse bzw. das Horizontalstellen des Horizontalkreises nennt man „Horizontieren“. Zur Ausführung dieser Operation dient die Libelle. Wegen der hohen Bedeutung, die der Horizontierungsvorgang für die stereoskopische Messung hat, sei auf diesen und das erforderliche Werkzeug, die Libelle, etwas näher eingegangen:

81. **Die Libelle.** Zum Horizontal- oder Vertikalstellen von Linien und Ebenen benutzt man in groben Verhältnissen das Senkel oder Lot. Will man diese Arbeit feiner ausführen, so bedient man sich der Libelle. Befinden sich in einem Glasgefäß zwei Stoffe, die sich nicht mischen, so nimmt der leichtere Stoff stets die höchste Stelle des Gefäßes ein. Hat das Glasgefäß eine regelmäßige Figur, z. B. eine Kugel- oder Tonnenform, so zeigt die Gestalt des Gefäßes in Verbindung mit seinem Inhalt entweder die horizontale Ebene oder das Lot an.

Je nach der Gestalt des Gefäßes unterscheiden wir Röhren- und Dosenlibellen.

82. Die Einrichtung der Röhrenlibelle. Man denke sich eine äußerlich zylindrische Röhre in der Form innen ausgeschliffen, wie sie ein um seine Sehne A B (Fig. 34 a) rotierender flacher Kreisbogen erzeugen würde. Das Schleifen selbst erfolgt mittels eines genau abgedrehten Schleifdornes und stellt eine hohe Kunst dar. Wird der Schliff auf dem ganzen Umfange der Röhre ausgeführt, so entsteht ein tonnenförmiger Hohlraum mit genau kreisförmigem Querschnitt (s. Fig. 34 a und 34 b). Ist der Schliff nur einseitig, so entsteht der in Fig. 34 c dargestellte Querschnitt.

Die geschliffene Röhre wird, nachdem sie mit siedendem Schwefeläther gefüllt ist, zugeschmolzen. Nach dem Erkalten der Flüssigkeit bildet sich eine aus Ätherdämpfen bestehende Blase.

Die allseitig geschliffene Libelle ist auf dem ganzen Umfange ihres Querschnitts (Fig. 34 b) zum Messen brauchbar. Man nennt sie „Doppellibelle“. Die „einfache Libelle“ ist nur an der geschliffenen Stelle des

Querschnitts (Fig. 34 c) zu benutzen. Die Libelle wird in eine Metallröhre eingekittet. Bei einer Doppellibelle hat die Metallröhre zwei sich gegenüberliegende längliche Ausschnitte — Fenster — o und u Fig. 34 b, zur Beobachtung der länglich geformten Blase Bl. Die einfache Libelle hat nur ein Fenster, o Fig. 34 c, welches über dem geschliffenen Teil der

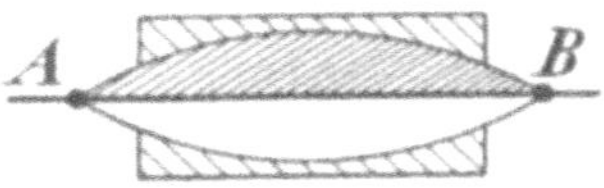

Fig. 34 a.
Schliff der Röhrenlibelle.

Fig. 34 b.
Querschnitt der Doppellibelle (schematisch).

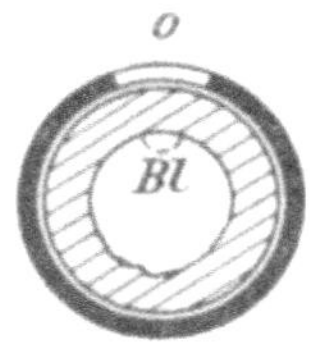

Fig. 34 c.
Querschnitt der einfachen Libelle (schematisch).

Fig. 34 d.
Röhrenlibelle in Fassung mit Fenster.

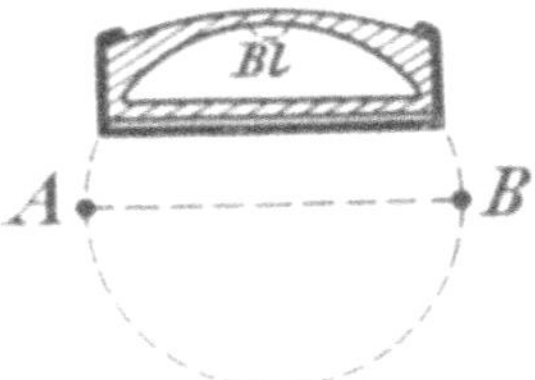

Fig. 34 e.
Schliff der Dosenlibelle.

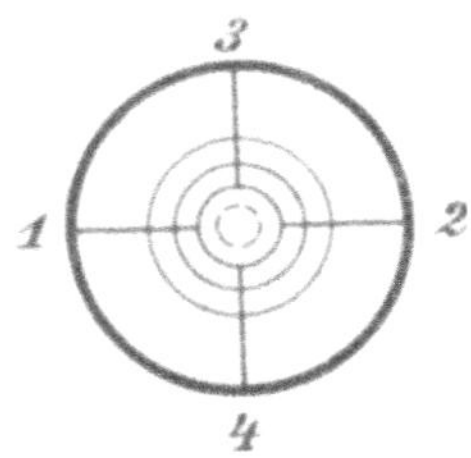

Fig. 34 f.
Fenster der Dosenlibelle.

Libelle liegt. Eine um ihre Längsachse drehbare einfache Libelle nennt man „Reversions-Libelle".

Die in den Fenstern sichtbaren Teile der Glasröhre sind in der Regel mit einer Einteilung versehen, durch die man einen beliebigen Punkt der Röhre als Zeiger bezeichnen bzw. sich merken kann (s. Fig. 34 d); demselben Zwecke dienen mitunter auch zwei verstellbare spitze Zeiger, über welche sich die Blase mit ihren Enden symmetrisch legen soll (s. Fig. 34 d).

83. Die Einrichtung der Dosenlibelle. Rotiert statt des in Fig. 34 a dargestellten flachen Bogens ein Halbkreis (s. Fig. 34 e) um den Durchmesser A B, so ist der Umdrehungskörper eine Kugel. Denken wir uns eine kreisrunde starke Glasplatte kugelförmig ausgeschliffen, den Hohlraum ebenfalls mit Schwefeläther gefüllt und durch eine angeschmolzene Glasplatte geschlossen, so erhalten wir die Dosenlibelle

(s. Fig. 34 e und 34 f). Das Fenster derselben ist kreisrund, ebenso die Blase. Die Teilstriche haben die Form konzentrischer Kreise. Mitunter ist der Dosenlibelle noch ein Kreuz (s. 1, 2, 3, 4 Fig. 34 f) aufgezeichnet, welches folgenden Zweck hat: Die Dosenlibelle ersetzt gewissermaßen zwei senkrecht zueinander stehende Röhrenlibellen. Ist es nötig, die Dosenlibelle sehr genau zu justieren, so denkt man sich diese auch wirklich in zwei einzelne Libellen zerlegt, die je durch einen Strich des Kreuzes bezeichnet werden. Man läßt also beim Justieren die Blase erst auf dem einen Strich laufen und dann auf dem andern.

84. Die Wirkung der Libellen: Die Blase, als der leichteste Teil der Füllung, nimmt die höchste Stelle des Hohlraumes ein. Liegt die Röhrenlibelle angenähert horizontal und das Fenster ziemlich genau oben, so erscheint im Fenster die längliche und symmetrisch geformte Blase. Bei der Dosenlibelle sehen wir in demselben Falle eine kreisrunde Blase. Denken wir uns im Mittelpunkt der Blase eine Tangentialebene, zur Schleiffläche, so liegt diese Ebene horizontal, wo auch die Blase stehen möge. Die im Blasenmittelpunkt auf der Tangentialebene errichtete Senkrechte zeigt die Richtung der Schwerkraft an. Bei der Röhrenlibelle ist die Krümmung in der Längslinie (Fig. 34 a) erheblich schwächer als im Querschnitt (Fig. 34 b und 34 c), daher ist von der Tangentialebene die in der Längslinie der Röhrenlibelle liegende Richtung schärfer als horizontal definiert als die quer zu dieser gelegene Richtung. Man richtet deshalb mit einer Röhrenlibelle auch nicht eine ganze Fläche, sondern nur eine Linie horizontal.

Bei der Dosenlibelle dagegen ist die Krümmung für alle Richtungen gleich stark, weshalb wir mit der Dosenlibelle auch stets eine ganze Fläche mit einem Male horizontal stellen können.

Wir denken uns nun z. B. die Mitte der Blase einer Röhrenlibelle im Punkte I (Fig. 35). Die im Punkte I an die Schleiffläche gedachte Tangente H H ist horizontal. Das in I auf HH errichtete Lot trifft den Mittelpunkt C des Schleifkreises (von dem A B Fig. 34 a ein Bogen ist). Drehen wir mittels einer Stellschraube St (Fig. 35) die Libelle ein wenig um Punkt D, so sei die Libellenmitte auf den Punkt I′ des Fensters gegangen. Nun ist die in I′ an die Schleiffläche gedachte Tangente W W horizontal, und die in I′ auf WW errichtete Senkrechte trifft den Mittelpunkt C den Schleifkreises. Der durch die Linien H H und W W dargestellte Drehungswinkel der Libelle ist $= \sphericalangle\, I\, C\, I' = \sphericalangle\, \delta$.

Indem wir die Blasenmitte immer genau auf einen Zeiger oder Index (z. B. I Fig. 35) einstellen, geben wir der Grundplatte der Libelle stets ein und dieselbe Neigung zur Horizontalen bzw. Vertikalen. (Die Platte braucht aber beim Einspielen der Blase keineswegs horizontal zu liegen, nur ihr Neigungswinkel bleibt beim Einspielen immer derselbe, solange man die Stellschraube St nicht bewegt.)

85. Die Empfindlichkeit der Libellen. Je größer der Radius des Schleifkreises (s. I C in Fig. 35) ist, desto empfindlicher ist die Libelle. Man bezeichnet die Empfindlichkeit der Libelle damit, daß man einen Winkelwert für das Intervall zweier Teilstriche des Fensters angibt.

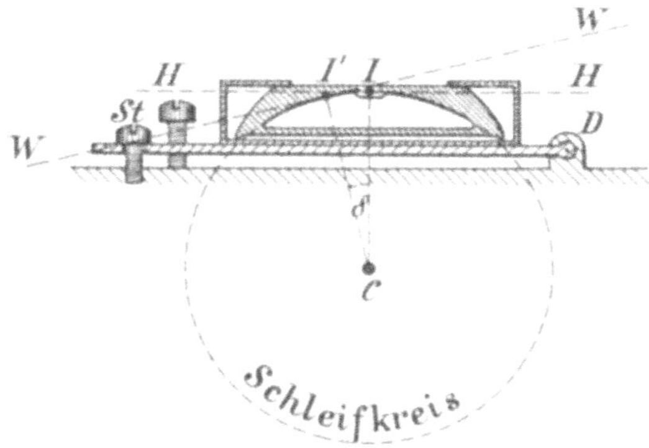

Fig. 35
Wirkung der Libelle.

Hat z. B. eine Libelle eine Empfindlichkeit von 30″, so heißt das: Neigt man die Libelle so, daß die Blasenmitte von einem Teilstrich zum andern geht, so ist der Neigungswinkel = 30″.

Folgende Tabelle gibt für einige Instrumente die Empfindlichkeit der angewandten Libellen und den Radius des Schleifkreises an.

Instrument	Winkelwert δ (Fig. 35) für ein Intervall I I′ der Teilung = 2 mm	Radius des Schleifkreises in m
Kippregel	30″	13,75
Einfacher Theodolit . .	20″	20,63
Feiner Theodolit	10″	41,25
Präzisions-Instrumente .	5″	82,50
Astronomisches Universale	1″	412,50

Eine große Blase ist beweglicher als eine kleine. Die Blasengröße ändert sich mit der Temperatur, und zwar wird die Blase bei Kälte größer, bei Wärme kleiner. Man fabriziert Libellen mit einem Reservoir, mittels dessen die Blasenlänge regulierbar ist. Häufig kann man solche Libellen aber nicht verwenden. Libellen ohne Reservoir müssen für die Temperatur des Arbeitsgebiets hinsichtlich der Blasenlänge genau hergerichtet werden.

86. **Justierung der Libellen.** Die Libellen werden in verschiedener Weise mit dem Meßinstrument in Verbindung gebracht und justiert.

Wir wollen uns jedoch hier nur mit der Justierung der Libellen zwecks Horizontierung des Theodoliten beschäftigen.

Justierung der Röhrenlibelle. Zur Horizontierung des Theodoliten sowohl als auch des Phototheodoliten bedarf man nur der einfachen Libelle (Fig. 34c). Diese ist an irgend einem Teile des Instruments befestigt, der sich beim Messen um die Vertikalachse herumdreht, also an der Alhidade. Man nennt sie dementsprechend „Alhidadenlibelle". Ihre Längsrichtung stellt man parallel zum Fernrohr-Visier. Zur Justie-

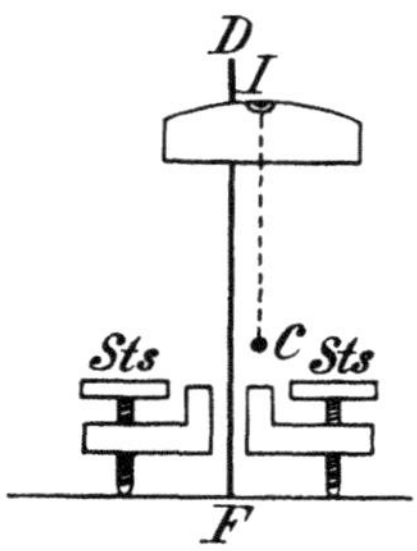

Fig. 36.
Libelle in Justierung.

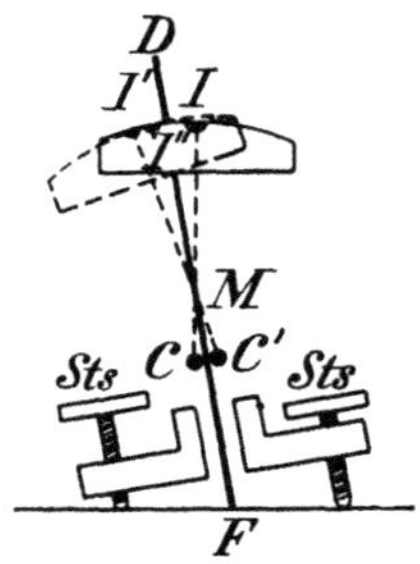

Fig. 37.
Justierung der Libelle.

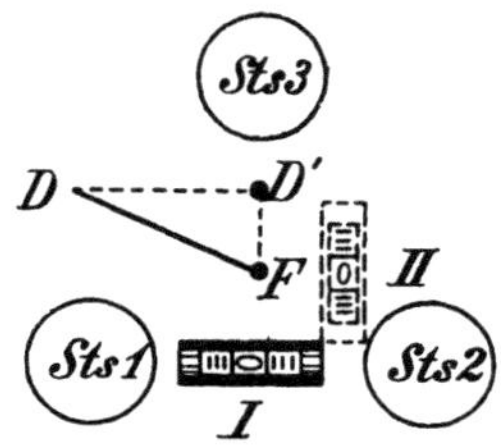

Fig. 38.
Horizontieren mit einer Libelle. Sts 1, 2, 3 Stellschrauben des Dreifußes.

rung muß man einen Schirm aufspannen, damit kein direktes Sonnenlicht auf das Instrument und besonders auf die Libelle fällt.

87. Wir nehmen eine vollständige Dejustierung der Libelle und einen feststehenden Zeiger I an (s. Fig. 36). Die Justierung bezweckt, den Radius I C des Schleifkreises mit der Vertikalachse D F parallel zu stellen (s. Fig. 36). Diese Parallelität bezieht sich natürlich nur auf die senkrecht zur Längslinie der Libelle gedachte Richtung, wie Fig. 36 es darstellt. Ist diese Justierung gelungen, so lassen wir die Blase auf I einspielen und stellen damit die Vertikalachse aus einer Richtung gesehen vertikal, weil eben aus dieser Richtung gesehen der Radius I C senkrecht gestellt ist. Drehen wir die Alhidade um 90^0 herum, so können wir die Vertikalachse auch aus dieser Richtung gesehen und damit, wie wir beabsichtigen, vollständig vertikal stellen.

Ist nun aber die Libelle entsprechend unserer Annahme mit der Alhidade fehlerhaft verbunden, so bildet der Radius I C mit der Vertikalachse D F einen Winkel (Fig. 37). Lassen wir jetzt die Blase bei I einspielen, so steht wohl I C senkrecht, nicht aber D F. Drehen wir bei dieser schiefen Stellung der Vertikalachse die Alhidade um genau 180^0 herum, so gelangt der Zeiger I auf den Punkt I', während die Blase sich wieder senkrecht über den Mittelpunkt des Schleifkreises stellt, der sich nun

z. B. in C′ befinden möge. Die Blase zeigt also einen erheblichen Ausschlag gegen den Zeiger, der aber nur etwa zur Hälfte durch das fehlerhafte Anschrauben der Libelle verursacht ist.

Man justiert nun in der Weise, daß man mittels der Dreifuß-Stellschrauben die Blasenmitte um den halben Weg bis zum Zeiger verschiebt. Durch Bewegung der Stellschraube St (Fig. 35) läßt man dann die Blasenmitte genau auf den Zeiger einspielen. Durch diese letztere Bewegung soll der Radius I C zur Vertikalachse D F parallel gestellt werden.

Wäre die Justierung jetzt schon gelungen, so müßte die Libelle auch noch auf den Zeiger einspielen, wenn die Alhidade nun wiederum um genau 180° gedreht wird. Das ist jedoch gewöhnlich nicht der Fall. Es zeigt sich meistens noch ein kleiner Ausschlag der Blase, der wie vorhin zur Hälfte mit den Stellschrauben des Dreifußes, zur Hälfte mit der Stellschraube der Libelle fortgeschafft wird. Man dreht die Alhidade so lange um 180° herum und justiert, bis die Blasenmitte beim Umschlagen genau auf dem Zeiger stehen bleibt.

(Ist bei der Justierung der Libelle das Instrument nur sehr grob horizontiert, so muß das Umschlagen desselben um 180° sehr genau durch Einstellung mittels des Teilkreises gemacht werden.)

88. Nehmen wir nur eine geringe Dejustierung der Libelle an, und es kommt uns nicht darauf an, den Zeiger I festzuhalten, so justiert man wie folgt: Man bringt wie bei der vorigen Justierung zuerst die Libelle bei I zum Einspielen, schlägt genau um 180° herum und nimmt von dem Ausschlag, den die Blasenmitte gegen I zeigt, die Mitte. Dieser Punkt ist der neue und gültige Zeiger, den man sich nach der Einteilung des Fensters merkt und noch einige Male kontrolliert, also neu ermittelt und so endgültig feststellt.

Statt der Blasenmitte, die schlecht definierbar ist, stellt man gern ein Blasenende ein und markiert sich dessen Stand an der Einteilung des Fensters. Dabei muß aber bedacht werden, daß die Blasenlänge bei Temperaturänderungen schwankt. Man hat deshalb zur Bezeichnung des Blasenstandes bei justierter Libelle die zweiarmigen Zeiger konstruiert, die auf die Enden der Blase eingestellt werden (s. Fig. 34 d). Ändert sich die Blasenlänge, so gestattet der doppelte Zeiger ein symmetrisches und richtiges Einstellen der Blase.

89. Justierung der Dosenlibelle. Ist die Dosenlibelle mit der Alhidade verbunden, so wird das Instrument zuerst mit seiner Alhidadenlibelle (Röhrenlibelle) horizontiert (90). Alsdann stellt man die Dosenlibelle durch Bewegung ihrer Stellschrauben oder durch Unterlegen von Papier- oder Stanniol-Plättchen so, daß die Blase genau konzentrisch zu den Kreismarken steht. Es ist dies im allgemeinen eine sehr mühselige Arbeit.

Existiert die Dosenlibelle nur allein an der Alhidade, so betrachtet man die Dosenlibelle als aus zwei senkrecht zueinander stehenden Röhrenlibellen zusammengesetzt, deren eine die Längsrichtung 1—2, deren andere die Längsrichtung 3—4 des Fensters (Fig. 34 f) einnimmt. Man justiert nun jede dieser Richtungen einzeln wie bei der Röhrenlibelle, muß dabei aber erreichen, daß beim Kippen der Dosenlibelle die Blase über den Mittelpunkt des Fensters und auf dem Striche läuft. Zu dem Zwecke stellt man den Strich so, daß er senkrecht zur Verbindungslinie zweier Dreifußschrauben steht. Mit der dritten der Dreifußschrauben bringt man die Blase in Bewegung. Daß die Blase über die Mitte und auf dem Strich läuft, erreicht man durch Drehung der beiden erstgenannten Stellschrauben.

Die Justierschrauben der Dosenlibelle müssen so angebracht sein, daß die Justierung der einen Richtung die der andern nicht stört.

90. **Das Horizontieren.** Hat der Theodolit **nur eine** Röhrenlibelle auf der Alhidade, so kann man mit der justierten Libelle (Fig. 36) nur immer aus einer Richtung gesehen die Vertikalachse D F vertikal stellen. Um mit den drei Stellschrauben des Dreifußes möglichst schnell die Vertikalachse aus zwei senkrecht zueinander stehenden Richtungen und damit vollständig senkrecht zu stellen, verfährt man wie folgt: Man stellt die Längslinie der Röhrenlibelle parallel mit der Verbindungslinie zweier Stellschrauben des Dreifußes — s. die Stellung I der Libelle in Fig. 38 — und bringt die Blase durch Bewegen der Stellschrauben 1 und 2 zum Einspielen. Die vorher in der Projektion als die Linie D F erscheinende Vertikalachse kommt dadurch in eine Lage, deren Projektion die Linie D′ F ist. Dann dreht man die Alhidade um 90°. Die Libelle nimmt nun die Stellung II (Fig. 38) ein. Jetzt läßt man die Blase allein nur durch Bewegen der Stellschraube 3 einspielen, wodurch Punkt D′ auf F fällt. Der prinzipiell jetzt beendete Horizontierungsvorgang gelingt praktisch selten so schnell. Dreht man die Libelle in die Stellung I zurück, so zeigt sich noch ein kleiner Ausschlag der Blase, weshalb die Horizontierung nochmals und feiner gemacht wird, Dies geschieht so lange, bis die Mitte oder ein Ende der Blase bei beliebig herumgedrehter Alhidade immer genau dieselbe Stellung zum Zeiger bzw. zur Teilung der Libelle einnimmt.

Hat der Theodolit **zwei** Röhrenlibellen, deren jede genau justiert ist (87. 88), so vollzieht sich die Horizontierung schneller. In jeder beliebigen Stellung der Alhidade und mit beliebigen Stellschrauben bringt man beide Libellen zum Einspielen, womit die Horizontierung beendet ist.

Die Horizontierung mit der Dosenlibelle ist ebenfalls höchst einfach. Ist die Dosenlibelle genau justiert (89), so stellt man mit beliebigen Stellschrauben des Dreifußes die Blase so ein, daß sie konzentrisch zu den kreisförmigen Teilstrichen steht.

91. **Das Fernrohr.** Wie bei der Kippregel zielen oder visieren wir beim Universal-Instrument mit einem Fernrohr. Je feiner der Teilkreis abgelesen werden kann, desto schärfer muß das Fernrohr sein. Liest man z. B. Sekunden ab, so muß man auch auf Sekunden genau zielen, das heißt; auf 100 m Entfernung auf 0,5 mm genau. Dazu gehört ein gutes, helles Fernrohr von etwa 20—30 facher Vergrößerung. Liest man nur Minuten ab, so genügt schon ein ganz schwaches Fernrohr. Im Fernrohr festgelegt ist ein Visier (auch Absehlinie genannt). Diese Linie wird durch zwei Punkte fixiert. Der eine ist der optische Mittelpunkt des Objektivs, der andere ist das im Bildfelde des Fernrohrs angebrachte Fadenkreuz. Hat letzteres nur den Zweck, die Absehlinie zu markieren, so kann es jede beliebige Form haben z. B. die eines liegenden Kreuzes oder eines kleinen Kreises (Fig. 39).

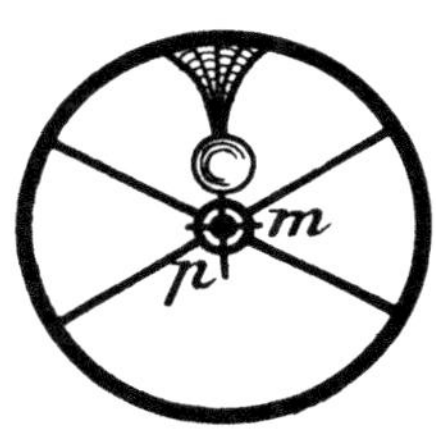

Fig. 39. (Umgekehrtes Bild eines astronomischen Fernrohres.) Einstellung des Fadenkreuzes m auf das Objekt p.

Einstellung des Fernrohres zum Messen. Vor Beginn guter Messungen muß die Ebene des vom Objektiv entworfenen Bildes mit der durch das Fadenkreuz gehenden Ebene zur Deckung gebracht werden. Dies geschieht auf folgende Weise: Zuerst stellt man mit der Lupe[1]) das Fadenkreuz scharf ein, dann verschiebt man das ganze Okularsystem, bis auch das Bild der Natur scharf erscheint. (Bei manchen Fernrohren ist das Okularsystem nicht, dafür dann aber das Objektiv verschiebbar.) Bewegt man nun das Auge ein wenig vor der Lupe hin und her, und verschiebt sich dabei scheinbar das Fadenkreuz gegenüber dem Bilde der Natur, so decken sich die beiden Ebenen noch nicht scharf. Es besteht noch „Parallaxe". Man muß in diesem Falle die Einstellungen verfeinern, bis keine Parallaxe mehr sichtbar ist.

Einstellung des Objekts. Durch Drehen und Kippen des Fernrohres unter Benutzung von Feinschrauben bringt man das Fadenkreuz mit einem gewünschten Objekt zur Deckung. (S. in Fig. 39 das Fadenkreuz m und den Bildpunkt p eines Objekts P.)

Visierebene. Die vertikale Ebene, welche durch die auf ein Objekt eingestellte Visierlinie geht, ist die wahre Visierebene. Genau in dieser Ebene soll die Visierlinie kippen.

Zentrische Lagerung des Fernrohres. Schneidet die Visierlinie die Vertikalachse, so liegt das Visier „zentrisch". In diesem Falle

[1]) Am besten gegen den Himmel.

schneiden sich alle Visierebenen in der Vertikalachse. Für die ferneren Betrachtungen nehmen wir „zentrische Lagerung des Fernrohres“ an.

92. **Messung von Horizontalwinkeln.** Stellt man mit dem Visier (s. Fig. 43) die Richtung A P ein, so geben die angenähert diametral liegenden Zeiger die Punkte 1 und 3 am Horizontalkreise an. Nach Einstellung der Richtung A B geben beide Zeiger die Punkte 2 und 4 am Horizontalkreise an. Die Differenzen 2—1 und 4—3 der Kreisablesungen ergeben jedesmal die Größe des Horizontalwinkels P A B, vorausgesetzt, daß der Theodolit keinen Fehler hat. Da ein Theodolit aber nie ganz frei von Fehlern ist, beobachtet man zur Erzielung guter Winkelmessungen folgende Praxis nach Bedarf:

Ablesung der Richtungen an beiden Zeigern. Hierdurch wird der Exzentrizität des Kreises begegnet. Eine solche besteht, wenn die Vertikalachse mit dem Mittelpunkte des Kreises nicht zusammenfällt.

Man nimmt eine bestimmte Fernrohrlage als „erste“ oder „Haupt-Fernrohrlage“ an. Bei dieser werden die topographischen Vertikalwinkel mit richtigem Vorzeichen abgelesen.[1]) Die andere Fernrohrlage, die sich nach vertikalem Durchschlagen ergibt, ist die „zweite“.

Messung in beiden Fernrohrlagen. Hierdurch kann man einem Fehler in der zentrischen Lagerung des Fernrohres und seiner Absehlinie sowie einem Fehler an der vertikalen Kippebene begegnen. Man mißt daher in folgender Weise: Zuerst stellt man die Objekte von links nach rechts herumdrehend ein und liest die Richtungen an beiden Zeigern ab, dann schlägt man das Fernrohr vertikal durch und stellt nochmals, diesmal bei dem letzt gemessenen Objekt rechts anfangend und links herumdrehend, die Objekte ein, — aber auch auf gleiche Höhenlage, weil sonst Fehler in der Kippebene nicht ganz ausscheiden würden — und liest wieder ab. Eine Messung in beiden Fernrohrlagen nennt man einen „Winkelsatz“.

Messung in mehreren Kreislagen. Um den Ungenauigkeiten des Teilkreises entgegenzuwirken, mißt man die Winkel an verschiedenen Stellen des Teilkreises. Mißt man zwei Winkelsätze, so dreht man den Kreis nach dem ersten Satz um etwa 90^0, mißt man drei Sätze, so dreht man den Kreis nach dem ersten Satz um etwa 60^0 und nach dem zweiten Satz abermals um 60^0 usw.

Ablese-Vorrichtungen. Je nach Feinheit der Instrumente sind die Zeiger zum Ablesen der Richtungen als Nonien, Schätzmikroskope oder Trommelmikroskope ausgebildet. Letztere Einrichtung ist die schärfste und kommt bei topographischen Theodoliten fast nicht vor [2]).

---

[1]) Bei dieser Fernrohrlage soll auch das Fernrohr mit dem Bussolen-Visier gleich gerichtet sein (102).

[2]) Näheres hierüber s. Jordan, Handbuch der Vermessungskunde.

Der Gebrauch der Nonien und Schätzmikroskope erklärt sich aus den Fig. 33 b und 33 c.

93. **Messung von Vertikalwinkeln.** In prinzipieller Beziehung wird die Messung der Vertikalwinkel mit dem Theodoliten ebenso ausgeführt wie mit der Kippregel. Der Vertikalkreis ist beim Theodoliten in der Regel mit dem Fernrohr fest verbunden. Der Doppelarm, an dem die beiden Zeiger (um einen geringen Betrag auf dem Doppelarm verstellbar) sitzen, ist mit der Alhidade fest verbunden. Die Einteilung und Bezifferung des Vertikalkreises ist verschieden, je nachdem Zenit-Distanzen oder Vertikalwinkel gemessen werden sollen. Die Zenit-Distanz zählt vom Zenit, der Vertikalwinkel vom Horizont ab. Für ein und dasselbe Objekt ergänzen sich Zenit-Distanz und Vertikalwinkel (unter Berücksichtigung des Vorzeichens) zu 90^0. So ist z. B. dem Vertikalwinkel δ (Fig. 28) entsprechend die Zenit-Distanz $\sphericalangle \varphi$.

Mißt man mit dem Theodoliten Zenit-Distanzen, so hat der Vertikalkreis eine von 0—360^0 durchlaufende Teilung, mißt man Vertikalwinkel, so beginnt die Teilung an zwei diametral liegenden Punkten mit 0^0 und zählt von da ab nach beiden Seiten positiv bzw. negativ. Für die Haupt-Fernrohrlage sind die Vertikalwinkel so beziffert, daß negative Winkel abgelesen werden, wenn das Fernrohr nach unten gerichtet ist, und umgekehrt positive Winkel abgelesen werden, wenn das Fernrohr nach oben gerichtet ist. Schlägt man das Fernrohr durch, so müssen die angeschriebenen Vorzeichen umgekehrt gelesen werden.

Das Messen der Vertikalwinkel vollzieht sich wie folgt: Der Theodolit wird scharf horizontiert und das Objekt in vertikaler Beziehung eingestellt. Ist die Horizontierung tadellos, und sind die an der Alhidade befestigten Zeiger einmal richtig eingestellt, so liest man ohne weiteres den richtigen Vertikalwinkel am Vertikalkreise ab.

Bei der Horizontierung kommt es sehr darauf an, daß die Kreisscheibe gerade für die eingestellte Richtung besonders scharf horizontal liegt, damit die Zeigerlinie immer dieselbe Neigung zum Horizont erhält. Da die Alhidadenlibelle in diese Richtung hinein gelegt ist, kann man sich leicht überzeugen, ob die Horizontierung für die entscheidende Richtung im Kreise gut ist, und nötigenfalls durch eine Dreifußschraube die Libelle fein einstellen oder ihren Ausschlag ablesen. Einer Prüfung aber bedarf die Einstellung der Zeiger gegenüber dem an der Alhidade befestigten Doppelarm.

94. Justierung der Zeigerstellungen. Vor allen Dingen sollen beide Zeiger zur Ablesung der Vertikalwinkel gleichmäßig auf 0^0 (bzw. 90^0 und 270^0 für Messung von Zenit-Distanzen) einspielen. Die Justierung kann verschieden ausgeführt werden.

Justierung 1. Das Fernrohr des Theodoliten wird gegen eine nahe Wand gerichtet. Nach scharfer Horizontierung des Instruments stellt man die Nullpunkte des topographisch bezifferten Kreises auf die Zeiger ein. Stehen die Zeiger nicht richtig, so wird das Fernrohr nicht horizontal zeigen. Wir bezeichnen an der Wand den Punkt, den das Fadenkreuz trifft, und erhalten z. B. Punkt I (Fig. 40) der Wand. Nun schlagen wir das Fernrohr vertikal durch, und zwar mit Hilfe des Vertikalkreises um genau 180°, wodurch das Fadenkreuz den Punkt II (Fig. 40) trifft. Schwenken wir jetzt die Alhidade genau um 180° herum, so trifft das

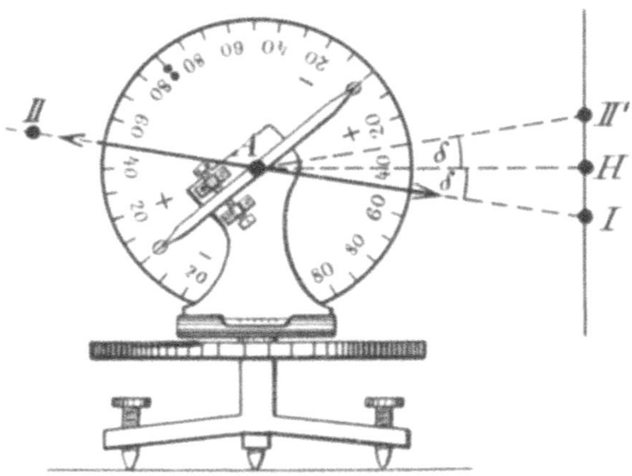

Fig. 40.
Justierung der Zeigerstellung für Messung von Vertikalwinkeln. (Der Vertikalkreis dreht sich mit dem Fernrohr und ist topographisch beziffert.)

Fadenkreuz Punkt II′ der Wand. Auf der Mitte zwischen I und II′ liegt der wahre Horizont von A, also in H. Wir stellen das Fadenkreuz auf H ein und verstellen die Zeiger, so daß sie nun den Vertikalwinkel 0° oder die Zenit-Distanzen 90° und 270° anzeigen.

Justierung 2. Nach scharfer Horizontierung des Theodoliten stellen wir irgend ein Objekt in vertikaler Beziehung ein und lesen bei der Haupt-Fernrohrlage den Vertikalwinkel z. B. als $+ 2^0\, 15'$ ab. Nun schlagen wir das Fernrohr durch, drehen die Alhidade um 180° herum und stellen wieder das Objekt in vertikaler Beziehung ein. Jetzt lesen wir z. B. — $4^0\, 19'$ ab, was den Vertikalwinkel von $+ 4^0\, 19'$ bedeutet (wir müssen das Vorzeichen bei der 2. Fernrohrlage umkehren). Der wahre Vertikalwinkel ist das Mittel beider Messungen, also =

$$\frac{+ 2^0\, 15' + 4^0\, 19'}{2} = + 3^0\, 17'.$$

Wir stellen nunmehr bei scharfer Horizontierung des Instruments das Fernrohr auf das Objekt ein und verstellen die Zeiger so, daß sie

$+ 3^0\,17'$ bei der ersten Fernrohrlage anzeigen. Bei der zweiten Fernrohrlage wird man dann nach Einstellung des Objekts — $3^0\,17'$ ablesen.

95. Der Korrektionswinkel. Grundbedingung für richtige Ermittelung des Vertikalwinkels ist, daß das Instrument genau horizontiert ist, weil doch einer der Schenkel des Vertikalwinkels die Horizontale ist, die wir bei der eben beschriebenen Art der Messung nicht besonders einstellen. Ist nun die Horizontierung des Instruments fehlerhaft, so wird der Vertikalwinkel falsch gemessen. Damit die Richtung der Kreisebene, auf die es hier ankommt, also diejenige, auf die das Fernrohr eingestellt ist, stets kontrollierbar ist, liegt die Alhidadenlibelle mit ihrer Längslinie parallel zum Fernrohr-Visier. Man sieht nun bei der Vertikalwinkelmessung meistens einen kleinen Ausschlag der Libelle, den man für jeden der eingestellten Vertikalwinkel messen muß, und den wir den Korrektionswinkel nennen. Man notiert deshalb bei jeder Vertikalwinkelmessung den Stand der Blase gegenüber dem Zeiger der Libelle. Aus der notierten Ziffer läßt sich leicht Größe und Vorzeichen des Korrektionswinkels ermitteln, wenn der Zeiger- bzw. der Libellenstand bei genauer Horizontierung und die Empfindlichkeit der Libelle ebenfalls notiert sind. (Man hätte wohl bei jeder einzelnen Vertikalwinkelmessung mittels der Dreifußschrauben die Alhidadenlibelle zum Einspielen bringen und so den Korrektionswinkel fortschaffen können. Man tut das aber nicht, weil dadurch die allgemeine Horizontierung des Instruments bald vollständig verderben würde.)

96. Die Fernrohr-Libelle. Will man den Korrektionswinkel nicht an der Alhidaden-Libelle ablesen, sondern am Vertikalkreise ermitteln, so braucht man dazu die Fernrohr-Libelle, die meistens fest mit dem Fernrohr verbunden ist. Die Fernrohr-Libelle bezweckt, das Fernrohr-Visier kurzerhand genau horizontal zu richten. Ist dies möglich, so kann man vom Vertikalwinkel beide Schenkel am Vertikalkreise einstellen, also die Richtung nach dem Objekt und die des Horizonts. Die Differenz beider Richtungen ist der wahre Vertikalwinkel. Bei der Bildung der Winkeldifferenzen ist die Bezifferung (nebst Vorzeichen) des Kreises zu beachten.

97. Einige Beispiele mögen die Messung des Vertikalwinkels mittels der Fernrohr-Libelle erläutern (s. Tab. S. 66):

98. Justierung der Fernrohr-Libelle. Man kann die Justierung auf zweierlei Weise durchführen.

Justierung 1. Man richtet das Fernrohr bei horizontiertem Instrument ohne Beachtung der Fernrohr-Libelle horizontal, wie wir das unter 94 (Justierung 1) gesehen haben.

Spielt nun die Blase der Fernrohr-Libelle nicht ein, so muß sie mittels ihrer Stellschraube (s. St in Fig. 35) so weit verstellt werden, bis die Blase genau einspielt.

Nummer der Messung	Messung von Vertikalwinkeln bei Einteilung des Vertikalkreises					
	für Zenit-Distanzen			für topographische Winkel		
	Ablesung bei Einstellung des		Resultierender Vertikalwinkel	Ablesung bei Einstellung des		Resultierender Vertikalwinkel
	Objekts	Horizonts		Objekts	Horizonts	
1	77° 53′	89° 58′	+ 12° 5′	+ 12° 7′	+ 0° 2′	+ 12° 5′
2	77° 53′	90° 3′	+ 12° 10′	+ 12° 7′	— 0° 3′	+ 12° 10′
3	96° 22′	89° 59′	— 6° 23′	— 6° 22′	+ 0° 1′	— 6° 23′
4	96° 22′	90° 3′	— 6° 19′	— 6° 22′	— 0° 3′	— 6° 19′

Justierung 2. Wir messen ohne Beachtung der Fernrohr-Libelle einen Vertikalwinkel, wie wir es unter 94 (Justierung 2) gesehen haben und erhalten z. B. + 4° 25′. Nun stellen wir bei sorgfältiger Horizontierung des Instruments das Fernrohr in vertikaler Beziehung genau auf das Objekt ein, bringen bei dieser Fernrohrsteigung die Zeiger auf + 4° 25′, neigen danach das Fernrohr, bis die Zeiger 0° anzeigen, und beseitigen bei der nun erhaltenen Fernrohrstellung den etwaigen Ausschlag der Blase der Fernrohr-Libelle mit der Stellschraube St der Libelle (s. Fig. 35).

99. Die Zeiger-Libelle. Bis jetzt wurde angenommen, daß die Zeiger zum Ablesen des Vertikalkreises auf einem mit der Alhidade fest verbundenen Doppelarm sitzen (s. Fig. 33a). Da durch das Horizontieren der Alhidade der Doppelarm immer die gleiche Neigung zur Horizontalen erhält, bedurfte die Zeigerlinie einer Ausrichtung mittels einer besonderen Libelle nicht. Wird aber der die Zeiger tragende Doppelarm statt an der Alhidade auf der horizontalen Kippachse des Fernrohres drehbar angebracht, so ist es notwendig, die Zeigerlinie durch eine eigene Libelle in die einmal festgelegte Neigung zur Horizontalen bei jeder Messung zu bringen. Die Libelle wird zu dem Zwecke an dem drehbaren Doppelarm festgeschraubt. Die Messung vollzieht sich nun in der Weise, daß nach Horizontierung des Instruments zuerst die Blase der Zeiger-Libelle durch Drehung des Doppelarmes mittels einer dafür vorhandenen Feinschraube zum Einspielen gebracht wird. Hebt oder senkt man dann das Fernrohr (mit dem der Kreis sich dreht), bis ein Objekt in vertikaler Beziehung einspielt, so liest man an den Zeigern den richtigen Vertikalwinkel ab, vorausgesetzt, daß man 0° abliest, wenn das Fernrohr horizontal zeigt.

100. Die Justierung der Zeiger-Libelle. Die Justierung kann wieder auf zweierlei Art erfolgen (s. auch unter 94).

Justierung 1. Das Fernrohr des genau horizontierten Instruments wird gegen eine nahe Wand gerichtet. Zuerst läßt man die Blase der Zeiger-Libelle durch Drehung des Doppelarmes einspielen, dann kippt man das Fernrohr, bis der Kreis mit seinen Nullpunkten auf die Nullpunkte der Zeiger einspielt. An der Wand wird der Punkt bezeichnet, den das Fadenkreuz trifft (s. z. B. Punkt I Fig. 40). Dann wird das Fernrohr durchgeschlagen, die Alhidade um genau 180^0 gedreht, die Blase der Zeiger-Libelle erst wieder zum Einspielen gebracht, und dann werden die Nullpunkte des Kreises auf die Nullpunkte der Zeiger eingedreht. Das Fadenkreuz trifft nun z. B. den Punkt II′ (Fig. 40). Wir halbieren die Strecke I II′ und erhalten Punkt H. Drehen wir nun das Fadenkreuz auf H ein, so bleibt die Zeiger-Libelle einspielend stehen, und die Zeiger geben nicht mehr 0^0 an. Wir können nun in zweierlei Weise justieren: Entweder wir berühren die Libelle nicht und verschieben die Zeiger auf dem Doppelarm, bis sie auf 0^0 zeigen, oder wir drehen den ganzen Doppelarm, bis die Zeiger 0^0 zeigen und stellen die dann ausschlagende Blase mit der Stellschraube St der Libelle (Fig. 35) wieder ein. (Natürlich kann man auch einen beliebigen Teil des Fehlers durch Verstellung der Zeiger, den Rest durch Verstellung der Libelle justieren.)

Justierung 2. Nach scharfer Horizontierung des Theodoliten stellen wir irgend ein Objekt in vertikaler Beziehung ein und lesen bei der Haupt-Fernrohrlage den Kreis ab, nachdem wir die Blase der Zeiger-Libelle zum Einspielen gebracht haben. Wir erhalten z. B. — 3^0 27′. Das Fernrohr wird durchgeschlagen, die Alhidade genau um 180^0 gedreht, die Blase der Zeiger-Libelle wieder zum Einspielen gebracht und das Objekt in vertikaler Beziehung eingestellt. Die Ablesung des Kreises ergebe nun — 1^0 16′, was nach Umkehrung des Vorzeichens = + 1^0 16′ ist.

$$\text{Der wahre Vertikalwinkel ist} = \frac{-3^0\,27' + 1^0\,16'}{2} = -1^0\,5{,}5'.$$

Bei scharfer Horizontierung des Instruments wird das Fernrohr in vertikaler Beziehung auf das Objekt eingestellt. Die Zeiger werden bei der ersten Fernrohrlage auf — 1^0 5,5′ eingedreht und die Blase der Zeiger-Libelle durch die Stellschraube St (Fig. 35) zum Einspielen gebracht. (Es kann vorkommen, daß die Libelle die ganze Korrektur nicht erlaubt. Dann verteilt man diese, wie wir schon bei Justierung 1 gesehen haben, auf Libelle und Zeiger. Man neigt die Libelle, soweit die Stellschraube St (Fig. 35) es gut zuläßt, bringt dann mit der zur Drehung der Libelle nebst Zeigerarm bestimmten Feinschraube die Blase zum Einspielen und verschiebt danach die Zeiger auf dem Doppelarm, bis sie beide den Winkel — 1^0 5,5′ anzeigen.)

101. Trennung der Vertikal-Winkelmessung von der Horizontal-Winkelmessung. In den Morgen- und Abendstunden ist die Luft kühler als in den Mittagsstunden. Das durch die Erwärmung der Luft erzeugte Flimmern ist dem scharfen Einstellen der Richtungen

5*

hinderlich. Andererseits sind die Refraktionsverhältnisse am gleichmäßigsten in den Mittagsstunden. Die Refraktion stört die Vertikal-Winkelmessung mehr als die Horizontal-Winkelmessung. Diese Erscheinungen nötigen bei feinen Winkelmessungen zu einer Trennung derselben für Horizontal- und Vertikalwinkel. Bei warmer Luft mißt man erstere am liebsten des Morgens und Abends, letztere in den Stunden von 9 bis 5 Uhr mit Ausschluß der Mittagsstunden von etwa 11—2 Uhr. Für topographische Messungen braucht man auf die Refraktionsverhältnisse (56) besondere Rücksicht nicht zu nehmen. Die stereoskopischen Messungen jedoch führen uns zu sehr scharfen Horizontalwinkelmessungen. Wir bevorzugen daher hier zur Förderung dieser und der photographischen Bildschärfe, sobald die Brennlänge des Apparats 150 mm übersteigt, die kühleren Tagesstunden und vernachlässigen lieber die Vertikal-Winkelmessungen, die bei der Bildmessung mit den Horizontal-Winkelmessungen zugleich ausgeführt werden müssen.

102. **Auswertung der Winkelmessungen.** Wir haben gesehen (72), daß der Topograph in die Lage kommen kann, mit einem einfachen Theodoliten arbeiten zu müssen. Beschäftigt sich der Topograph mit der Bildmessung, so führt ihn der Phototheodolit ebenfalls mit den Einrichtungen des Theodoliten zusammen. Der Topograph arbeitet also nicht unter allen Umständen mit der Kippregel. Wenn er nun aber den Theodoliten handhabt, so hat er nur topographische Ziele vor Augen und muß das Instrument vollkommen im Sinne der topographischen Meßoperationen (10—18) gebrauchen. Der topographische Theodolit ist daher mit einer Orientierbussole versehen, deren Zeiger für die Nord-Süd-Linie mit dem Fernrohr-Visier parallel laufen.[1]) Wir müssen uns auch vergegenwärtigen, daß jede topographische Meßoperation auf eine Dreiecksbildung hinausläuft. Wenn wir die dazu nötigen Winkel mit dem Theodoliten schärfer messen als graphisch mit der Kippregel, so liegt hierin ein Vorzug der Theodolitmessung vor der Kippregelmessung, der natürlich nur für bestimmte Verhältnisse Wert hat. Es soll nachstehend kurz angedeutet werden, wie die topographischen Meßoperationen mit einem topographischen Theodoliten durchzuführen sind. Sie alle laufen darauf hinaus, durch Dreiecksbildung von gegebenen Strecken neue abzuleiten und zu orientieren.

Vorwärtsabschnitt (10) (s. Fig. 41 a).

Gegeben: Strecke A B,

Gemessen: $\sphericalangle \rho$ und $\sphericalangle \varphi$, also das Dreieck A B P.

$\sphericalangle \beta = 2R - (\rho + \varphi)$.

---

[1]) In der ersten Fernrohrlage ist das Fernrohr mit dem Bussolen-Visier gleich gerichtet (92).

Berechnung der Strecken AP und BP nach dem Sinussatze (30).

$$A\,P = \frac{A\,B\,.\,\sin\varphi}{\sin\beta} \quad \text{und} \quad B\,P = \frac{A\,B\,.\,\sin\rho}{\sin\beta}.$$

Seitwärtsabschnitt (11) (s. Fig. 41 a).

Gegeben: Strecke A B.

Gemessen: $\sphericalangle\,\rho$ und $\sphericalangle\,\beta$, also ebenfalls das Dreieck A B P. $\sphericalangle\,\varphi = 2\,R - (\rho + \beta)$.

Berechnung der Strecken A P und B P nach dem Sinussatze (s. vorstehend).

Einschnitt nach dem Alignement (12) (s. Fig. 41 b).

Gegeben: Die Strecken D A und A B sowie $\sphericalangle\,\gamma$.

Gemessen: $\sphericalangle\,\varkappa$, also das Dreieck H D A. $\sphericalangle\,\eta = 2\,R - \gamma$.

Berechnung der Strecken H A und H D nach dem Sinussatze (s. vorstehend).

Rückwärtseinschnitt (14) (s. Fig. 41 b).

Gegeben: Die Strecken D A und A B sowie $\sphericalangle\,\gamma$.

Gemessen: $\sphericalangle\,\alpha$ und β, also das Viereck A B P D.

Berechnung der Strecke AP:

$\sphericalangle\,(\varepsilon + \varphi) = 4\,R - (\gamma + \alpha + \beta)$.

Errechnung des $\sphericalangle\,\varepsilon$ nach der Formel:

$$\operatorname{ctg}\varepsilon = \frac{D\,A\,.\,\sin\beta + A\,B\,.\,\sin\alpha\,.\,\cos(\varepsilon + \varphi)}{A\,B\,.\,\sin\alpha\,.\,\sin(\varepsilon + \varphi)}$$

$$\sphericalangle\,\varphi = \sphericalangle\,(\varepsilon + \varphi) - \varepsilon.$$

Errechnung der Strecke A P zweimal, und zwar aus den Dreiecken D A P und A B P nach dem Sinussatze (s. unter „Vorwärtsabschnitt"). (In der doppelten Berechnung liegt nur eine Kontrolle für die Rechnung, nicht aber eine solche für die Messung der Strecke A P.)

Einschnitt nach zwei Festpunkten (16) (s. Fig. 41 c).

Gegeben: Die Strecke A B und $\sphericalangle\,\nu$ — das magnetische Azimuth der Seite A B im Punkte A.

Gemessen: $\sphericalangle\,\mu$ und $\sphericalangle\,\iota$, also das Dreieck A B G.

Berechnung der Strecken A G und B G nach dem Sinussatze, da $\sphericalangle\,\vartheta = 2\,R - (\nu - \iota)$.

Einschnitt nach einem Festpunkt — Überschlag (17) (s. Fig. 41 d).

Gegeben die Lage des Festpunktes B und das magnetische Azimuth der Seite A B im Punkte B.

Gemessen: Die Strecke J K und die Winkel λ, σ und ι_2.

Berechnung der Strecke J B nach dem Sinussatze (s. Vorwärts-abschnitt). Der Orientierungswinkel für die Strecke J B ist $= \sphericalangle \tau$.

$$\sphericalangle \tau = \sphericalangle (\iota_1 - \iota_3) \text{ und } \sphericalangle \iota_3 = \sphericalangle (\iota_2 + 180^0).$$

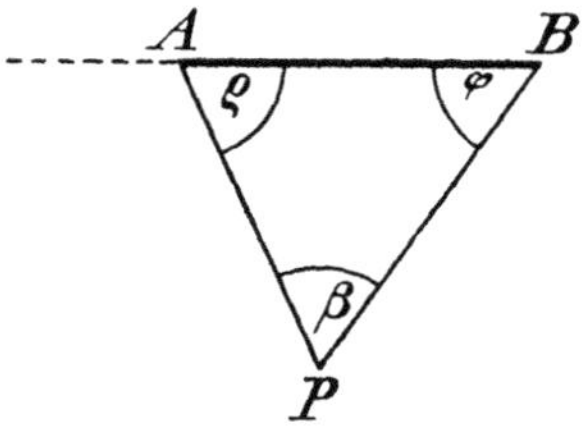

Fig. 41 a.

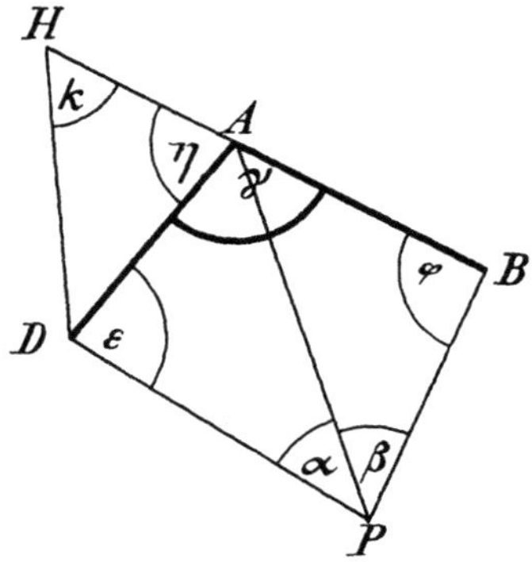

Fig. 41 b.

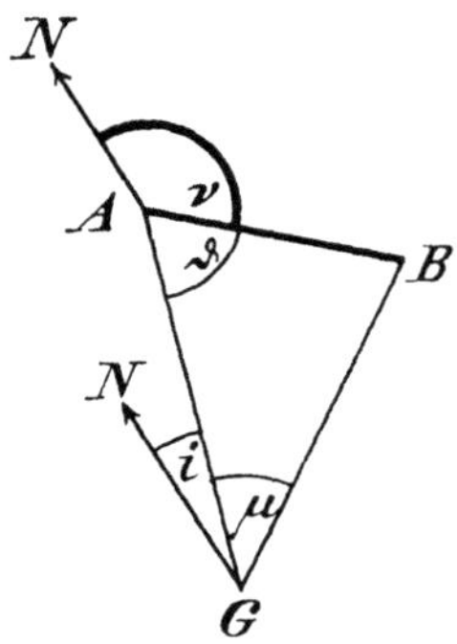

Fig. 41 c.

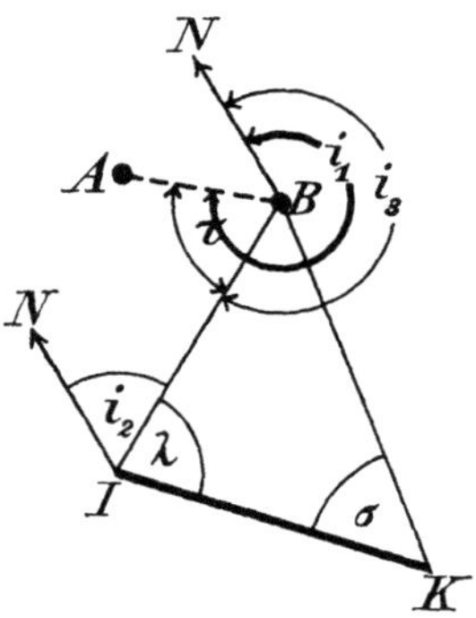

Fig. 41 d.

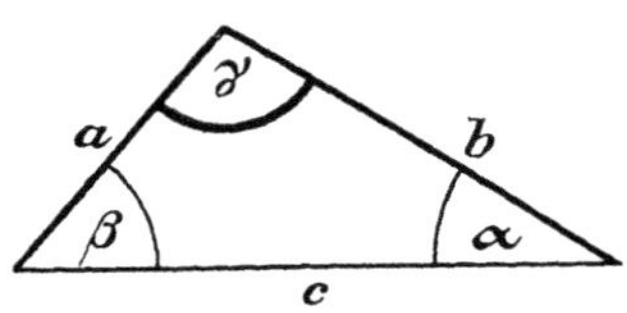

Fig. 41 e.

Der Tangentensatz. Zuweilen ergibt sich folgende Konstellation:

Gegeben: 2 Seiten und der eingeschlossene Winkel, zu errechnen ist die dritte Dreiecksseite.

Z. B. gegeben bzw. gemessen (s. Fig. 41 e): Die Strecken a und b sowie $\sphericalangle \gamma$.

Berechnung der Strecke c:

$$(a + b) : (a - b) = \operatorname{tg} \frac{\alpha + \beta}{2} : \operatorname{tg} \frac{\alpha - \beta}{2}$$

$$\operatorname{tg} \frac{\alpha - \beta}{2} = \frac{(a - b) \cdot \operatorname{tg} \frac{\alpha + \beta}{2}}{a + b}.$$

Man erhält nun $\sphericalangle (\alpha - \beta)$.

Aus $\sphericalangle \frac{(\alpha - \beta) + (\alpha + \beta)}{2}$ erhält man $\sphericalangle \alpha$.

Aus $\sphericalangle \frac{(\alpha - \beta) - (\alpha + \beta)}{2}$ erhält man $\sphericalangle \beta$.

Die weitere Berechnung der Seite c erfolgt nach dem Sinussatze.

103. Graphische Konstruktionen. Alle Strecken, die in vorstehender Weise durch Berechnung gefunden werden, lassen sich auch, allerdings weniger scharf, mit Hilfe von Maßstab und Transporteur in jedem beliebigen Maßstabe graphisch darstellen. Sehr praktisch ist es, derartige Konstruktionen auf Pauspapier auszuführen, damit sie durch einfaches Auflegen auf vorhandene Messungen mit diesen vereinigt werden können.

Natürlich sind die graphischen Konstruktionen, wie gesagt, nicht so genau wie die Berechnungen, sie sind aber in vielen Fällen hinreichend genau und verdienen besonders wegen ihrer schnellen Ausführbarkeit und Durchsichtigkeit des Meßvorganges sehr oft vor jenen den Vorzug.

Sind viele Strecken und Winkel graphisch zusammenzutragen, so gelingt dies nur, wenn sie in ein rechtwinkliges Koordinatennetz eingerechnet und mit Hilfe des letzteren zu Papier gebracht werden. (Der topographische Gebrauch des Koordinatennetzes wird im II. Teil erklärt werden.)

104. **Die trigonometrische Höhenberechnung** unterscheidet sich von der topographischen prinzipiell nicht. Die erforderliche Entfernung folgt aus der Dreiecksberechnung bzw. -konstruktion. Die relative Höhe Y ist = Entfernung mal tg Vertikalwinkel (53) und bedarf, wie bei der Kippregelmessung, der Korrektion wegen Instrumentenhöhe (54) und für größere Strecken der Korrektur wegen Erdkrümmung und Strahlenbrechung (57). Höhenberechnungen leiden bei großen Vertikalwinkeln sehr, wenn die Entfernungen ungenau sind. Für gute Höhenberechnungen müssen deshalb die trigonometrisch gemessenen Strecken möglichst durch Rechnung bestimmt oder große Vertikalwinkel gemieden werden.

b) Bildmessung mit dem Theodoliten.

105. Schon bei der Entfernungsmessung mit der Kippregel ist uns eine Winkelmessung begegnet, für die der Teilkreis nicht gebraucht wurde (34). Sie diente zur Festlegung eines kleinen Winkels γ (Fig. 20) und geschah durch das Tangenten-Verhältnis, bei dem die lange Kathete gleich dem Abstande der Bildebene a b vom Objektivmittelpunkt P, die kurze Kathete gleich dem Abstande der in der Bildebene gelegenen Fäden a und b war.

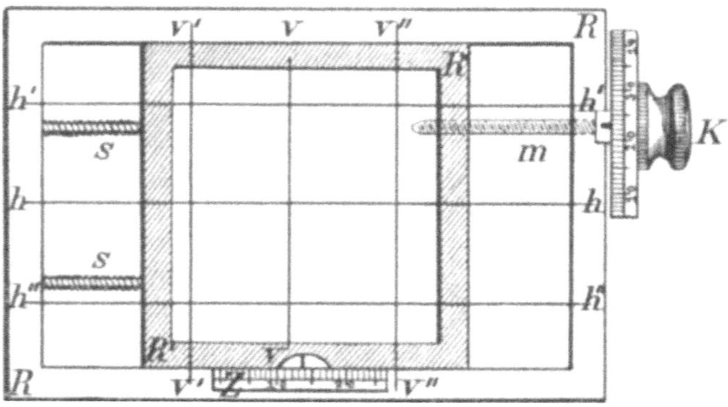

Fig. 42.

Faden- oder Schrauben-Mikrometer.

R Fester Rahmen mit den Vertikalfäden v′ v′ und v″ v″ sowie den Horizontalfäden h h, h′ h′ und h″ h″.
R′ Beweglicher Rahmen mit dem Vertikalfaden v v.
m Mikrometerschraube zur Verschiebung des Rahmens R′.
S S Spiralfedern zur Beseitigung des toten Ganges vom m.
K Kopf der Mikrometerschraube mit Teilung ihres Umfanges.
Z Skala zum Zählen der ganzen Umdrehungen von K.

Denken wir uns den Abstand der Fäden veränderlich, so haben wir das Prinzip von dem, was unter „Bildmessung mit dem Theodoliten" verstanden werden soll.

Es kann sich hier nur um **Messung kleiner Winkelbeträge** handeln, allerdings sowohl für Horizontal- und Vertikal-Winkel, als auch für schräg liegende Winkel (49).

Bildmessungen dieser Art sind besonders bei der Astronomie im Gebrauch. Die Fernrohre dieser Wissenschaft haben dazu verstellbare Fadensysteme. Die Bewegungen der Fäden werden an sehr feinen Mikrometerschrauben angezeigt.

Die ganze Einrichtung nennt man **„Fadenmikrometer“** (s. Fig. 42). Sie ist vorbildlich für die photographische Bildmessung. Das Prinzip letzterer ist leicht durch das Prinzip des Fadenmikrometers zu erklären, weshalb nicht unterlassen werden konnte, auf diese bekannte Einrichtung hinzuweisen.

Messungen mit vertikaler Bildebene.

106. Das Theodolitfernrohr sei in den Horizont h H (Fig. 44) gerichtet. Die Bildebene eines richtig gebauten Fernrohres soll in diesem Falle senkrecht stehen. Eine vertikale Ebene schneide längs mitten

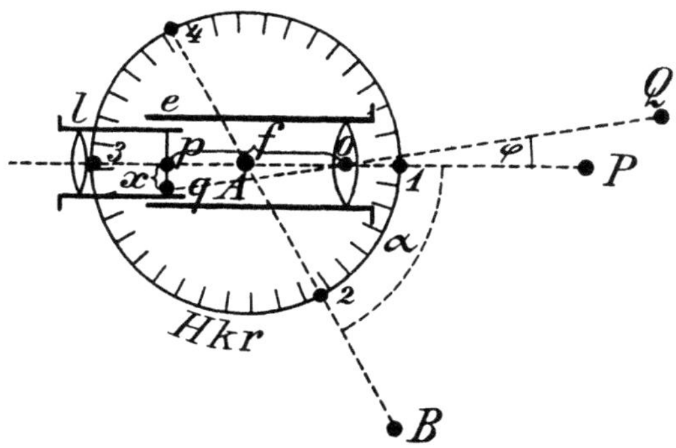

Fig. 43.
Theodolit von oben gesehen, schematisch.

durch das Fernrohr so, daß sie den optischen Mittelpunkt O des Objektivs trifft und auf der Bildebene senkrecht steht. Die Schnittlinie beider Vertikalebenen sei v v in Fig. 45 und als „Vertikalfaden“ in der Bildebene auf Glas oder als wirklicher Faden festgelegt. v v (in Verbindung mit dem Punkte O des Objektivs) wollen wir das „Haupt-Visier“ nennen. Es soll bei einem guten Theodoliten durch die Vertikalachse A (Fig. 43) zeigen.

Auch die Horizontebene h H (Fig. 44) durchdringt die vertikalstehende Bildebene e unter einem rechten Winkel. Die Durchschnittseine sei h h (Fig. 45) und „Horizontalfaden“ genannt. Er wird ebenfalls als wirklicher Faden oder als in Glas geritzte Linie in der Bildebene markiert.

Beide Fäden stehen senkrecht aufeinander. Sie bilden das Fadenkreuz, welches von der optischen Achse des Objektivs getroffen werden muß, damit ein möglichst gutes und richtiges Bild in der Fadenkreuzebene durch das Objektiv entworfen wird.

107. **Messung von Horizontalwinkeln.** Es erscheine (Fig. 43) z. B. Punkt P im Haupt-Visier und daneben Punkt Q. Die Abbilder der Punkte seien p und q (s. auch Fig. 45). Die Visierebene Q O q durchdringt die Bildebene in einer Vertikalen v′ v′ (Fig. 45), sie schließt mit

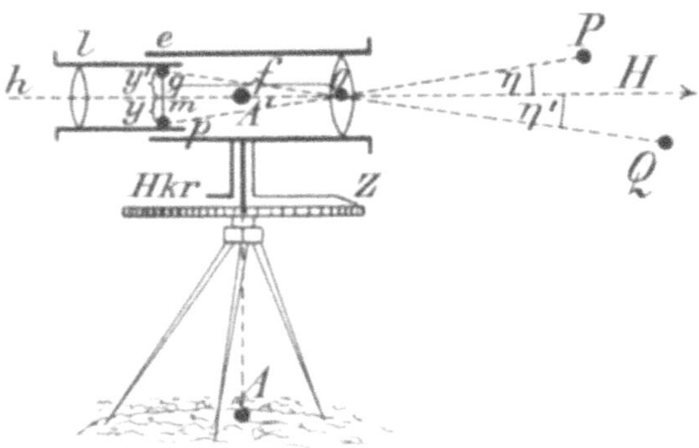

Fig. 44.
Theodolit von der Seite gesehen, schematisch.

der Haupt-Visierebene den Horizontal-Winkel φ (Fig. 43) ein. Beide Ebenen schneiden sich in einem Lote, das in O steht.

Der Abstand der beiden Vertikalen v v und v′ v′ (Fig. 45) sei = x, der Abstand der Bildebene e von O sei = f (Fig. 43). Es ist tg ∢ φ $= \frac{x}{f}$. (Fig. 43.)

Man kann den Winkel φ errechnen, wie es der Astronom macht. Der Topograph konstruiert. Er legt sich ein rechtwinkliges Dreieck hin, in dem die eine Kathete = f, die andere = x ist und erhält ∢ φ gleich graphisch, wie er ihn ja meistens gebraucht.

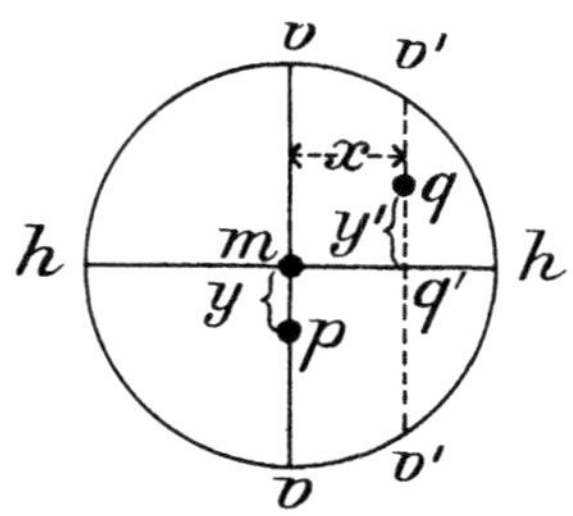

Fig. 45.
Fadenkreuz für Bildmessung.
v v Vertikalfaden.
h h Horizontalfaden.

Zeigt nun das Haupt-Visier ins Leere, und es zeigen sich am Rande des Bildes zwei Punkte Q und R (Fig. 46), so zerfällt der ganze Winkel Q O R = ρ in zwei Teile, ρ′ und ρ″, die wir, wie eben geschehen, einzeln messen können.

Fig. 47 zeigt das Fernrohrbild von Fig. 46. Die Visiere Q O und R O (Fig. 46), schneiden die Bildebene in den Vertikalen v′ v′ und v″ v″ (Fig. 47) deren Abstände von dem Vertikalfaden v v = x′ und = x″ sind.

Es ist

$$\operatorname{tg} \sphericalangle \rho' = \frac{x'}{f}$$

und

$$\operatorname{tg} \sphericalangle \rho'' = \frac{x''}{f}$$

oder allgemein

$$\operatorname{tg} \text{Horizontalwinkel} = \frac{x}{f}.$$

108. **Anschluß an die Teilkreismessung.** Lesen wir die Richtung des ins Leere zeigenden Hauptvisiers m O V (Fig. 46) bei 1 am Kreise ab und schwenken das Fernrohr, bis B vom Hauptvisier getroffen wird,

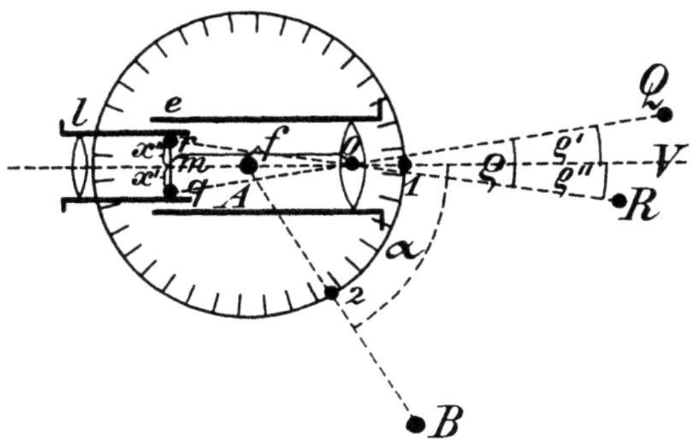

Fig. 46.
Theodolit von oben gesehen, schematisch.

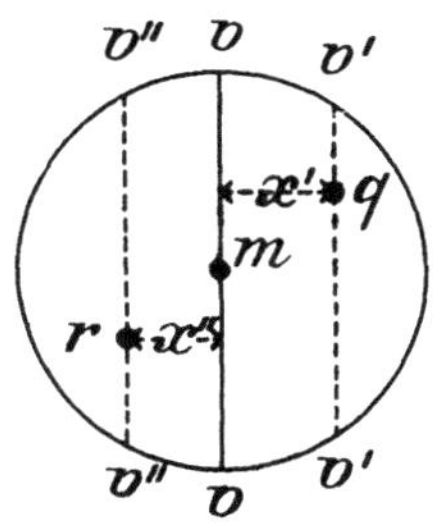

Fig. 47.
Die Visiere in der vertikalen Bildebene.
v v Vertikalfaden.

so erhalten wir aus den Ablesungen 2 — 1 den $\sphericalangle \alpha$. Bei diesem Anschluß der $\sphericalangle \rho'$ bzw. ρ'' an $\sphericalangle \alpha$ zeigt sich aber, daß die Spitze der ersteren in O, die des letzteren in A liegt.

Die Exzentrizität A O (Fig. 46) darf bei feineren Messungen nicht übersehen werden. Sie ließe sich ganz unschädlich machen, legte man bei der Konstruktion des Instruments O auf A. Das ist aber technisch meistens nicht durchzuführen.

109. **Vertikalwinkel** können wir in ähnlicher Weise messen. Der in der Hauptvisierebene p O P (Fig. 43) gelegene Vertikalwinkel η nach P (Fig. 44) läßt sich aus einem rechtwinkligen Dreieck bestimmen, in dem der Abstand p m = y (Fig. 44 und 45) die eine, f (Fig. 44) die andere Kathete ist.

Es ist

$$\operatorname{tg} \sphericalangle \eta = \frac{y}{f}.$$

Der Vertikalwinkel nach Q (Fig. 44) jedoch liegt nicht in der Hauptvisierebene (s. Fig. 43). Das rechtwinklige Dreieck, welches den Vertikalwinkel η' (Fig. 44) bestimmt, hat als eine Kathete wohl das Maß q q' = y' (Fig. 45), als andere Kathete aber nicht f, sondern, wie Fig. 43 zeigt, den Abstand q O, welcher = $\sqrt{f^2 + x^2}$ ist.

Die allgemeinere Formel für Bestimmung des Vertikalwinkels η mittels des Fernrohrbildes ist demnach:

$$\operatorname{tg} \sphericalangle \eta = \frac{y}{\sqrt{f^2 + x^2}}$$

oder

$$\operatorname{tg} \text{Vertikalwinkel} = \frac{y}{\sqrt{f^2 + x^2}}.$$

Auch diese Formel läßt sich für topographische Zwecke noch recht einfach graphisch darstellen (112).

Bei der Vertikalwinkelmessung mittels des Fernrohrbildes liegt das Meßzentrum O gegen den genaueren Stationspunkt A (52) ebenfalls exzentrisch.

110. Die Bildmaße x und y (s. Fig. 43 bis 47) nennt man **die Bildkoordinaten** eines Punktes.

x ist der Abstand des Punktes vom Vertikalfaden und zählt im positiven aufrecht stehenden Bilde nach rechts positiv, nach links negativ.

y ist der Abstand des Punktes vom Horizontalfaden und zählt im positiven aufrechten Bilde nach oben positiv, nach unten negativ.

(Es ist dies die Bezeichnung, wie sie sich in der Bildmessung bei der Topographie eingebürgert hat.)

111. **Die Brennlänge f.** Um mittels der Bildkoordinaten x und y Winkel durch das Tangentenverhältnis zu bestimmen, muß natürlich die Kathete f (Fig. 43, 44 und 46) bestimmt sein.

Es ist bekannt, daß die Entfernung von der Bildebene bis zum optischen Mittelpunkt des Objektivs im Fernrohr veränderlich ist. Für unendlich ferne Gegenstände ist sie gleich der Brennlänge f des Objektivs. Für nähere Objekte vergrößert sie sich, bis sie für ein im Abstande der doppelten Brennlänge gelegenes Objekt auch gleich der doppelten Brennlänge ist. In diesem Falle sind das Objekt und das Bild desselben gleich groß. Kommt das Objekt dem Objektiv noch näher, so vergrößert sich das Bild desselben.

In der Bildmessung trachtet man danach, aus dem Abstande der Bildebene vom Objektiv eine Konstante zu machen, mit der man dann ähnlich wie mit dem Radius des Teilkreises operieren kann. In der Praxis kann man dies meistens auch leicht erreichen, weil man gewöhnlich in größere Ferne photographiert, für die die gesuchte Kathete nahezu gleich der Brennlänge f des Objektivs ist.

Über die Bestimmung der Brennlänge f soll hier noch hinweggegangen werden. Sie wird eingehend bei dem Instrument für stereoskopische Aufnahmen beschrieben werden (307 bis 312).

112. **Darstellung der Winkel.** Am genauesten ist es, die Horizontal- und Vertikal-Winkel, welche im Bilde des Fernrohres fein bestimmt sind, logarithmisch nach den Formeln

$$\text{tg Horizontalwinkel} = \frac{x}{f} \quad \ldots\ldots\ldots \quad (107)$$

$$\text{tg Vertikalwinkel} = \frac{y}{\sqrt{f^2 + x^2}} \quad \ldots\ldots\ldots \quad (109)$$

zu errechnen.

Für gröbere Verhältnisse, wie sie bei der gewöhnlichen photographischen Bildmessung auftreten, genügt jedoch eine graphische Konstruktion (s. Fig. 48).

Man zeichnet einen rechten Winkel doppelseitig (oder T-förmig) und macht den gemeinsamen Schenkel = f (s. Fig. 43, 44 und 46) = O m (s. Fig. 48). Die andern beiden Schenkel b und b′ nennt man die Bildtrace.

Trägt man ein beliebiges gemessenes x unter Berücksichtigung seines Vorzeichens von m aus auf mb, z. B. = mp ab, verbindet p mit O, so ist $\sphericalangle \rho$ die graphische Darstellung des im Fernrohrbilde durch — x und f gemessenen Horizontalwinkels.

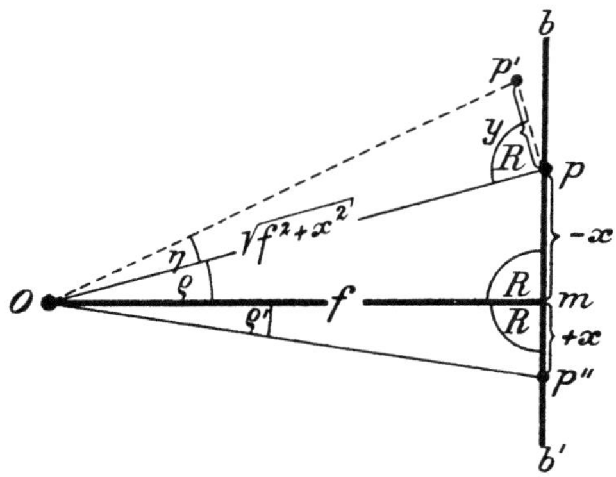

Fig. 48.
Graphische Konstruktion von Horizontal- und Vertikal-Winkeln.

Analog erhält man aus + x und f den $\sphericalangle \rho'$. Den in der Visierebene O p gelegenen Vertikalwinkel η konstruiert man, indem man in p auf O p ein Lot errichtet und dieses = y macht. Die Linie O p′ bildet mit O p den $\sphericalangle \eta$, denn es ist

$$\text{tg} \sphericalangle \eta = \frac{y}{\sqrt{f^2 + x^2}} \ (109).$$

Messungen mit geneigter Bildebene.

113. Ist das senkrecht kippende Theodolit-Fernrohr, wie es bei den Messungen ja meistens der Fall ist, um einen gewissen Winkel gegen die

Horizontalebene geneigt, so ist unter demselben Winkel auch die Bildebene gegen die Vertikale geneigt.

In diesem Falle laufen die natürlichen Visierebenen nicht mehr so durch die Bildebene des Fernrohres, daß die Durchdringungslinien Lote gegenüber dem Horizontalfaden, also Parallele sind.

Nur das Hauptvisier im Vertikalfaden v v bleibt ein solches Lot, alle anderen Visiere konvergieren mit diesem.

Richten wir z. B. das Fernrohr in den Zenit, so haben wir das Extrem von dieser Tatsache. In diesem Falle deckt sich die Fernrohr-

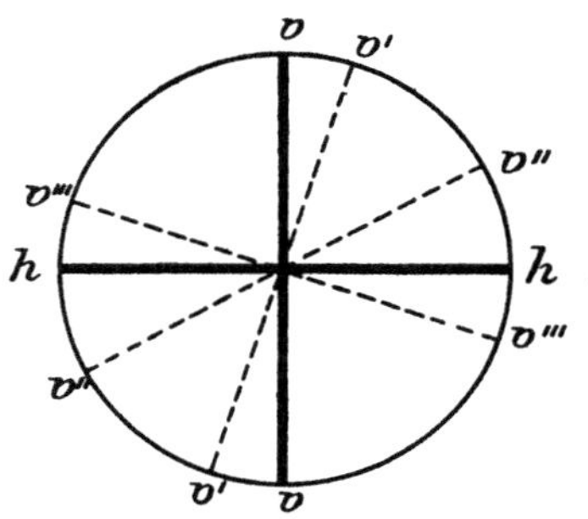

Fig. 49.
Visiere im horizontal liegenden Fernrohrbilde.

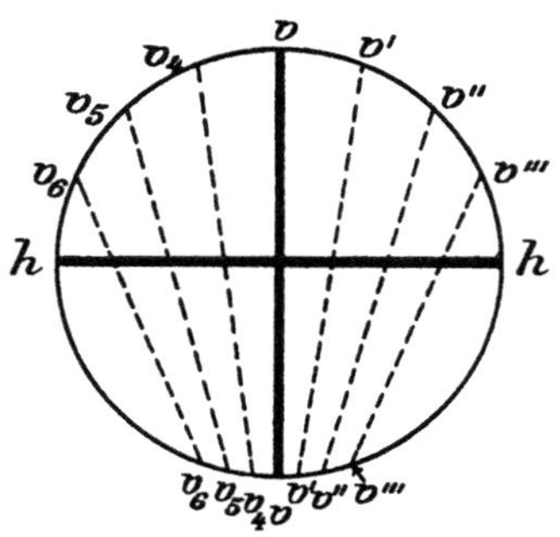

Fig. 50.
Visiere im geneigten Fernrohrbilde.

achse mit der Vertikalachse des Theodoliten. Alle Visierebenen schneiden sich in der Fernrohrachse, bilden also in der Bildebene ein Strahlenbüschel, dessen Schnittpunkt im Fadenkreuz liegt (s. Fig. 49).

Zwischen diesem Extrem und dem anderen, in dem die Visiere parallel über die Bildebene laufen (Fig. 47), liegen bei den verschiedenen Neigungen die Übergänge, wie z. B. Fig. 50 einen solchen darstellt.

114. **Die Konvergenz der Visiere** v′ v′, v″ v″, v‴ v‴ usw. (s. Fig. 49 und 50) ist eine Komplikation für den Vorgang der Bildmessung. In dem Falle Fig. 49 ließe sich der Rand des Fernrohr-Gesichtsfeldes mit einer Teilung versehen und so ein Winkelmessen ermöglichen, das sich allerdings nur auf Horizontalwinkel erstrecken kann. Diese Methode würde aber sehr roh sein. Auch in dem Falle Fig. 50 können wir mit unseren Bildkoordinaten ohne weiteres nichts anfangen, und doch wird das Winkelmessen mittels des geneigten Fernrohrbildes immer eine hohe Bedeutung behalten.

Obgleich wir später diese Komplikation zu vermeiden suchen, kommen wir doch mit ihr bei der Besprechung der Fehlerquellen der stereoskopischen Messung in Berührung, weshalb kurz erklärt sei, wie man hier praktisch bei Ermittelung von Horizontal- und Vertikalwinkeln verfahren kann.

115. Denken wir uns eine geneigte **Hilfs-Konstruktions Ebene** H′ H′ (Fig. 51) durch den Horizontalfaden des Fernrohrs und O gelegt, so kennen wir aus der Messung des Vertikalwinkels δ die Neigung dieser Hilfsebene H′ H′ gegen den wahren Horizont H H.

Wir können nun so tun, als sei H′ H′ wirklich unsere Konstruktionsebene, auf der die Visierebenen senkrecht stehen. Diese angenommenen Visierebenen, die mit den wahren Visierebenen aber nicht zu ver-

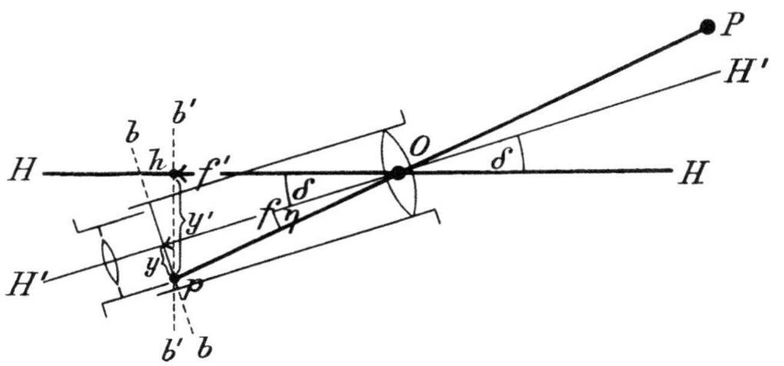

Fig. 51.
Winkelmessung mit geneigter Bildebene.

wechseln sind, schneiden die geneigte Bildebene in Parallelen zum Vertikalfaden.

Die Bildkoordinaten eines im geneigten Bilde in p erscheinenden Punktes P seien x und y, und die zugehörige Brennlänge sei = f. Hiernach finden wir den Horizontalwinkel zwischen Punkt P und dem Hauptvisier aus der Formel $\frac{x}{f}$ (107) und den Vertikalwinkel für P nach der Formel $\frac{y}{\sqrt{f^2 + x^2}}$ (109).

Die so gefundenen Winkel beziehen sich auf die geneigte Konstruktionsebene H′ H′ (Fig. 51); sie bedürfen daher einer

116. **Umkonstruktion.** Diese ergibt sich aus folgender Betrachtung. Wir nehmen an, der Bildpunkt p, der tatsächlich im geneigten Fernrohr-Bilde b b liegt (s. Fig. 51), gehörte einem vertikalstehenden Bilde b′ b′ an, dessen Entstehungspunkt auch in O liegt, und das die Hauptvisier-Ebene mit b b gemein hat. In diesem angenommenen Bilde b′ b′ wird p andere Bildkoordinaten und auch eine andere Brennlänge f haben als im geneigten Bilde.

Wir wollen die zu suchenden oder wahren Bildkoordinaten x′

und y′ und die wahre Brennlänge f′ nennen und sehen, wie wir die neuen Größen x′, y′ und f′ aus den gegebenen x, y, f und $\sphericalangle \delta$ finden.

Die Bildkoordinate x′ ist = x, weil x′ und x eine den beiden Bildern b b und b′ b′ gemeinsame Strecke ist. (x ist ein Teil der Schnittlinie der beiden Bildebenen b b und b′ b′.) Wir haben also nur noch die Veränderung von y in y′ und von f in f′ zu betrachten. Wir betrachten das Instrument von der Seite, sehen also genau in Richtung der Kippachse (s. Fig. 51) oder auch in Richtung der Bildkoordinate x. Aus y und f erhalten wir die Strecke p O $= \sqrt{f^2 + y^2}$ und $\sphericalangle \eta$ aus $\operatorname{tg} \eta = \frac{y}{f}$.

In dem nun aus p O und $\sphericalangle (\eta + \delta)$ bestimmten Dreieck p O h sind p h = y′ und h O = f′ die gesuchten Stücke. Wir erhalten so für den Bildpunkt p und den Objektivpunkt O

die Bildkoordinaten im geneigten Bilde bb	die Bildkoordinaten im angenommenen senkrechten Bilde b′b′
x	$x' = x$
y	$y' = \sqrt{f^2 + y^2} \cdot \sin \sphericalangle (\delta + \eta)$
und	und
f als Brennlänge	$f' = \sqrt{f^2 + y^2} \cdot \cos \sphericalangle (\delta + \eta)$ als Brennlänge.

Mit Hilfe der neuen Werte x′, y′ und f′ finden wir nun die richtigen Horizontal- und Vertikalwinkel nach unsern bekannten Formeln (107 und 109); wir müssen nur statt x, y und f obige Werte x′, y′ und f′ einsetzen. Es ist also im geneigten Bilde:

$$\operatorname{tg} \text{Horizontalwinkel} = \frac{x}{\sqrt{f^2 + y^2} \cdot \cos \sphericalangle (\delta + \eta)}$$

$$\operatorname{tg} \text{Vertikalwinkel} = \frac{\sqrt{f^2 + y^2} \cdot \sin \sphericalangle (\delta + \eta)}{\sqrt{\left(\sqrt{f^2 + y^2} \cdot \cos \sphericalangle (\delta + \eta)\right)^2 + x^2}}.$$

Messungen mit schwach geneigter Bildebene.

117. Die Einschaltung einer Hilfs-Konstruktions-Ebene läßt sich bei Winkelmessungen mit geneigter Bildebene umgehen, wenn die Neigung nur gering ist.

Es sei z. B. das Theodolitfernrohr (Fig. 52) mit seiner Achse H′ H′ gegen den Horizont H H nur um einen kleinen Winkel δ gekippt. Die Bildebene b b des Fernrohres ist dann gegen ein Lot b′ b′ um $\sphericalangle \delta$ geneigt. Alle auf die Horizontalebene H H bezüglichen Visierebenen müssen nun die Bildebene b b in konvergierenden Linien schneiden (113 und Fig. 50). Es sei in dem schwach geneigten Fernrohr ein Punkt P der Natur in p (Fig. 52) abgebildet. Fig. 53 zeigt das Fernrohrbild vergrößert. Die durch p, O und P (Fig. 52) laufende Visierebene sei in Fig. 53 durch v′ v′ bezeichnet. Es ist nun die Aufgabe, aus den in Fig. 52

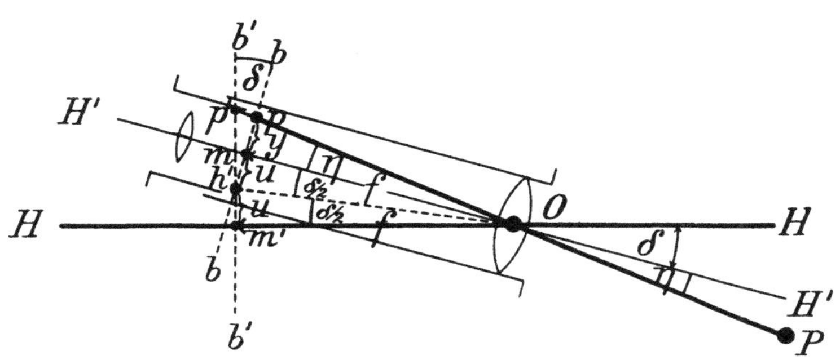

Fig. 52.
Winkelmessung mit schwach geneigter Bildebene.

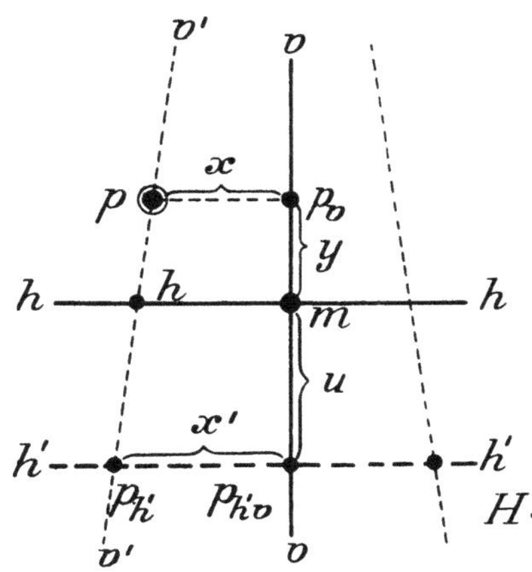

Fig. 53.
(Im aufrecht stehenden Bilde ist die Konvergenz der Visiere v′ v′ gegen v v umgekehrt gegenüber Fig. 53)

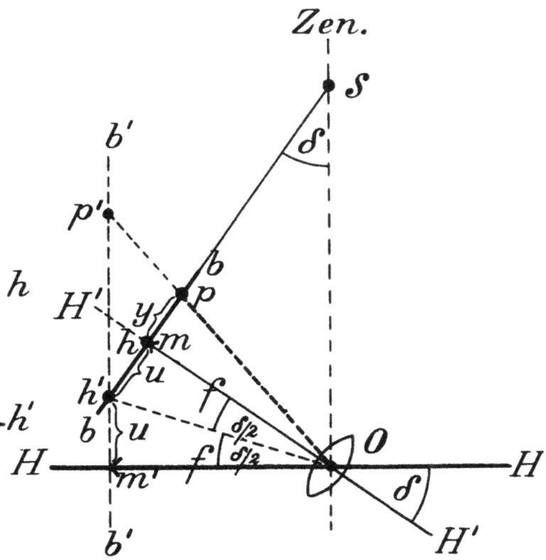

Fig. 54.
Winkelmessung mit schwach geneigter Bildebene.

gegebenen Bildkoordinaten x und y sowie der Brennlänge f und dem Neigungswinkel δ den Horizontal- und Vertikalwinkel für P im Punkte O gegen das Fernrohrvisier v v bzw. gegen die durch O gedachte Horizontalebene H H zu ermitteln.

Messung von Horizontalwinkeln.

118. Wollen wir dies mit Hilfe unserer einfachen Formel — tg Horizontalwinkel $= \frac{x}{f}$ (107) — machen, so ist zunächst festzustellen: **in welcher Höhe des Bildes wird x richtig gemessen?**

Es sei in Fig. 52 (von der Seite gesehen) b b die Bildebene, O das Objektiv, $\sphericalangle\ \delta$ der Neigungswinkel zwischen Fernrohrachse H′ H′ und Horizont H H. Wir denken uns im Abstande f von O ein vertikales Hilfsbild b′ b′, welches auch vertikal zur Hauptvisierebene steht. In diesem Bilde b′ b′ könnten wir alle in O scheitelnden Horizontalwinkel nach der Formel $\frac{x}{f}$ ohne weiteres bestimmen, weil die Visierebenen, die sich in dem in O errichteten Lote schneiden, auch das Hilfsbild b′ b′ in Loten schneiden. Die senkrechte Hilfsbildebene b′ b′ schneidet die geneigte Bildebene b b in einer horizontalen Linie h′ h′ (s. Fig. 53 und 54). In dieser Linie h′ h′ des geneigten Bildes b b, aber auch allein nur in dieser, können wir darum nach der Formel $\frac{x}{f}$ richtige Horizontalwinkel messen. Messen wir das x in einer anderen Parallelen zu h h, so erhalten wir nach unserer Formel falsche Horizontalwinkel. Der Abstand u (Fig. 53) der Horizontalen h′ h′ vom Horizontalfaden h h ergibt sich aus Fig. 54. Es ist $u = f \cdot \operatorname{tg} \frac{\delta}{2}$.

Die Horizontale h′ h′ ist im umgekehrten Fernrohrbilde (s. Fig. 53 und 54) unterhalb h h im Abstande u zu zeichnen. Der Bildpunkt p liegt oberhalb h′ h′. Die durch p laufende Visierebene v′ v′ konvergiert mit v v. Die Bildkoordinate $p\,p_v = x$ ist daher falsch. Wie groß ist die wahre Bildkoordinate $x' = p_{h'}\,p_{h'v}$ für p? Diese Frage zwingt zur

119. **Ermittlung der Konvergenz der Visiere** v v und v′ v′. Alle durch das Objektiv O (Fig. 54) gedachten Visierebenen schneiden sich in dem Lote O Zen. Denkt man sich die Bildebene b b bis an das Lot O Zen vergrößert, so treffen sich alle Visierebenen im Punkte S der Bildebene. Die Visiere v′ v′ und v v müssen also in der Entfernung h′ S (Fig. 54) ihren Abstand $p_{h'}\,p_{h'v} = x'$ (Fig. 53) vollständig verlieren. Die Konvergenz bestimmt sich daher aus dem Kathetenverhältnis x′ : h′ S (Fig. 53, Fig. 54).

$h'S = u + m\,S$, wobei $u = f.\ \operatorname{tg} \frac{\delta}{2}$

und $m\,S = f \cdot \operatorname{ctg} \delta$ ist.

$$h'S = f.(\operatorname{tg}\frac{\delta}{2} + \operatorname{ctg}\delta), \text{ was z. B. für } f = 250 \text{ mm und } \sphericalangle\delta = -10^0$$

$= 1,440$ m ist.

Ferner ist

$x' : x = h'S : pS$ und $x' = \frac{x \, . \, h'S}{pS}$
(Fig. 53) (Fig. 54)

$(x' - x) : h'p = x : pS$ (weil $h'S - pS = h'p$ ist) und $x' - x = \frac{x \, . \, h'p}{pS}$

$(x' - x) : h'p = x' : h'S$ und $x' - x = \frac{x' . \, h'p}{h'S}$

120. **Praktische Verwertung der Konvergenz.** Hat man aus dem Bilde nur sehr wenige Horizontalwinkel zu messen, so bestimmt man nach vorstehender Formel $x' = \frac{x \, . \, h'S}{pS}$ (119) jedesmal die für das senkrechte Hilfsbild $b'b'$ (Fig. 54) gültige Bildkoordinate x' und erhält den Horizontalwinkel in der üblichen Weise (107). Sind im Bilde aber sehr viele Punkte zu messen, so empfiehlt es sich, das Bild mit einem Netz konvergenter Visiere zu überspannen, in dem dann graphisch kurzerhand von x die gewünschte Bildkoordinate x' abzuleiten ist.

Um ein solches Netz konvergenter Visiere zu entwerfen, berechnen wir die Konvergenz $x' - x$ für eine runde Größe von x' (z. B. von 100 mm bei einer Bildgröße von 18 × 24 cm) und für ein gewisses rundes $h'p$[1]) (das wir auch mit der Bildkoordinate y bezeichnen können). Wir setzen in die Formel (119): $x' - x = \frac{x' . \, h'p}{h'S}$ ein:

$x' = 100$ mm
$h'p = 100$ „
$h'S = 1{,}440$ „ (wobei $f = 250$ mm und $\sphericalangle \delta$ (Fig. 54) $= -10^0$ angenommen ist (119) und erhalten $x' - x = \frac{100 \, . \, 100}{1{,}440} = 6{,}94$ mm.
(Es muß hier erwähnt werden, daß in der Formel $h'S = u + mS$ (119) die Größe $u = f \, . \operatorname{tg}\frac{\delta}{2}$ vernachlässigt werden kann; denn tut man das im vorliegenden Beispiel, so erhält man für die eben berechnete Differenz $x' - x$ den Wert 7,05 statt 6,94 mm. Der Unterschied 7,05 — 6,94 = 0,11 mm läßt sich graphisch kaum ausdrücken.)

121. **Konstruktion des Netzes konvergenter Visiere.** Es sind

---

[1]) Die Strecke $h'p$ (Fig. 54) ist $= p_{h'v} \; p_v$ (Fig. 53).

gegeben:	errechnet (119):
$x' = 100$ mm	$u = f \,.\, \operatorname{tg} \frac{\delta}{2} = 250 \,.\, \operatorname{tg} 5^0 = 22$ mm
$h'p = y = 100$ mm[1])	$x' - x = \frac{x' \,.\, h'p}{h'S} = \frac{100 \,.\, 100}{1{,}440} = 6{,}94$ mm.
$f = 250$ mm	
$\sphericalangle \delta = -10^0$.	

Fig. 55 möge ein aufrechtes positives Bild darstellen. Bei geneigter Fernrohrachse muß die Horizontale h′ h′, in der x′ gemessen wird, in diesem Bilde oberhalb des Horizontalfadens h h liegen (s. die Anmerkung zu Fig. 53). Im Abstande u = 22 mm von h h wird die Parallele h′ h′ zu h h gezogen. Eine zweite Parallele h″ h″ zu h h wird im Abstande h′ p = y = 100 mm von h′ h′ gezogen. Auf den Parallelen

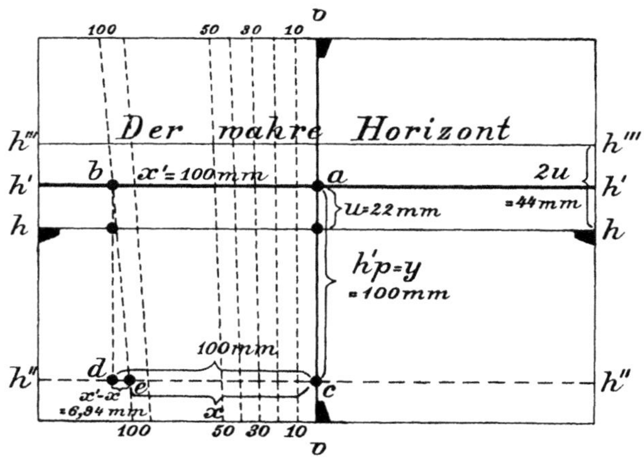

Fig. 55.
Konstruktion eines Netzes konvergenter Visiere.

h′ h′ und h″ h″ trägt man vom Vertikalfaden v v aus je 100 mm ab und erhält so die Ecken a b c d eines Quadrates. Von d ab auf d c trägt man nun x′ — x = 6,94 mm ab und erhält damit Punkt e. Man teilt nun a b und c e in eine gleiche Anzahl von Teilen, z. B. 10, zieht durch die korrespondierenden Teilstriche beider Maßstäbe Linien über das ganze Bild und erhält so in diesen konvergenten Linien den Ersatz für die sonst parallelen Visiere zu v v. Mit Hilfe der Maßstäbe a b und c e kann das Netz symmetrisch auf das ganze Bild ausgedehnt werden.

[1]) Vgl. Anmerkung auf S. 83.

Am obern und untern Rand beschreibt man die Linien mit den Werten für x, denen sie nach dem Teilmaßstabe für x′ entsprechen. Unter zweckmäßiger Interpolation kann man nun für jeden Punkt des Bildes das richtige x ablesen und erhält den gewünschten Winkel nach der alten Formel (107): $\text{tg Horizontalwinkel} = \frac{x}{f}$.

Messung von Vertikalwinkeln.

122. Angenommen (s. Fig. 54), Punkt P der Natur sei in dem vertikalen Hilfsbilde b′ b′ in p′ abgebildet, so könnten wir den Vertikalwinkel nach der Formel: $\text{tg Vertikalwinkel} = \frac{y}{\sqrt{f^2 + x^2}}$ erhalten, wenn wir das für das Hilfsbild b′ b′ gültige $y = p' m'$ mittels der uns bekannten Größen fänden.

Dies können wir, denn es ist

$$p' m' = m' h' + h' p' = u + h' p' \text{ und}$$

$$h' p' : O S = h' p : p S$$

oder

$$h' p' = h' p \cdot \frac{O S}{p S}$$

Es ist also

$$p' m' = u + \frac{h' p \cdot O S}{p S}$$

und

$$\text{tg Vertikalwinkel} = \frac{u + \frac{h' p \cdot O S}{p S}}{\sqrt{f^2 + x^2}}.$$

123. **Vereinfachung vorstehender Formel für die Praxis**: Ist der Neigungswinkel δ (s. Fig. 52) klein, so ist O S nahezu = p S. Dadurch wird der Ausdruck $\frac{O S}{p S}$ nahezu = 1. Wir erhalten nun:

$$\text{tg Vertikalwinkel} = \frac{u + h' p}{\sqrt{f^2 + x^2}}.$$

Die Strecke h′ p (Fig. 54) ist identisch mit $p_{h'v} \, p_v$ (Fig. 53), woraus folgt, daß h′ p für vorstehende Formel stets als lotrechter Abstand des Punktes p von der Linie h′ h′ (s. Fig. 53) gemessen werden muß. Praktisch läuft die Ermittlung von u + h′ p auf folgendes hinaus: Im Abstande von 2 u zieht man (s. Fig. 55) eine Parallele h‴ h‴ zu h h.

Diese wird von der durch O gedachten Horizontalebene getroffen (s. Fig. 54). Die lotrechten Abstände der Punkte von dieser Parallelen h''' h''' behandelt man wie die Bildkoordinate y, und wir erhalten dann für die Praxis die alte Formel: tg Vertikalwinkel $= \frac{y}{\sqrt{f^2 + x^2}}$, wobei $y = u + h' p$ ist (s. Fig. 54).

Fig. 56.
Universal-Phototheodolit von Günther und Tegetmeyer, Braunschweig.

c) Bildmessung mit dem Phototheodoliten.

124. Denken wir uns das Gesichtsfeld eines Universal-Theodolit-Fernrohres bedeutend erweitert, z. B. auf einen Gesichtswinkel von 45°, und das Fernrohr so eingerichtet, daß sein Bild mit dem Fadenkreuz zugleich photographiert wird, so erhalten wir **das Charakterbild des Universal-Phototheodoliten** (s. Fig. 56). Ein Vergleich der Fig. 56 mit dem Universal-Instrument Fig. 33 zeigt die große Ähnlichkeit beider

Instrumente. Der Universal-Phototheodolit gleicht vollkommen dem Theodoliten, nur ist aus dem Fernrohr die Kamera geworden, die hinten mit einer Kassette geschlossen wird und deshalb selbst unter Ansetzen einer Lupe nicht immer mehr als Fernrohr zu gebrauchen ist. (Viele ältere Phototheodolit-Modelle hatten allerdings hinter der Kassette über der Mitte der Bildebene noch eine Lupe. War die Kassette entfernt, so bildete die Kamera mit ihrem großen, über die Bildebene gespannten Fadenkreuz und der Lupe wohl ein Fernrohr, mit dem auch tatsächlich die Haupt-Horizontalwinkel am Teilkreise gemessen wurden (s. $\sphericalangle\ \alpha$ in Fig. 43).)

Die durch den Vertikalfaden und den optischen Mittelpunkt des Kamera - Objektivs gedachte Visierebene nennen wir die „Haupt - Visierebene", oder auch das „Haupt - Kamera-Visier". Die Verbindungslinie des Fadenkreuzes mit dem optischen Mittelpunkt des Kamera-Objektives sei „Kamera-Achse" genannt. Fig. 56 stellt schon ein neueres Modell des Universal-Phototheodoliten dar, bei dem seitwärts ein parallel zur Kamera-Achse gerichtetes besonderes Visierfernrohr angebracht ist, welches ein Visieren auch dann noch gestattet, wenn der Phototheodolit mit einer Kassette beschickt ist. Man nennt ein solches Fernrohr auch „Haltefernrohr".

125. **Phototheodolit-Modelle** sind in der verschiedensten Ausführung entstanden und im Gebrauch.

So verschieden der Theodolit und das Universalinstrument gebaut werden können, so verschieden kann auch der Phototheodolit gestaltet werden. Je nach dem Verwendungszwecke, nach der verlangten Meßgenauigkeit, nach den verfügbaren Mitteln baut man Phototheodolite von den kostbarsten bis zu den einfachsten Modellen. Immer aber müssen die Instrumente bald mehr, bald weniger denAnforderungen entsprechen, die wir soeben beim Messen im Bilde des Theodoliten kennen gelernt haben. Wir kommen so zu folgenden

126. **Bedingungen, denen der Universal-Phototheodolit zu entsprechen hat.**

a) Das Objektiv der Kamera muß das ganze Bildfeld scharf auszeichnen.
b) Das Objektiv der Kamera muß frei von Verzeichnung sein, d. h. die Hauptstrahlen müssen vor und hinter dem Objektiv dieselben Winkel bilden.
c) Die optische Achse des Objektivs muß senkrecht auf der Bildebene stehen.
d) Das Fadenkreuz muß von der optischen Achse getroffen werden.
e) Nach Horizontierung des Instruments muß der Horizontalfaden horizontal, der Vertikalfaden vertikal stehen, die Kippachse der Kamera horizontal liegen.

f) Die optische Achse muß durch die Vertikalachse des Instruments gehen.

g) Die jeweilige Neigung der optischen Achse muß am Vertikalkreise richtig abzulesen sein.

h) Die Brennlänge f muß bestimmt sein.

Sollen die mit dem Teilkreise und die mit der Kamera gemessenen Winkel unmittelbar aneinanderschließen, so sind noch folgende Bedingungen zu erfüllen:

i) Der optische Mittelpunkt (genauer gesagt: der vordere Hauptpunkt) des Objektivs muß in der Vertikalachse und in der horizontal gelegenen Kippachse der Kamera liegen.

k) Das Haltefernrohr liegt auf jeden Fall, entweder für Horizontalwinkel- oder für Vertikalwinkel-Messung, exzentrisch.

Man muß sich daher entscheiden:

Soll es für Horizontalwinkelmessung zentrisch liegen, so muß es durch die Vertikalachse, soll es für Vertikalwinkelmessung zentrisch liegen, so muß es durch die horizontal liegende Kippachse zeigen.

127. Es gibt keinen Phototheodoliten, der all diesen Bedingungen entspricht. Die Kunst des Instrumentenbaues liegt darin, für jeden Verwendungszweck diejenigen Bedingungen strenger zu erfüllen, auf die es ankommt, und nur diejenigen zu vernachlässigen, die wesentlich nicht mitsprechen. Es muß also erst die Aufgabe präzisiert sein, ehe man einen Phototheodoliten entwirft. Die Aufgabe kann auf dem **Arbeitsgebiete** der Astronomie, der Architektur, der Technik, der Geodäsie, der Topographie liegen. Wir können uns hier jedoch nur mit dem letzten dieser Gebiete beschäftigen.

128. **Einfache Phototheodolite für Topographie.** Die Topographie erfordert viele Messungen (19), sie muß deshalb auf eine hohe Meßgeschwindigkeit Wert legen. Diese ist natürlich am ehesten zu erreichen, wenn die Bildmessung nach den einfachsten Regeln betrieben werden kann. Die Ausführungen von 106—123 können keinen Zweifel mehr darüber aufkommen lassen, daß diejenige Bildmeßmethode bei weitem die einfachste ist, bei der die Bildebene senkrecht gestellt wird.

In der Topographie verwendet man deshalb auch am liebsten Phototheodolite, deren Kamera sich nicht kippen läßt. Sie steht unverrückbar fest auf der Vertikalachse, und zwar so, daß die Bildebene senkrecht steht, sobald die Vertikalachse vertikal gestellt ist. Es fällt also bei diesen Instrumenten die horizontal liegende Kippachse und auch der Vertikalkreis fort. Fig. 57 zeigt schematisch ein solches Instrument, von der Seite gesehen.

In Ländern mit Hochgebirgen, z. B. in Italien, benutzt man jedoch heute noch bei der Topographie Universal-Phototheodolite. Man wird aber auch bei diesen, so oft es nur geht, die Bildebene bei der Aufnahme senkrecht stellen.

Eingehend wird der Phototheodolitenbau und die Ausmessung der Kamera beim stereoskopischen Meßverfahren beschrieben werden, allerdings für den speziellen Zweck der Stereophotogrammetrie.

d. Handhabung der einfachen Bildmessung in der Topographie.

129. **Nutzanwendung.** Die einfache Bildmessung bietet hinsichtlich der Feldarbeit die prinzipielle Unterlage für das stereoskopische Verfahren. Man könnte deshalb wohl zur Annahme hinneigen, es gehörte die Zukunft ausschließlich dem neueren Verfahren. Dies ist aber nicht anzunehmen. Die beiden Methoden gehen — das werden wir später erkennen (168) — so ineinander über, daß es schwer wäre, zu sagen, wo die einfache Messung aufhört, die stereoskopische beginnt. Beide Methoden haben ihre Vorzüge und Schwächen. Deshalb ist von größter Wichtigkeit, zu wissen, daß man für das einfache Verfahren immer ausgerüstet ist, sobald man Instrumente für stereoskopische Aufnahmen besitzt. Um diese nun in jedem Falle richtig auszunützen, möge kurz auch die praktische Anwendung der einfachen Bildmessung in der Topographie beleuchtet werden.

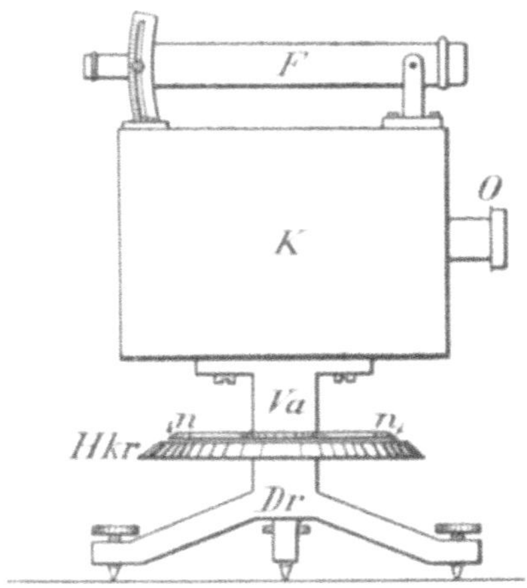

Fig. 57.
Einfacher Phototheodolit für Topographie (schematisch).
Dr Dreifuß mit Stellschrauben.
Hkr Horizontalkreis.
n n Doppelseitiger Nonius.
Va Vertikalachse.
K Kamera.
F Haltefernrohr.
O Objektiv der Kamera.

Je schroffer das Gebirge, desto aussichtsreicher ist die Anwendung des einfachen Verfahrens bei Aufnahme von Spezialkarten. Hieraus erklärt sich, daß man bei der Landesaufnahme in Italien immer noch nach der alten Methode arbeitet[1]), und daß man mit dieser noch in letzter Zeit in Kanada

[1]) La Fototopografia in Italia von Luigi Pio Paganini-Rom. Stabilimento Tipogr. G. Civelli 1889.

größere Hochgebirgsgebiete im Anschluß an Triangulationen topographisch in Maßstäben 1 : 160000 bzw. 1 : 80000 bearbeitet hat.

Aufnahmen mit trigonometrischer Grundlage.

Es handelt sich hier vorzugsweise um exaktere topographische Spezial-Aufnahmen in Maßstäben von etwa 1 : 25000 bis 1 : 1000000.

130. Wird die trigonometrische Grundlage nur der topographischen Aufnahme wegen geschaffen, so ist es praktisch, die Phototheodolit-Aufnahmen mit den trigonometrischen Winkelmessungen zeitlich zu verbinden. Dabei ist es gleichgültig, ob die für die Triangulation er-

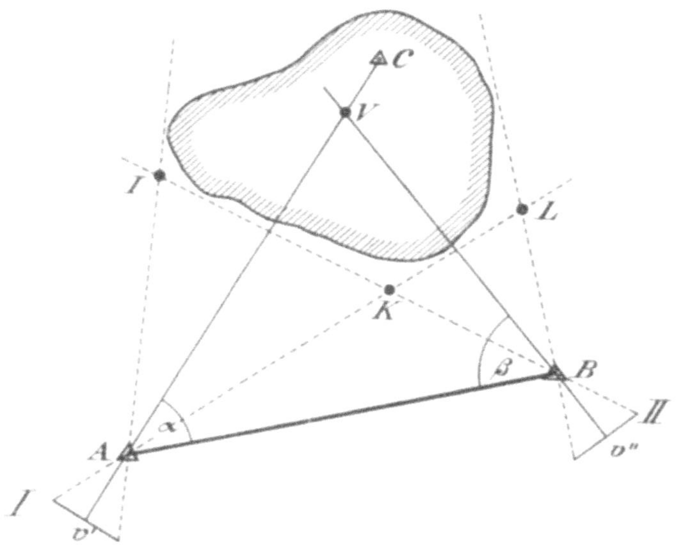

Fig. 58.

forderlichen Winkelmessungen mit dem Phototheodoliten selbst oder mit einem schärfer messenden Theodoliten gemacht werden. Wichtig ist, daß der Signalbau, die Orientierung und sonstige günstige Umstände der Dreiecksmessung sofort auch für die Bildmessungen ausgenützt werden.

Aufgabe: Es sei zugleich mit der Dreiecksmessung die Umgebung des Festpunktes C durch Photographie auf A und B topographisch aufzunehmen (s. Fig. 58).

Lösung: Man stellt auf A den Phototheodoliten genau wie einen Theodoliten auf und richtet seine Achse z. B. auf △ C. Das aufgenommene

Bild sei I. Die Basis für die Bildmessungen soll die Dreiecksseite A B bilden. Der Winkel α zwischen Kameraachse A V und Basis A B ist in diesem Falle schon aus der Triangulation bekannt. Auf B zeigt sich aber, daß Punkt △ C zu weit rechts von der Mitte des aufzunehmenden Gebietes liegt. Die Kameraachse wird deshalb mehr nach links gerichtet; dann wird das Bild II aufgenommen und Winkel β mit dem Teilkreise des Phototheodoliten gemessen.

(Es hätte mit dem Phototheodoliten natürlich ebensogut ∢ V B C gemessen werden können, da ja ∢ C B A aus der Triangulation bekannt ist.)

In den meisten Fällen läßt sich die Basis A B gleich für weitere Photomessungen ausnützen (46). Bei einer größeren zusammenhängenden Arbeit gibt jeder der Punkte A und B auch mit anderen Festpunkten neue Basen. Man photographiert deshalb in der Praxis auf jedem Punkte viel mehr und richtet sich hauptsächlich danach, was man sieht, ganz ähnlich wie bei der Meßtisch-Topographie. Eignen die Festpunkte selbst sich nicht als Standorte für die Photomessungen, so sucht man geeignetere Standorte und legt sie trigonometrisch in dem gegebenen Dreiecksnetze fest. Für jedes Bild muß Standort und Richtung der Kameraachse im Dreiecksnetz gemessen werden, und man macht sich auch Notizen und Skizzen darüber, aus welchen Bildern man später die verschiedenen Gebietsteile konstruieren will.

131. **Der Charakter der Meßbild-Aufnahmen** ist hiernach äußerlich trigonometrisch und photographisch. Der Zweck derselben ist aber topographisch. Man nennt den Aufnehmer „Phototopograph", auch „Photogrammeter". Als Vorbildung für den Dienst des Photogrammeters am meisten geeignet ist die Ausbildung in der Topographie, besonders, da die Auswertung der Photoaufnahmen ganz topographisch ist.

Die Heranbildung von Photogrammetern muß in einer besonderen Schule erfolgen. Große Behörden für Landesaufnahme schaffen sich diese selbst.

Praktische Photogrammeter sollten ihre Ausbildung immer bei den staatlichen Behörden für Landesaufnahme suchen, wenn bei diesen die Bildmessung schon gepflegt wird.

132. **Die Auswertung der Aufnahmen.** Der Photogrammeter braucht als Grundlage für seine Konstruktionen die Ergebnisse der Triangulation. Die Auswertung der Meßbilder erfolgt daher am besten da, wo die Triangulation berechnet wird. Schon während der Rechnungen sucht der Photogrammeter sich die Bilder zusammen, aus denen er messen will. Es sei z. B. Fig. 59 das in A (Fig. 58) aufgenommene Bild I und Fig. 60 das in B (Fig. 58) aufgenommene Bild II. Aus beiden Bildern Fig. 59 und 60 werden zunächst identische Punkte ermittelt und mit gleichen

Ziffern beschrieben, wie in Fig. 59 und 60 mit den Punkten c, 1, 2, 3 und 4 geschehen ist.

133. **Das Identifizieren zusammengehöriger Punkte** ist die wichtigste und schwierigste Arbeit in der einfachen Bildmessung. Fig. 59 und 60

Fig. 59.
Bild I — auf A (Fig. 58) aufgenommen.

Fig. 60.
Bild II — auf B (Fig 53) aufgenommen.
Identifizieren zusammengehöriger Punkte.

zeigen deutlich, wie es im Hintergrunde leichter ist, identische Punkte herauszufinden, als im Vordergrunde. Ein geschickter Topograph braucht nicht so viel Punkte für die Konstruktion als der unerfahrene.

Gewöhnlich trägt man die identifizierten Punkte auch gleich in ein Verzeichnis ein, in welchem später noch die relative Höhe, die Korrektion wegen Erdkrümmung usw. und die absolute Höhe vermerkt werden.

Ist der Trigonometer mit der Errechnung der benachbarten Dreiecksseiten fertig, so wird das Dreiecksnetz — natürlich unter Benutzung eines geographischen oder rechtwinkligen Koordinatennetzes — im Maßstabe der gewünschten Karte auf einen fest aufgespannten Zeichenbogen aufgetragen, ähnlich, wie das bei der Herrichtung der Meßtischplatte (Fig. 1) gemacht wird (4).

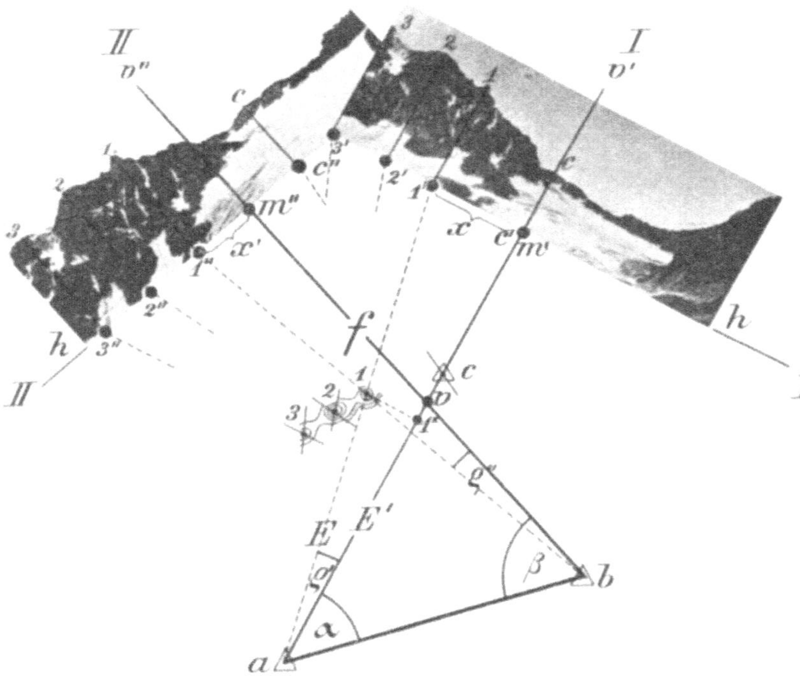

Fig. 61.
Bildkonstruktion z. B. im Maßstabe 1 : 50 000 (nach den Bildern Fig. 59 und 60).

134. **Die Bildkonstruktion** vollzieht sich nun etwa wie folgt:

Es liege das Triangulationsdreieck A B C im Maßstabe z. B. von 1 : 50 000 auf einem Papierbogen (s. das Dreieck a b c Fig. 61). Die Koordinaten sind der Klarheit der Figur halber fortgelassen. Zunächst werden die Haupt-Kamera-Visiere der beiden auf A und B aufgenommenen Bilder I und II (Fig. 58) aufgetragen. Dasjenige für Bild I ist die Verbindungslinie von a und c (Fig. 61) bzw. die Verlängerung dieser Linie. Dasjenige für Bild II erhalten wir durch Antragen des auf B (s. Fig. 58) gemessenen Winkels β mittels eines feinen Transporteurs an die Grundlinie a b (Fig. 61) im Punkte b.

Auf beiden Visieren wird von a bzw. b aus die Brennlänge f der Kamera im natürlichen Maßstabe abgetragen, wodurch die Punkte m′ und m″ entstehen, in denen Lote beiderseitig auf den Visieren errichtet werden.

Diese Lote nennen wir die Bildtracen. Sie stellen, von oben gesehen, die senkrecht stehenden Bilder dar. Diese müßten nach Fig. 58 eigentlich auf den rückwärtigen Verlängerungen von m′ a bzw. m″ b, also gerade diametral gegenüber a und b stehen. Wir wählen aber die Anordnung der Fig. 61, weil wir uns so die in a und b erzeugten Bilder aufrecht stehend denken können, die Konstruktion weniger Raum einnimmt und die Richtigkeit der Konstruktion hierdurch nicht leidet.

135. **Die Bildtracen** I und II umspannen in der Konstruktion (Fig. 61) vollständig das Arbeitsgebiet, weil die Bildtrace und die Brennlänge f, also gewissermaßen der Innenraum der Kamera, in natürlicher Größe wiedergegeben sind, während die Gelände-Konstruktion im Maßstabe 1 : 50000 durchgeführt ist. Dieser Umstand läßt deutlich erkennen, daß die Winkelgenauigkeit der graphischen Bild-Konstruktion der der Meßtischarbeit nichts nachgibt.

Obwohl auf den Bildtracen I und II die zugehörigen Bilder I und II senkrecht, also als Linien gedacht werden müssen, sind diese in Fig. 61 doch der Anschaulichkeit halber als auf die Zeichenfläche gelegt dargestellt. Sie sind aber auf dem Horizontalfaden abgeschnitten worden und mit diesem an die Bildtrace so angelegt, daß die Vertikalfäden v′ v′ bzw. v″ v″ mit den Haupt-Kamera-Visieren a m′ bzw. b m″ der Konstruktion zusammenfallen.

136. **Die Lage eines identifizierten Punktes** ergibt sich nun wie folgt: Punkt 1 wird im Bilde I (Fig. 61) auf den Horizontalfaden gelotet, wodurch auf der Bildtrace I Punkt 1′ entsteht. Der Abstand 1′ m′ ist die Bildkoordinate x. Verbinden wir 1′ mit a, so erhalten wir in der Zeichenfläche eine Visierlinie für Punkt 1. Im Bilde II wird dasselbe gemacht, so daß auf der Bildtrace II Punkt 1″ entsteht. 1″ m″ ist die Bildkoordinate x′ im Bilde II. Verbinden wir 1″ mit b, so erhalten wir in der Zeichenfläche die zweite Visierlinie für Punkt 1 und im Schnittpunkte beider Visierlinien den Punkt 1 selbst im Dreiecksnetze 1 : 50 000. Die Richtigkeit dieser Konstruktion ergibt sich ohne weiteres, wenn bedacht wird, daß die Abstände 1′ m′ und 1″ m″ die Bildkoordinaten x bzw. x′ und die Abstände a m′ und b m″ = f sind (107). Der Meßvorgang läßt sich auch so erklären, daß von dem im Felde gemessenen Dreieck a b v (Fig. 61) das Dreieck a b 1 abgeleitet worden ist, und zwar durch Messung der Winkel ρ' und ρ'' aus den Bildern I und II nach den Formeln: $\operatorname{tg} \sphericalangle \rho' = \frac{x}{f}$ und $\operatorname{tg} \sphericalangle \rho'' = \frac{x'}{f}$ (107). Der Anschaulichkeit

halber sind in Fig. 61 aus den Bildern I und II die ebenfalls noch darin identifizierten Punkte 2 und 3 auch noch konstruiert und mit einer topographischen Skizze umgeben worden.

137. **Die relative Höhe Y** der gemessenen Punkte ermittelt man in der Bildmessung gewöhnlich nicht nach der Formel unter 53. Man ermittelt also den Vertikalwinkel (109) überhaupt nicht, verfährt vielmehr nach folgender Überlegung:

Es ist

$$Y = E \,.\, \mathrm{tg\ Vertikalwinkel}\ (53) = E \,.\, \frac{y}{\sqrt{f^2 + x^2}}$$

oder

$$Y : y = E : \sqrt{f^2 + x^2}$$

oder

$$\frac{Y}{50\,000} : y = \frac{E}{50\,000} : \sqrt{f^2 + x^2}.$$

Projiziert man z. B. Punkt 1 auf a v′ (Fig. 61), so ist

$$a\,1 : a\,1' = a\,1^* : f.$$

oder

$$\frac{E}{50\,000} : \sqrt{f^2 + x^2} = \frac{E'}{50\,000} : f.$$

Setzen wir die rechte Seite dieser Gleichung in obige Formel ein, so erhalten wir:

$$\frac{Y}{50\,000} : y = \frac{E'}{50\,000} : f \quad \text{oder} \quad \frac{Y}{50\,000} = \frac{E'}{50\,000} \cdot \frac{y}{f}.$$

Diese Formel ist leicht zu konstruieren, wobei f eine Konstante ist. Auf Millimeterpapier zeichnet man f in natürlicher Größe (s. a m′ in Fig. 62). Das in m′ auf a m′ errichtete Lot beschreibt man von 10 zu 10 mm. Damit ist die Meßeinrichtung fertig. Z. B. sei für Punkt 1 im Bilde I (Fig. 61) y = 1′ 1 = 28,9 mm gemessen. Man verbindet (s. Fig. 62) den Teilstrich 28,9 der Teilung m′ v mit a. Dann trägt man auf a m′ von a aus die Strecke $\frac{E'}{50\,000}$ ab; sie reiche bis 1*. Die Parallele 1* 1 zu m′ v ist $= \frac{Y}{50\,000}$. Man ermittelt nun Y, indem man die Strecke 1* 1 (Fig. 62) in den Zirkel nimmt und auf dem Maßstabe 1 : 50 000 mißt.

Diese graphische Bestimmung von Y kann nach Belieben durch folgendes Variieren der Formel für Y verfeinert werden:

Z. B. ist

$$\frac{Y}{50000} = \frac{E'}{50000} \cdot \frac{y}{f} = \frac{E'}{50000} \cdot \frac{2\,y}{2\,f} = \frac{E'}{50000} \cdot \frac{3\,y}{3\,f} \text{ usf.}$$

oder

$$\frac{10\,Y}{50000} = \frac{E'}{50000} \cdot \frac{10\,y}{f} = \frac{E'}{50000} \cdot \frac{20\,y}{2\,f} = \frac{E'}{50000} \cdot \frac{30\,y}{3\,f} \text{ usf.}$$

Die Handhabung dieser Formeln dürfte nach obigem ohne weiteree klar sein. Ist y sehr klein, so kann man es mit einer Zahl multiplizieren, erhält dann aber auch das entsprechende Vielfache der Höhe, wenn man

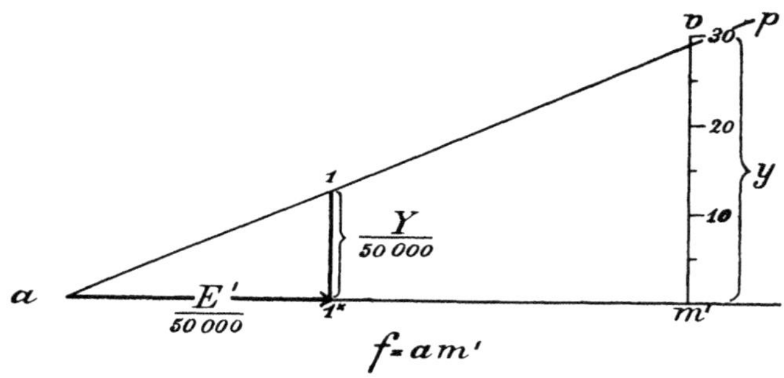

Fig. 62.
Ermittelung der relativen Höhe Y.

nicht auch f entsprechend vergrößert (die Millimeterteilung auf m′ v aber beibehält). Ist man im Zweifel, so setze man stets die Verhältnisse genau unter Berücksichtigung der Maßstäbe zusammen und prüfe, ob sich die Formel auch auf

$$\frac{Y}{\text{Maßstab}} = \frac{E'}{\text{Maßstab}} \cdot \frac{y}{f}$$

reduzieren läßt.

138. Auf Grund dieser Überlegungen hat man **Höhenmesser** konstruiert. Sie bestehen aus vier Linealen (s. Fig. 62) a m′, a p, m′ v und 1* 1, von denen m′ v und 1* 1 senkrecht auf a m′ stehen, und zwar so, daß sie auf a m′ verschiebbar sind zur Einstellung verschiedener Brennlängen und Entfernungen. Das Lineal a p ist durch ein Scharnier bei a drehbar mit a m′ verbunden.

Fig. 63 zeigt ein solches Hilfs-Instrument für photographische Höhenberechnung in schematischer Darstellung, konstruiert von dem Altmeister der Bildmeßkunst Paganini-Florenz und beispielsweise beschrieben für den Maßstab 1 : 50 000.

139. **Die absolute Höhe** (60) der Punkte findet man, nachdem die relative Höhe Y ermittelt ist. Letztere bedarf genau wie jede topographische Höhenmessung einer Korrektur wegen der Instrumentenhöhe (54) und wegen Erdkrümmung und Strahlenbrechung (57). Man trägt die relative Höhe mit den Korrektionen in eine Tabelle und erhält unter Berücksichtigung der Stationshöhe die absolute Höhe für den ge-

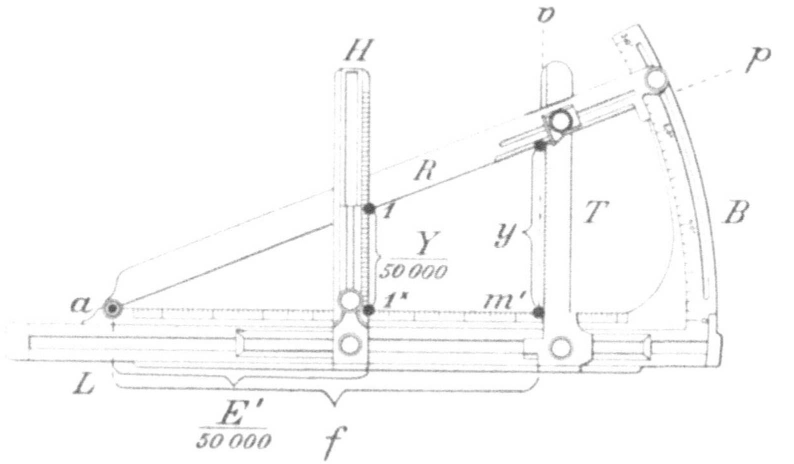

Fig. 63.

Höhenmesser nach Paganini (schematisch), beziffert für einen Konstruktions-Maßstab von 1 : 50 000.

L Festes Lineal — darstellend die Kameraachse (s. a m' in Fig. 62).

T Verschiebbares Lineal — darstellend die Bildtrace. Einzustellen auf L für die Brennlänge f. Auf T selbst ist y einzustellen (T ist identisch mit m' v (Fig. 62).

B Gradbogen zum Festklemmen des verschiebbaren Lineals R und zum Ablesen von Winkeln.

R Drehbares Lineal, darstellend das Visier nach dem zu messenden Punkt. Einzustellen nach dem y auf T (R ist identisch mit a p in Fig. 62).

H Verschiebbares Lineal, darstellend die relative Höhe Y im Konstruktions-Maßstabe (s. 1* 1 in Fig. 62).

messenen Punkt. Für jeden Punkt erhält man mindestens zwei Höhenbestimmungen, weil an jedem Basisendpunkt ein y aus dem Bilde zu messen ist.

Errechnet man tatsächlich mehrere Höhen für einen Punkt, so nimmt man als definitive Höhe das Mittel, wenn nicht Gründe dafür bestehen, daß eine der Messungen höher zu bewerten ist als die andere.

140. **Das Krokieren** erfolgt nach dem Bilde, wobei die auf dem Plane (Fig. 61) gewonnenen Punkte die Koten (20) vertreten, die der Topograph sonst zum Krokieren in der Natur betritt (21). Es bedarf keiner Über-

legung, daß die Beurteilung des Grundrisses und der Bodenformen aus großer Ferne nach den Bildern unsicher ist. Sehr unterstützen kann man die topographische Wiedergabe ferner Objekte durch Stereoskopbilder, die auf einer drehbaren Basis von etwa 1 m Länge aufgenommen werden, wie Verfasser dies gleich bei dem ersten Versuche der Landesaufnahme im Jahre 1902 an den Hörselbergen mit bestem Erfolge ausführte. Die Stereoskopbilder wurden mit einer einfachen festen Kamera aufgenommen. Ein die Kamera K tragender Schlitten S (Fig. 64) von etwa 1 m Länge wurde auf leichtem Stativ drehbar aufgestellt. Nach Aufnahme des ersten Bildes am linken Ende wurde bei derselben Schlittenstellung ein zweites am rechten Ende des Schlittens aufgenommen War so ein Stereogramm fertig, so wurde der Schlitten um den Gesichtswinkel der Kamera gedreht und ein weiteres Stereogramm aufgenommen usf.

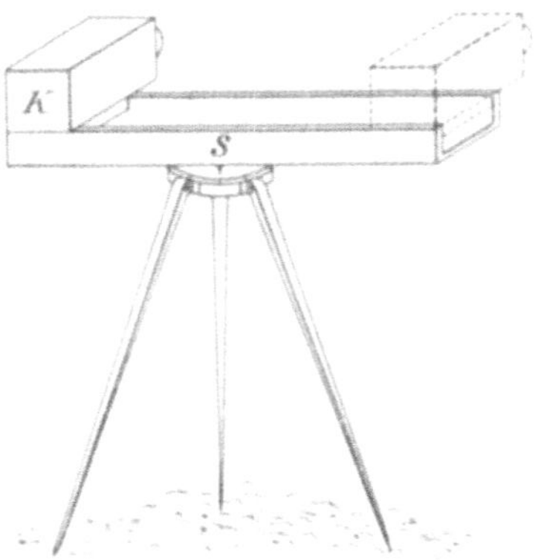

Fig. 64.
Apparat zur Aufnahme stereoskopischer Rundbilder mit gewöhnlicher Kamera (in vergrößerter Plastik).

In sehr scharf geschnittenen Hochgebirgen wird man aber auch ohne eine solche Unterstützung durch Stereoskopbilder auskommen können. In dieser Weise gelingt es, die obersten und am schwersten zu erreichenden Spitzen und Kämme der Hochgebirge, die ja meistens keine Grundrißgegenstände aufweisen, sowie die oberen Anfänge der Mulden und Schluchten darzustellen.

141. **Der untere Abschluß der Karte,** die Aufnahme der Täler und Hänge, erfolgt rein topographisch in gewohnter Weise. Nur wird durch die Photogrammetrie mancher topographische Festpunkt mehr für diese Arbeit in der Tiefe gewonnen sein.

Während der Topograph sonst mit einer Meßtischplatte auszieht, auf der nichts weiter zu sehen ist als ein Koordinaten-Netz und einige Festpunkte (Fig. 1), nimmt er jetzt eine Platte mit hinaus, auf der die Topographie in den obersten Regionen schon auf der Platte abgeschlossen ist. Es liegt wohl auf der Hand, daß bei Aufnahme schwieriger Hochgebirge, deren oberste Regionen fast nur eine Gelände-Darstellung erfordern, für Maßstäbe von etwa 1:10000 bis 1:1000000 dieses einfache Verfahren dauernd seinen Wert behalten wird.

Aufnahmen ohne trigonometrische Grundlage.

142. Bei solchen wird es sich meistens um schnellere topographische Aufnahmen enger begrenzter Gebiete in Kolonien und bei Forschungsreisen in Maßstäben von etwa 1 : 100 000 oder 1 : 200 000 handeln, und zwar im Anschlusse an schnellere Meßtisch-Aufnahmen im schwierigen Gebirgsgelände, für die der Topograph sich selbst flüchtig ein Netz legt, oder im Anschlusse an Itineraraufnahmen (77).

143. **Schnelle Meßtischaufnahmen** sind gewöhnlich in bezug auf Einzelheiten im Grundriß und besonders hinsichtlich der Höhendarstellung wenig zuverlässig, weil der Maßstab das Messen eines Kotennetzes (20) mit dem Distanzmesser verbietet. Man ist auf Vorwärtsabschnitte — Peilungen — angewiesen, um Punkte im Gelände für das Kroki zu messen. Zu diesem Zwecke muß man die angepeilten Objekte entweder gut auf dem Meßtisch beschreiben oder dem Gedächtnis einprägen, damit sie von einem anderen Punkte aus nochmals angepeilt und so bestimmt werden. Die Photographie leistet bezüglich des Wiedererkennens der von zwei Seiten gesehenen Einzelheiten des Geländes mehr als das Gedächtnis. Man hat seine Augen gewissermaßen zu gleicher Zeit auf beiden Stationen (s. Fig. 61).

Durch Meßbilder, die gelegentlich der Meßtischaufnahmen sinngemäß nach 130 gemacht wurden, läßt sich nachträglich die Aufnahme erheblich verbessern, sowohl hinsichtlich der Lage wichtiger Grundrißgegenstände, als auch ganz besonders bezüglich der Höhenangaben (132—140). Nicht minder wertvoll ist das photographische Bild für den Kartographen zum Erfassen der Charakteristik des Geländes.

Für jede Aufnahme ist auf dem Meßtische zu bestimmen: Der Standort und die Richtung der Kameraachse. *Zu messen* ist jedesmal barometrisch die Höhe.

Es ist praktisch, anschließende Aufnahmen etwas übergreifen zu lassen, weil dadurch die zwischen den Haupt-Visier-Richtungen der Einzelbilder liegenden Winkel geprüft bzw. schärfer aufgetragen werden können. Das Schwierigste bei Anwendung des einfachen Bildmeßverfahrens ist es, im Felde jederzeit klar zu übersehen, wo Aufnahmen von Nutzen sind, wie viele zu machen sind, daß nicht zu viel und nicht zu wenig photographiert wird. Hier hängt alles von der Erfahrung des Topographen ab.

144. **Itinerare, Wege- oder Routen-Aufnahmen** können durch einfache Meßbildaufnahmen ganz wesentlich an Wert gewinnen, wie z. B. Fig. 65 erkennen läßt. Ein Itinerar in Kleinasien führte über die Stationen II, III, IV und weitere. Es bildete den nordwestlichen Abschluß eines Jahresarbeitsgebietes einer Routenaufnahme im Maß-

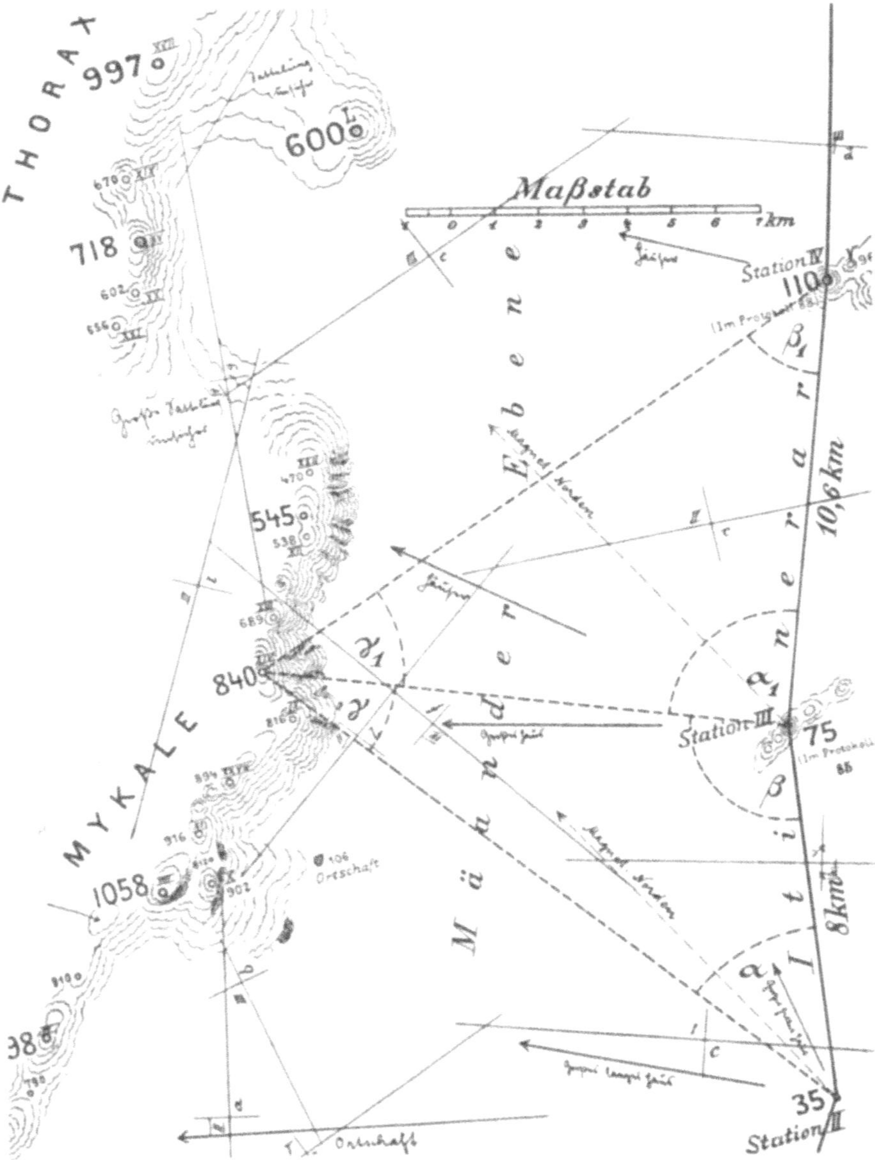

Fig. 65.
Photogrammetrische Aufnahme 1907 in Klein-Asien auf einem Itinerar des Hauptmanns von Marées. Konstruktion von Topograph Schmidt.

stabe 1 : 100 000. Die direkten Verbindungslinien der im Itinerar auf Umwegen erreichten Stationen, die durch einen starken Strich dargestellt sind, bildeten die Basen für die Photoaufnahmen eines nordwestlich im nächstjährigen Arbeitsgebiet liegenden Gebirgskammes, der so bereits an das erledigte Arbeitsgebiet angeschlossen wurde. Die Konstruktion des Gebirges nach den Bildern erfolgte in der zwischen beiden Arbeitskampagnen liegenden Pause.

145. Die Richtungen der Kameraachsen waren nicht gegen die in Fig. 65 stark ausgezogenen Basen gemessen, weil diese Basen ja voraus im Itinerar gar nicht bekannt sein konnten, sie wurden vielmehr gegen den magnetischen Norden bestimmt, zu welchem Zwecke die Kamera mit einer Kreisbussole versehen war, deren N-S-Linie parallel zur Kameraachse lag. Die Längen der Basen ergaben sich aus der Konstruktion der Itinerare; sie waren natürlich nicht sehr genau. Die Höhen der Stationen III und IV wurden barometrisch von der 35 m hoch liegenden Station II abgeleitet. Danach war die Höhe III zu 85 m, IV zu 88 m gefunden. Zwei mit starken gerissenen Linien dargestellte Dreiecke zeigen die Form der Vorwärtsabschnitte; sie deuten auch an, daß die einzelnen Punkte des Gebirges durch mehr als zwei Visiere bestimmt wurden.

146. Hierdurch ergaben sich nicht Punkte aus den Schnitten der Visierlinien, sondern fehlerzeigende Dreiecke, in denen sich der Maßstab der Ungenauigkeit des ganzen Verfahrens ausdrückt. Die fehlerzeigenden Dreiecke waren so groß, daß sie durch mangelhafte Orientierung mit dem Kompaß und durch Winkelfehler der Bildmessung allein nicht erklärt werden konnten. Es mußte vielmehr ein starker Fehler der Basen angenommen werden, was bei Itineraren ja selbstverständlich ist. Die fehlerzeigenden Dreiecke wurden daher fortgeschafft, indem die Basislängen ausgeglichen wurden.

Auch die Höhe der Punkte des Gebirges ergab sich aus den verschiedenen Photo-Aufnahmen als nicht gleich. Es wurde hieraus auf die Unsicherheit der Barometermessungen im Itinerar geschlossen. Die Höhenmessungen kamen in gute Übereinstimmung, nachdem die Höhe auf Station III von 85 auf 75 m, auf Station IV von 88 auf 110 m geändert war.

Die Geländedarstellung in Fig. 65 zeigt, daß es beim einfachen Bildmeßverfahren auf Entfernungen von 10—15 km in diesem Gebirge nicht mehr möglich war, in den Hängen und am Fuße Punkte zu identifizieren, zu messen und Formen zu erkennen. Vielfach wird man freilich auf Itinerarzügen auch schon zufrieden sein, wenn ohne Belästigung des Reisenden es mittels der Bildmessung gelänge, seitwärts gelegene Gebirge allgemein nach Lage, Höhe und Charakter mit dem Itinerar zu verbinden. Zu diesem Zwecke genügen bei Anwendung der einfachen Bildmessung

147. einfachste billige Phototheodolite, wie ein solcher durch Fig. 66 schematisch angedeutet wird.

Die Horizontierung erfolgt durch eine feine Dosenlibelle. Teilkreis und Fernrohr werden durch einen guten Routenkompaß ersetzt, dessen N-S-Linie genau parallel zur Kameraachse läuft. Anschließende Bilder müssen etwas übergreifen, wodurch ein Ausgleich der mit dem Kompaß gemessenen Winkel der Haupt-Kamera-Visiere herbeigeführt wird.

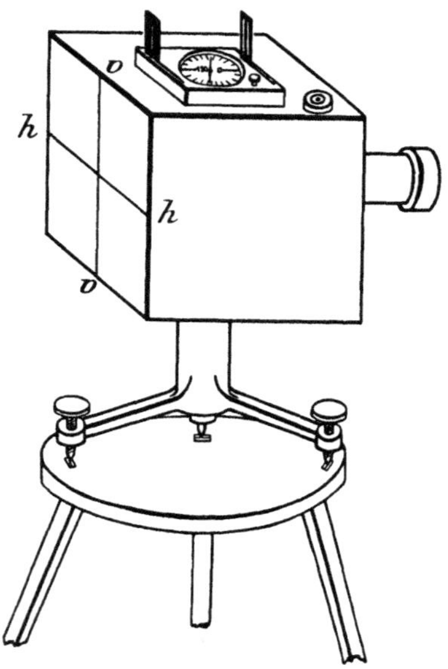

Fig. 66.
Einfachster Phototheodolit für einfache Bildmessung (schematisch). Gegossene Kamera mit feiner Dosenlibelle und Routenkompaß.

Bei jeder Aufnahme im Itinerar ist zu notieren:

der Standort des Phototheodoliten — im Itinerar,

der Winkel zwischen der magnetischen Nordrichtung und der Kameraachse — das magnetische Azimut — im Tagebuche,

Barometerhöhe des Standortes — im Tagebuche.

(Wird zufällig eine der Höhe nach bekannte Kuppe photographiert, so ergibt sich daraus die Stationshöhe als Kontrolle der Barometermessung. Tritt ein solcher Fall ein, so sorge man durch Skizzen für späteres Wiedererkennen des Festpunktes in dem Meßbilde.)

Behandlung von Platten und Bildern.

148. Bei der einfachen Bildmessung kommt man mit Platten aus gewöhnlichem Glase aus. Die besten Platten für Bildmessung sind Chromo-Isolarplatten. Man wolle sie aus einer großen Fabrik beziehen, wo sie aus gutem Glase und sehr gleichmäßig hergestellt werden. Für Aufnahmen in den Tropen müssen die Platten eine besondere Emulsion haben, weshalb der Fabrik der Verwendungsort anzugeben ist. Weiteres über Platten, ihre Entwickelung und Verpackung wird bei der Aufnahme von stereoskopischen Meßbildern ausgeführt werden (346—349).

Für positive Bilderkopien wählt man gern fein-matte Papiere, um gut darauf schreiben zu können. Bei Konstruktionen nach Papierbildern ist zu bedenken, daß die Papierbilder schrumpfen. In demselben Maße, in dem sie eingeschrumpft sind, muß auch die Brennlänge f bei der Konstruktion verkleinert werden, z. B.:

Messen wir den Abstand zweier Punkte im Negativ = 105 mm

und den Abstand derselben Punkte in der Kopie = 104 mm, und nennen die Brennlänge für das Negativ f und für die Kopie f′, so ist:

$$f : f' = 105 : 104$$

$$\text{oder } f' = \frac{104}{105} \cdot f.$$

Für vergrößerte Kopien muß die Brennlänge vergrößert werden und zwar genau dem Vergrößerungs-Verhältnis entsprechend. Es gilt also für Vergrößerungen die vorstehende Formel für geschrumpfte Kopien ebenfalls.

149. **Vergleiche zwischen Meßtischtopographie, einfacher und stereoskopischer Bildmessung.**

Fig. 59 und 60 beweisen, daß man nach Bildern viel mehr Punkte identifizieren und so der Messung zuführen kann, als dies im Meßtisch-Verfahren durch Vorwärtsabschneiden möglich wäre, weil man im letzteren Verfahren auf das Gedächtnis angewiesen ist, welches in bezug auf Erkennen und Festhalten identischer Punkte von den Bildern übertroffen wird. Beim stereoskopischen Verfahren erfolgt das Identifizieren unbewußt dadurch, daß man stereoskopisch sieht. Dies Verfahren leistet noch ganz erheblich mehr in dieser Hinsicht als das einfache Bildmeß-Verfahren. Der meßbare Raum ist derjenige, in welchem identische Punkte aus zwei Bildern aufzufinden sind. Im einfachen Bildmeß-Verfahren ist der meßbare Raum klein. Die Bilder Fig. 59 und 60 zeigen, daß im Vordergrunde identische Punkte überhaupt nicht zu finden sind. Solche können z. B. in Fig. 58 nur in dem Raume liegen, der in den Punkten I K L seine vordere Begrenzung hat.

Der meßbare Raum ist beim stereoskopischen Verfahren erheblich größer als im einfachen Verfahren (Näheres hierüber s. 168 und 169).

Der Grund hierfür liegt hauptsächlich darin, daß wir der geringen Winkelgenauigkeit wegen die Basen im einfachen Verfahren länger bemessen müssen als im stereoskopischen Meßverfahren. Die Basislänge beim einfachen Verfahren bedingt weite, zeitraubende und beschwerliche Wege über Berg und Tal. Beim stereoskopischen Verfahren ist die Basislänge so unbedeutend, daß die Endpunkte der Basis praktisch genommen auf einer Station liegen, wodurch die Messungen sehr beschleunigt werden können, falls der Stationsort die doppelte Aufstellung zuläßt. Ist dies der Fall, so ist die Schnelligkeit der Aufnahme im stereoskopischen Verfahren erheblich größer als im einfachen. Die einfache Rundsicht ist im einfachen Verfahren immer schneller aufgenommen als das stereoskopische Rundbild, dessen Aufnahme im Gebirge zuweilen auf große Schwierigkeiten stößt. Berücksichtigt man aber, daß das einfache Rundbild ja noch keine Entfernungsmessung liefert, daß dazu noch Bilder auf weiteren Stationspunkten nötig sind, so ist die Schnelligkeit der einfachen Aufnahme doch nie größer als die der stereoskopischen.

Die Beurteilung der Bodenformen auf größere Entfernungen ist im einfachen Verfahren nahezu unmöglich, im stereoskopischen dagegen mit großer Sicherheit gewährleistet.

Die topographische Fernwirkung ist daher im stereoskopischen Verfahren ganz erheblich größer als im einfachen Verfahren.

Die Apparate für die einfache Bildmessung sind einfach und billig. Die stereoskopische Meßmethode erfordert unbedingt teure Präzisions-Instrumente. Die Auswertung der Bilder kann beim einfachen Verfahren mit den einfachsten Zeichengeräten erfolgen, das stereoskopische Meßverfahren verlangt die Anwendung des teuren Stereokomparators; dafür ist aber die Schnelligkeit der Auswertung bei Gebrauch des Stereokomparators und die Darstellung der Geländeformen beim Gebrauch dieses Instruments nahezu ideal.

Die Handhabung der Methoden. Das stereoskopische Verfahren erfordert eingehende Sachkenntnis. Man dürfte aber nicht sagen, daß man dieser beim einfachen Verfahren entbehren könnte. Phototopographisch geschult muß der Aufnehmer bei beiden Verfahren sein. Das Mehr, das die stereoskopische Methode dann noch erfordert, ist nicht bedeutend.

e) Ballon-Topographie.

150. Das einen weiten Gesichtswinkel fassende photographische Bild läßt sich in einem blitzartigen Moment erzeugen. Eine große Summe von Winkeln läßt sich gleichzeitig durch **das Momentbild** meßbar festhalten. Wir können auf beweglichen Standorten messen, was früher in solchem Umfange und mit solcher Schärfe nicht möglich war. Durch elektrische Verbindungen und Verschlüsse lassen sich zwei Apparate im gleichen Momente betätigen. Deshalb können auch stereoskopische Aufnahmen mit hoch gesteigerter Plastik (164) vom Luftschiffe aus erfolgen, sobald das Luftschiff recht lang ist und zwei weit voneinander entfernte Gondeln trägt. Man ist nun in dem Glauben, daß das stereoskopische Meßverfahren, im Zeppelinschen Luftschiffe betätigt, einen großen Fortschritt für die Ballon-Topographie bringen wird, ebenso wie das neue Verfahren einen Fortschritt bei der Topographie auf festem Boden gebracht hat. Leider ist das aber nicht der Fall. Das stereoskopische Meßverfahren ist so sehr empfindlich, daß ihm gegenüber auch das starre Luftschiff lange nicht fest genug ist. Die stereoskopischen Aufnahmen werden zwar als Ansichten zur Raum-

beurteilung entfernter Objekte wertvoll sein, aber nicht für die eigentliche Messung. Es wird dies im II. Teil dieses Buches eingehend nachgewiesen werden.

Für die Ballontopographie bleibt vorläufig nichts anderes übrig, als sich der einfachen Bildmessung zuzuwenden. Es soll in folgendem kurz beschrieben werden, unter welchen Umständen dies Verfahren Erfolg verspricht.

151. Wir wissen, daß aus einem Bilde allein nur Winkel gemessen werden können, daß wir zu trigonometrischen Entfernungsmessungen eine Basis und zwei Winkel gebrauchen. Sollen die Messungen in einen größeren Verband eingepaßt werden, so muß die Lage der Basis in diesem bestimmt sein; wir brauchen also eine trigonometrische Grundlage und eine Festlegung des Ballonstandortes im Momente jeder Aufnahme nach Lage und Höhe. Für jede Aufnahme muß weiter die Lage des Fadenkreuzes, die Richtung der Kameraachse gegen den Horizont und gegen die Basis gemessen sein. Keine einzige dieser Bedingungen darf aufgegeben werden, wenn jeder in beiden Bildern sichtbare Punkt nach Lage und Höhe im gegebenen Rahmen bestimmt werden soll. Man wird sich denken können, daß von einer wirklich exakten Vermessung von oben nur gesprochen werden kann, wenn man sich über einer Landschaft befindet, die schon dicht trianguliert ist. Ist dies aber schon geschehen, so ist auch die Karte selbst viel billiger und schneller durch den Topographen herzustellen als durch die Ballonphotographie, zu deren Betätigung ein Riesenapparat gehört, und der gar nicht schneller arbeiten würde als der Topograph. Hinzu kommt: Man kann aus den von oben aufgenommenen Bildern den Grundriß und das Gelände überhaupt nicht topographisch richtig beurteilen. Wer soll die Nomenklatur aufnehmen, das Wegenetz klassifizieren, besonders wenn es im Walde liegt? Ein Topograph müßte die ganze Aufnahme doch noch ablaufen, um sie topographisch zu erkunden.

Wir müssen deshalb nach Verhältnissen suchen, in denen die Verwandlung der perspektivischen Photographie in eine Karte sich vereinfacht. Diese finden wir bei der **Aufnahme von Strandgebieten.**

152. **Ballon-Aufnahmen mit senkrechter Kameraachse.** Fig. 67 zeigt ein Meßbild, dessen Kameraachse m O senkrecht über einer Strandlandschaft steht und hier genau die Kuppe M trifft.

Die Linie P Q R S sei der Wasserspiegel,

M′ O = H sei die Höhe des Ballons über dem Wasser,

f sei die Brennlänge, b b das horizontal liegende Bild.

Die durch die Punkte P, Q, R und S angedeutete Strandlinie liegt in einer Ebene, die parallel der Platte im Apparat liegt. Wir erhalten durch diese Photographie eine mathematisch richtige Karte vom

Strande, nur kennen wir noch nicht den Maßstab derselben. Dieser findet sich aber, sobald die Ballonhöhe H gemessen ist. Es ist:

$$\mathrm{Q\,R : q\,r = H : f} \quad \text{oder} \quad \mathrm{Q\,R = H} \,.\, \frac{\mathrm{q\,r}}{\mathrm{f}}.$$

Aus dem ermittelten Verhältnis der Strecken Q R und q r können wir der Karte den Maßstab aufzeichnen, mit dem sie in jeder beliebigen Richtung gemessen werden kann. — Aber nur hinsichtlich der Strandfigur. — Die Kuppe M erscheint zwar an der Stelle M′, wo sie auf der Karte liegen muß, nicht aber die Kuppe T. Während diese auf den Punkt T″ der Karte gehört, erscheint sie im Bilde an der Stelle, an der ein Punkt T′ des Wasserspiegels liegen würde.

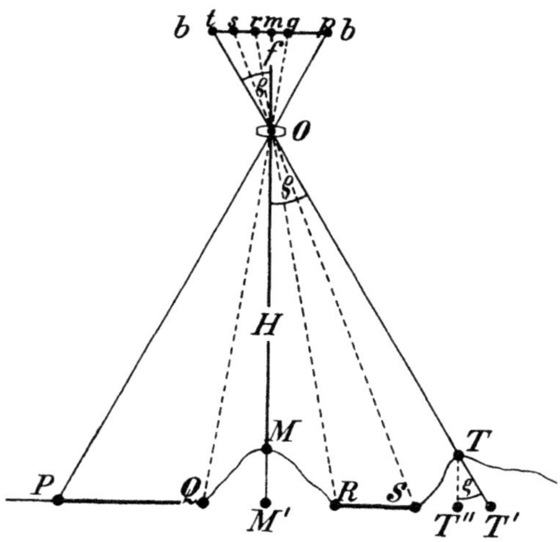

Fig. 67.
Ballon-Aufnahmen mit senkrechter Kameraachse.

Durch die Erhebung des Punktes T um das Maß T T″ wird T in der Photographie um die Strecke T″ T′ verlegt, und um dieses Maß liegt T in der photographischen Karte falsch.

$$\mathrm{T''\,T' = T\,T''} \,.\, \mathrm{tg}\,\rho, \quad \text{und } \mathrm{tg}\,\rho = \frac{\mathrm{tm}}{\mathrm{f}}.$$

$\mathrm{tg}\ \rho = \frac{\mathrm{t\,m}}{\mathrm{f}}$ ist durch das Bild b zu ermitteln. Kennt man die Höhe T T″, so ist die Verschiebung T″ T′ zu berechnen, sonst nicht. Je größer $\sphericalangle\ \rho$ ist, desto stärker ist die Verschiebung T″ T′. Die Richtung der Verschiebung ergibt sich aus der Überlegung unter 113 und Fig. 49. Daraus folgt, daß die Karte mathematisch richtig nur hinsichtlich der Strandfigur ist.

Zur Aufnahme von Strandlinien wird sich deshalb die Ballonphotographie mit senkrechter Achse vorzüglich eignen. Ist es möglich, den Strand mit Lenkluftschiffen genau abzufahren, so hat man nur dafür zu sorgen, daß die Richtung der Magnetnadel auf das Bild mitphotographiert und die Ballonhöhe jedesmal genau gemessen wird. Die anschließenden Bilder sind dann nur mit den identischen Punkten so aufeinanderzulegen, daß die N-S-Linien parallel sind.

Die Maßstäbe der anschließenden Bilder sind natürlich von vornherein (entsprechend der Ballonhöhe im Momente der Aufnahme) ungleich und müssen erst berechnet werden. Dem Zusammenlegen der Bilder muß also noch ein Umphotographieren derselben auf gleichen Maßstab vorangehen. Dann aber ist die Kartographie einfach. Vielfach wird es möglich sein, bei Aufnahme der Strandlinien für einzelne Kuppen, die in den anschließenden Bildern sichtbar sind, die genauere Lage und Meereshöhe zu errechnen, weil sich in der Karte durch die Lage des Fadenkreuzes sehr genau die Standpunkte des Ballons ergeben.

Daß die Aufnahme bergiger Gegenden nach diesem Verfahren ein günstiges Resultat nicht haben kann, liegt wohl auf der Hand.

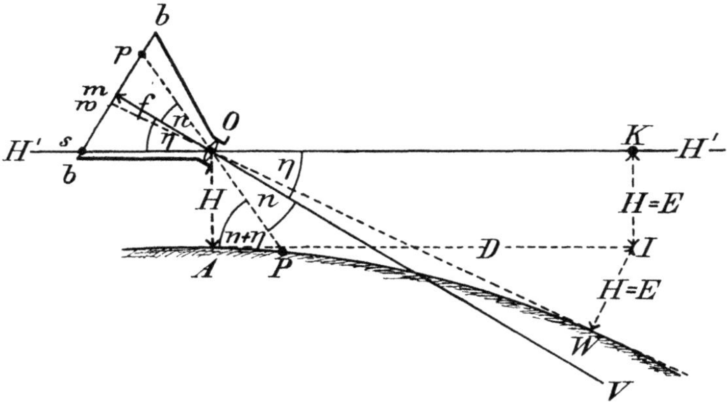

Fig. 68.
Ballon-Aufnahmen mit geneigter Kameraachse.

Wohl aber kann es bei der Küstenaufnahme von Wert sein, wenn von Zeit zu Zeit an Land sorgfältige Ortsbestimmungen vorgenommen werden.

Leider ist die aufgenommene Fläche bei einem solchen Bilde nicht groß. Hat der photographische Apparat 45° Bildwinkel, so ist der Durchmesser der aufgenommenen Fläche etwa der Ballonhöhe gleich.

Die Ballonhöhen sind sehr sorgfältig zu messen. Das Barometer muß daher nicht nur bei der Aufnahme, sondern auch vor dem Aufstieg und beim Landen auf der Meeresfläche abgelesen werden.

Etwas wirksamer, aber auch schon schwerer zu behandeln sind

153. **Ballon-Aufnahmen mit geneigter Kameraachse.** Wir machen folgende Annahmen (s. Fig. 68):

Die Ballonhöhe O A = H und der $\sphericalangle\ \eta$ zwischen Kameraachse und Horizont von O seien gemessen, die Richtung des Hauptkamera-

Visiers sei bekannt, der Horizontalfaden im Bilde liege bei der Aufnahme horizontal. Es ist dann für jeden auf dem Horizont von A gelegenen Punkt die Richtung gegen die Hauptvisierebene und die auf letztere projizierte Entfernung zu finden. Es sei z. B. für einen Punkt P des Meeresspiegels im Bilde m p gemessen, so erhalten wir: $\frac{\text{m p}}{\text{f}} = \text{tg} \sphericalangle \text{n}$ (in der Hauptvisierebene gelegen).

Die auf die Hauptvisierebene projizierte Entfernung A P ist $= \frac{\text{H}}{\text{tg}\,(\text{n} + \eta)}$, wobei die Erdkrümmung nicht mitgerechnet ist. Die Richtung von P gegenüber dem Hauptkamera-Visier ergibt sich aus 113—121.

154. Die Annahmen unter 153 zwingen uns, zu messen: die Richtung des Hauptkamera-Visiers und den Vertikalwinkel zwischen Kameraachse und Horizont, also den Neigungswinkel der Kameraachse.

155. Bestimmung der Richtung des Haupt-Kamera-Visiers. Man befestigt auf der Kamera neigbar einen Routenkompaß (s. auch Fig. 66) so, daß seine N-S-Linie parallel zur Haupt-Visierebene liegt. Die Meßkamera wird so eingerichtet, daß das Bild des Kompasses mitphotographiert wird (s. auch 157).

Es ist hierbei zu bedenken, daß aus freier Hand photographiert wird, und daß dabei die Nadel sehr unruhig sein und wahrscheinlich in einer Stellung photographiert werden wird, die nicht ihrer mittleren Schwingungsrichtung entspricht. Man muß daher Kompasse verwenden, die eine träge und dennoch ziemlich genaue Nadel haben. (Kompasse mit Fluid gefüllt, in dem die Nadel schwimmt.) Durch das Mitphotographieren der Magnetnadel erhält man für jedes Haupt-Kamera-Visier die Festlegung seines magnetischen Azimuts.

156. Die Bestimmung des Neigungswinkels η (Fig. 68) erfolgt am besten durch Abbildung des Meereshorizontes. Der Neigungswinkel kann im Luftfahrzeuge nicht mit der Genauigkeit gemessen werden, wie dies auf einem festen Standort erreichbar ist. Sehr günstig für die Bestimmung des Neigungswinkels der Kameraachse gegen den Horizont ist es daher, wenn im Bilde der Meereshorizont sichtbar ist. Liegt dieser (s. Fig. 68) in W, so ist die Strecke A W nach der Tabelle über Erdkrümmung und Strahlenbrechung (58) zu finden, wenn man die Ballonhöhe H als die Korrektion E betrachtet und danach nun die zugehörige Entfernung sucht. Trägt man in W die Ballonhöhe H als Korrektion E auf den Wasserspiegel auf, so erhält man Punkt I, der im Horizonte von A liegt. Setzt man auf I nochmals H = E auf, so erreicht man über dem Punkte W des Wasserspiegels den Horizont H′ H′ von O, der die Platte in s schneidet und hier markiert werden muß (s. in Fig. 55 die Linie h‴ h‴). Man darf, wenn

$\sphericalangle \eta$ nicht groß ist, in der Praxis O K = A W, W K = 2 H, $\sphericalangle$ O K W = R, w O = f und $\sphericalangle$ s w O = R annehmen und erhält mit ausreichender Genauigkeit w s, wenn man schreibt:

$$\mathrm{w\,s} : \mathrm{f} = 2\,\mathrm{H} : \mathrm{A\,W}$$

oder

$$\mathrm{w\,s} = \mathrm{f} \cdot \frac{2\,\mathrm{H}}{\mathrm{A\,W}};$$

$\operatorname{tg} \sphericalangle \eta = \frac{\mathrm{w\,s} + \mathrm{m\,w}}{\mathrm{f}}$ (m w wird direkt dem Bilde entnommen).

Ist der Meereshorizont nicht sichtbar, so muß der Neigungswinkel mittels der Libelle gemessen werden, was weniger genau ist.

157. Die Bestimmung des Neigungswinkels η (Fig. 68) mittels der Libelle. Das Hantieren mit einer feineren Libelle führt bei pendelnden oder freihändig bedienten Apparaten zu großen Schwierigkeiten. Und auch bei Anwendung grober Libellen kann der Aufnehmer nur dann zu einem angenäherten Resultat kommen, wenn er einen bestimmten Neigungswinkel am vertikalen Gradbogen einstellt und dann aufpaßt, daß im Momente der Aufnahme die Libelle einspielt. Auf keinen Fall wird er auf diese Weise den beabsichtigten Neigungswinkel so genau in das Bild übertragen können, wie das für Entfernungsmessungen auf Grund der Ballonhöhe für weitere Strecken nötig ist. Man versieht deshalb eine Ballon-Meßkamera mit einer Einrichtung, die automatisch photographisch den Stand der auf bestimmte Neigungswinkel einstellbaren Libelle im Momente der Aufnahme festlegt. Aber auch dieses Mittel ist nicht einwandsfrei, weil der Libelle eine gewisse Trägheit innewohnt.[1])

158. Die Verdrehung des Fadenkreuzes. Bei einer pendelnden oder freihändigen Aufnahme ist nicht zu erwarten, daß im Momente der Aufnahme der Horizontalfaden der Kamera horizontal liegt. Dies ist aber der Ausgang für die Messungen mit geneigter Kameraachse.

Bildet sich der Meereshorizont ab, so kann man ohne weiteres die Verdrehung des Fadenkreuzes sehen (s. Fig. 69). Man zieht durch m eine Parallele h′ h′ zum Meereshorizont w w und errichtet in m ein Lot v′ v′ auf h′ h′ und erhält in h′ h′v′ v′ das für die Messung gültige Fadenkreuz. Ist der Meereshorizont aber nicht zu sehen, so muß der Winkel h′ m h in irgendeiner Weise automatisch aufgezeichnet werden, weshalb man statt der mitzuphotographierenden Libelle wohl auch eine gute Dosenlibelle wählt.[2])

---

[1]) Mit der neigbaren Libelle kann man auch den Routenkompaß verbinden (155).

[2]) Natürlich sind auch noch andere Einrichtungen denkbar — Niveau Jardinet —.

Die Richtung des Horizonts muß ziemlich genau im Bilde angegeben werden.

Aussichtsvoll sind deshalb Vermessungen dieser Art besonders bei Insel- und Küstenaufnahmen, bei denen der Horizont sich selber abbildet.

159. Das Zusammensetzen der Aufnahmen erfolgt wieder mit Hilfe des jedesmal bei der Aufnahme gemessenen oder mitphotographierten Winkels zwischen dem Haupt-Kamera-Visier und der magnetischen Nordrichtung (152). Jedes Bild wird für sich auskonstruiert und erhält dabei sogleich den gewünschten Maßstab. Die einzelnen Konstruktionen werden mit den identischen Punkten so aufeinandergelegt, daß die N-S-Linien parallel laufen. Von Zeit zu Zeit müssen an Land Ortsbestimmungen vorgenommen werden, wobei an gute Krokis dieser Stationspunkte zu denken ist, damit letztere in den Bildern aufzufinden sind.

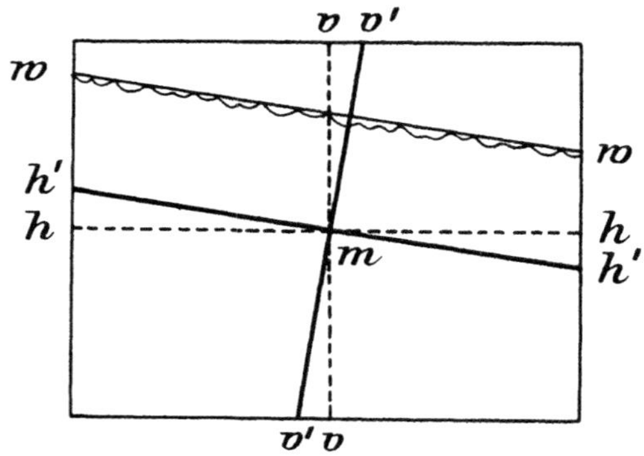

Fig. 69.

Verdrehung des Fadenkreuzes.

160. **Rundblick-Aufnahmen.** Je größer der Gesichtswinkel der Kamera ist, desto besser ist dies für die Kartenkonstruktion. Deshalb hat man große Kameras gebaut, die eigentlich aus 7 Einzelkameras bestehen, und die die ganze Rundsicht bis an den Horizont zugleich aufnehmen. So richtig dieser Gedanke an sich ist, so ist es bei der Kartenkonstruktion nicht angenehm, mit vielen Teilbildern zu operieren. Es ist einfacher, ein aus einem Guß gewissermaßen abgedrehtes Rundbild zu erhalten, für das es möglich wäre, die in der Aufnahmezeit eingetretene Drehung und Entstellung der Winkel auf einfache Weise unschädlich zu machen.

161. Für **Aufnahmen von Inlandsgebieten** durch Ballonphotographie in einer ähnlichen Weise, wie hier für Küstenaufnahmen geschildert — also ohne trigonometrische Grundlagen —, wolle man nicht allzu hohe Hoffnungen haben. Es werden natürlich alle Ballonphotographien, die von einem ganz unbekannten Gebiet vorgelegt werden, kartographisch, so gut es geht, ausgenützt werden. Nur eine planmäßige Aufnahme größerer Flächen in dieser Weise ist nicht zu raten. Sollte man wirklich unbekannte Gegenden überfliegen, so wolle man das hier über Ballon-

topographie der Küstengebiete Gesagte nur zu beherzigen suchen, damit das Resultat solcher Anstrengungen so gut als irgend möglich ausfällt. Vor allen Dingen wolle man also die Richtung zwischen Haupt-Kamera-Visier und Nordrichtung, Ballonhöhe — absolute und über dem Boden —. Neigung der Kameraachse, Verdrehung des Fadenkreuzes — und auch die Zeit der Aufnahmen (auf Bruchteile von Minuten genau) — für jede Aufnahme notieren. Wenn sich unter Beachtung dieser Regeln und selbst bei Bekanntsein der Gesamtstrecke und der Durchschnittshöhen des photographierten Geländes ein leidliches Kartenbild ergeben wird, so muß man sehr zufrieden sein. Viele solcher Ballon-Kartenzüge zu einer größeren Flächenkarte zusammensetzen zu wollen, müßte aber als phantastisch und aussichtslos bezeichnet werden.

Drittes Kapitel.

Das Normal-Stereogramm.

a) Erklärung.

162. Ein stereoskopisch wirkendes Bild nennen wir **„Stereogramm"**, Es besteht aus zwei scheinbar gleichen Bildern, die nebeneinander stehen und gewöhnlich mit einer besonderen Kamera, die aus zwei kleinen selbständigen Kameras zusammengesetzt ist, aufgenommen werden. Die Bilder werden, praktisch genommen, auf einem Standorte gemacht; streng genommen ist jedoch der Standort für beide Bilder nicht derselbe. Beide Objektive der gewöhnlichen Stereokamera haben einen Abstand von 60—80 mm, ungefähr denselben, den das menschliche Augenpaar hat. Diesen Abstand nennen wir die **Basis des „Stereogramms"**. Ohne Basis ist ein Stereogramm nicht denkbar, weshalb ein und dasselbe Bild, zweimal kopiert und zusammengestellt, niemals ein Stereogramm ergibt. Ein solches Bild macht freilich im Stereoskop einen etwas anderen Eindruck, als das Einzelbild in binokularer Betrachtung. Der hier erzielte Eindruck ist aber nicht der, den wir als „stereoskopisch" bezeichnen. Von feststehenden Objekten, wie Gebäuden, Geräten, Landschaften usw., lassen sich Stereogramme mit jeder gewöhnlichen Kamera aufnehmen. Man verschafft sich in diesem Falle die Basis, indem man die Bilder unter Umsetzung des Stativs oder Verschiebung eines Stativschlittens (s. Fig. 64) nacheinander aufnimmt. Damit ein Stereogramm im Stereoskop einen körperlichen Anblick gewährt, ist nicht nötig, die Verhältnisse des menschlichen Sehens zu kopieren. Wir dürfen nur an unsere größten und kleinsten zweiäugigen Tiere denken, um einzusehen, daß die Basis des Stereogramms verschieden groß sein darf.

163. Schon Helmholtz hatte ein **Telestereoskop** konstruiert, mit dem er künstlich seine Augenbasis erweiterte (s. Fig. 70).

Es bestand aus einem Rohre, welches quer vor die Augen gehalten wurde. Die Augen A und B blickten auf zwei Spiegel S′ und S″, welche die Bilder wiederspiegelten, die die beiden Spiegel S und S‴ von der Natur empfingen. Der natürliche Augenabstand A B wurde so auf C D erweitert. Zweck dieser Anordnung war, in größeren Entfernungen körperlich zu sehen. Um die Wirkung zu erhöhen, waren in den Röhren noch Linsen angebracht, die die Augen gewissermaßen mit Fernrohren bewaffneten.

Die Handlichkeit des Apparats setzt diesem Streben nach Steigerung der Plastik ein Ziel.

164. **Die Photographie ermöglicht eine beliebige Steigerung der Plastik.** Die beiden Bilder des Stereogramms können auf beliebig langer Basis nacheinander (und mittels elektrischer Verbindungen zweier Apparate auch gleichzeitig) aufgenommen und dann im Stereoskop betrachtet werden. Der Eindruck, der durch die Vergrößerung der Basis erzielt

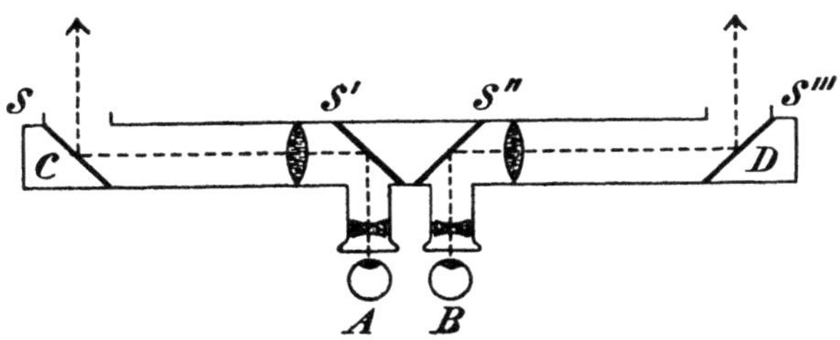

Fig. 70.
Tele-Stereoskop von Helmholtz (schematisch).

wird, ist, daß die Gegenstände im Stereoskop verkleinert und näher erscheinen. Wir werden gegenüber der Natur zu Riesen. Die Natur erscheint uns als zierliches Modell. Durch Verkleinerung der Basis wird das Gegenteil erreicht. Die Gegenstände erscheinen vergrößert und entfernter, wir können uns so mikroskopisch klein machen in Fällen, in denen wir wirklich Riesen gegenüber der Natur sind und deshalb nicht genügend in sie einzudringen vermögen.

165. **Das Prinzip des stereoskopischen Meßverfahrens** ist hinsichtlich der Aufnahme des Stereogramms dasselbe, wie wir es in der einfachen Bildmessung kennen gelernt haben. Wir brauchen ebenfalls zwei Aufnahmen an den Enden einer gemessenen Basis, nur ist zu beachten, daß die Aufnahmen später auch einen stereoskopischen Eindruck hervorrufen und eine Meßgenauigkeit ergeben, die praktisch brauchbar ist.

166. **Das Verhältnis der Basislänge zur Entfernung** verdient bei stereoskopischen Aufnahmen besondere Beachtung. Vorbildlich hierfür ist das, was wir am menschlichen Sehapparat beobachten. Wir sehen, solange wir normale Augen haben, nicht gern auf Gegenstände, die uns näher liegen als etwa 25 cm. Diese nächste Zone für unser freiäugiges stereoskopisches Sehen macht etwa das Vierfache der mittleren Augenbasis (von etwa 65 mm) aus. Einen recht guten körperlichen Eindruck haben wir auf Entfernungen von etwa der 10- bis 200 fachen Augenbasislänge, also auf etwa 0,65—13 m. Diese Verhältnisse müssen bei

einem Meßstereogramm auch innegehalten werden, ganz unbekümmert darum, wie groß die Entfernung oder die Basis tatsächlich ist. Soll das Stereogramm mit großer Basis allein nur der Betrachtung, also Liebhaberzwecken dienen, so ist zu empfehlen, die Basis verhältnismäßig kleiner zu nehmen, weil das Stereogramm dann im Vordergrunde angenehmer wirkt, und weil der Vordergrund doch immer das Reizvollste im Bilde ist. Man muß für Liebhaberstereogramme die Basis mehr auf

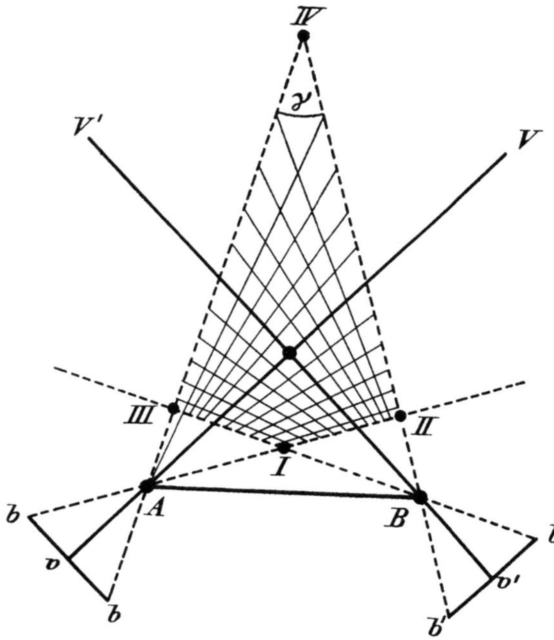

Fig. 71.
Einfache Bildmessung. I II III IV der meßbare Raum.

die Entfernungen des Vordergrundes zuschneiden und sie möglichst horizontal legen. Ist jedoch ein Vordergrund nicht vorhanden, oder hat das Objekt keine allzu große Tiefenausdehnung, so darf man unbedenklich zu etwas geneigten und verhältnismäßig größten Basen, also etwa $^1/_{10}$ der Entfernung, greifen. Man wird dann ganz wundervolle Effekte erhalten.

167. Das stereoskopische Meßverfahren gipfelt in Bestimmung sehr spitzer Dreiecke. Die Genauigkeit der Messungen ist im Vordergrunde des Stereogramms erheblich größer als im Hintergrunde. In einer Entfernung von der 10 fachen Basislänge ist die Meßgenauigkeit 400 mal so groß als auf 200 fache Basislänge (38—41).

Hierin deutet sich bereits die Empfindlichkeit des neuen Verfahrens an und die Notwendigkeit, daß der Aufnehmer es beherrscht. Aufnahmen ohne bestimmte Vorstellungen von der Leistungsfähigkeit des Verfahrens sowie von den erforderlichen Instrumenten und der nötigen Vorbildung wären ein Unternehmen auf gut Glück. Ein solches muß entweder zu einem Mißerfolg oder zu überflüssiger Mühewaltung führen.

168. **Der meßbare Raum des Stereogramms** [1]). Fig. 71 zeigt eine nach dem einfachen Bildmeßverfahren gemachte Aufnahme. Die Kameraachsen A V und B V′ kreuzen sich hier unter etwa 90°, Der meßbare Raum wird in Fig. 71 durch die Punkte I, II, III und IV abgegrenzt.

Der kleinste der gemessenen Winkel ist ∢ γ bei IV. Der meßbare Raum, der hier eng begrenzt ist, gestaltet sich im Stereogramm Fig. 72 wesentlich anders. Die Kameraachsen A V und B V′ laufen im allgemeinen parallel. In Fig. 71 ist der meßbare Raum bei Punkt IV zu Ende, bei Fig. 72 fängt er bei diesem Punkte an, weil hier erst der etwa 4 fache Abstand der Basis erreicht ist (166). Nimmt man an, der Bildwinkel der Kamera sei bei dem einfachen Verfahren ebenso groß als beim stereoskopischen, so beginnt (s. Fig. 72) der meßbare Raum früher als die Möglichkeit stereoskopischen Sehens und Messens. Letztere Zone beginnt erst im Abstande der vierfachen Basislänge, also in Fig. 72 bei der Kreislinie. Die innerhalb des Kreises liegende Spitze des im Stereogramm meßbaren Raumes muß daher nach dem einfachen Verfahren gemessen werden.

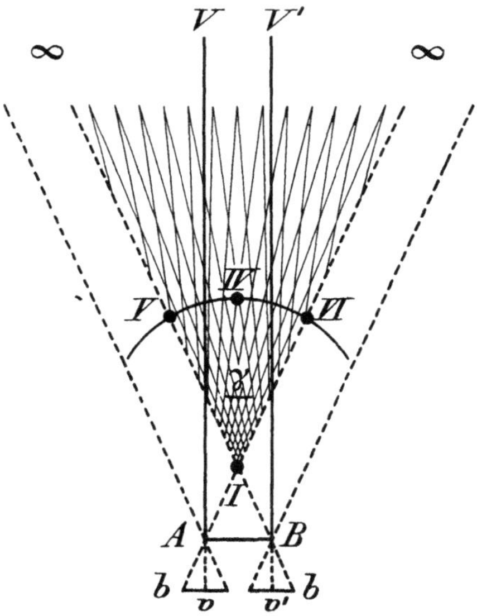

Fig. 72.
Stereoskopische Messung. ∞ I ∞ der meßbare Raum.

Man kann sagen, daß die stereoskopische Messung die Fortsetzung der einfachen Bildmessung über ein und derselben Basis nach der Ferne zu bedeutet.

169. **Das stereoskopische Feld.** So bezeichnen wir denjenigen Teil des im Stereogramm meßbaren Raumes, der stereoskopisch erscheint.

[1]) Der Raum, in dem ein Identifizieren der Punkte und daher ihre Messung möglich ist.

Die angenäherte Parallelität der Kameraachsen bewirkt, daß das stereoskopische Feld nach der Ferne zu scheinbar unbegrenzt ist. Die Begrenzung in der Ferne liegt da, wo der Eindruck der Plastik vollständig aufhört. Das ist aber eine recht weite Grenze. Beim unbewaffneten Augenpaar liegt sie auf etwa 400 m Abstand.

Laufen die Kameraachsen des Stereogramms genau parallel, wie Fig. 72 zeigt, so hat das stereoskopische Feld denselben Winkel wie jedes mit der Kamera aufgenommene Bild. Von jedem derselben fällt im Stereogramm ein außen liegender Streifen von der Breite der Basis als nicht stereoskopisch ab. Dieser im Vordergrunde sehr fühlbare Abfall verschwindet in der Ferne scheinbar ganz. Nur bei aufmerksamer Betrachtung ist er noch erkennbar.

170. **Das Normal-Stereogramm.** Dies ist ein mit einem Phototheodoliten genauer aufgenommenes Stereogramm, dessen Kameraachsen untereinander parallel und auf der Basis senkrecht stehen und dessen beide Bilder bei der Aufnahme in ein- und derselben Vertikalebene liegen. Zur Erzielung des stereoskopischen Eindrucks ist diese Konstellation nicht unbedingt erforderlich. Die gebräuchlichen Hand-Stereoskop-Apparate liefern allerdings dem Wesen nach Normal-Stereogramme. Der stereoskopische Eindruck kommt aber auch noch trotz ziemlich beträchtlicher Konvergenzen und Divergenzen der Kameraachsen bzw. bei Schiefstellungen derselben auf der Basis zustande.

Diese Abweichungen vom Normalstereogramm können aber, obwohl ein guter räumlicher Eindruck noch erzielt wird, dazu führen, daß wir die räumlichen Verhältnisse falsch beurteilen (187), was freilich in der Meßtechnik, wie wir später im II. Teil noch sehen werden, nicht ins Gewicht fällt.

171. **Vorzüge des Normal-Stereogramms.** Diese liegen vornehmlich in der äußerst einfachen Methode der Auswertung der Stereogramme, welche es ermöglicht, mit den einfachsten Zeichenmitteln schnell und sicher eine sehr scharfe graphische Konstruktion der im Stereokomparator ausgemessenen Stereogramme durchzuführen.

Das Normal-Stereogramm erfordert zwar, wie jede stereoskopische Vermessung, einen Präzisions-Phototheodoliten; doch läßt sich dieser solide und so einfach herrichten, daß die Aufnahme sich überraschend schnell und sicher vollzieht. Dieser einfache Vorgang verschleiert freilich stark den Kern der Sache, weshalb nur wieder geraten werden muß, den Zusammenhang der Messung genauer anzusehen. Eine kurze Gebrauchsanweisung wird schwerlich zu einem Erfolge führen, wie sich das nun ja schon hinreichend in der Praxis erwiesen hat.

Das Normal-Stereogramm muß für topographische Zwecke stets in vertikaler Stellung der Platten aufgenommen werden; dabei kann aber der Höhenunterschied der Basisendpunkte beliebig groß sein.

Hierdurch wird es möglich, auch in schwierigem Gebirgsgelände die Aufnahmebedingungen zu erfüllen. Erfordern die Höhenverhältnisse des Gebirges unbedingt eine Neigung der Kameraachsen, so muß das Normal-Stereogramm verworfen werden. Es würde bei der Topographie zu unüberwindlichen Komplikationen führen.

(Es sei hier vor einem Standpunkt gewarnt, der gerade gegenüber der Bildmessung gern eingenommen wird. Man möchte dem Aufnehmer die Arbeit möglichst leicht machen. Das geht aber nur auf Kosten der Zimmerarbeiten. Hat man das Ganze der Kartenaufnahme im Auge, so muß ein solcher Standpunkt bekämpft werden. Die Zimmerarbeit kann sonst so kompliziert und umfangreich, unter Umständen auch unmöglich werden, daß der Nutzen der Bildmessung verloren geht.)

Die Vorzüge des Normal-Stereogramms sind so groß, daß man es, wo nur irgend angängig, stets verwenden muß.

b) Beschreibung des Normal-Stereogramms.

172. Das Normal-Stereogramm besteht aus zwei einzelnen Aufnahmen mit vertikal gestellter Platte. Die Höhenlage der beiden Aufnahmen ist beliebig. Fig. 73 zeigt die Aufstellung. Die beiden Aufnahmen werden, wenn man feststehende Objekte zu photographieren hat, mit einem einzigen Phototheodoliten nacheinander gemacht. Gleichzeitig aufgestellt werden indessen auf jeden Fall die beiden identischen Stative, deren Dreifüße so eingerichtet sind, daß der Phototheodolit leicht aus denselben herausgenommen werden kann, und daß dann durch einen für ihn einzusteckenden Drehzapfen die Stelle bezeichnet wird, wo seine Vertikalachse vorher gestanden hat bzw. künftig stehen soll. Die Aufnahmen erfolgen genau nach den Grundsätzen, die wir bei der einfachen Bildmessung mit vertikal gestellter Platte kennen gelernt haben. Es muß also prinzipiell außer der Länge und Richtung der Basis gemessen sein: die Lage der beiden Standorte in einem gegebenen Dreiecksnetz, auf einer Meßtischarbeit oder im Itinerar und die Richtung der Haupt-Kamera-Visiere auf beiden Standorten gegen die Basis. Diese Richtungen sollen nun beim Normal-Stereogramm zur Basis senkrecht stehen, wodurch sie untereinander parallel laufen, und wodurch weiter erreicht wird, daß die beiden photographischen Platten bei der Aufnahme in ein und dieselbe vertikale Ebene zu liegen kommen. Fig. 74 zeigt diese Anordnung von oben gesehen.

An sich ist nichts im Wege, das Normal-Stereogramm mit jedem beliebigen Phototheodoliten für einfache Bildmessung aufzunehmen. In Wirklichkeit aber wird ein mit so wenig exakten Mitteln aufgenommenes Normal-Stereogramm ein günstiges Meßresultat selten ergeben.

Befinden sich in der aufgenommenen Landschaft Festpunkte, so zeigt sich gleich, wie außerordentlich ungenau derartige Aufnahmen sind. Man kann nun wohl mit Hilfe der Festpunkte Korrekturen im Stereogramm anbringen und so zu besseren Messungen gelangen. Sind die Fehler bei der Aufnahme aber erheblich, was bei Verwendung gewöhnlicher Instrumente meistens der Fall ist, so sind die Korrekturen nicht einfach. Sie erfordern dann die Abbildung zahlreicher Festpunkte, die gründlichste Beherrschung der Materie und führen dennoch zu so zeitraubenden Nebenarbeiten, daß es oft am besten ist, die Aufnahme als Stereogramm zu verwerfen.

Der Nutzen der stereoskopischen Messung, den wir in erster Linie in einer ausgezeichneten Entfernungsmessung erkannt haben, kommt nur voll zur Geltung, wenn man der Kontrollpunkte gänzlich entbehren, also rücksichtslos darauf losmessen kann. Das erfordert aber die hohe Präzision des Instruments und seiner Handhabung, von der mehrfach schon die Rede war, und die wir noch genauer kennen lernen werden.

c) Mathematische Grundlagen des Normal-Stereogramms.

173. Wir können das Normal-Stereogramm prinzipiell vollkommen nach den bereits bekannten trigonometrischen Grundlagen für die Entfernungsmessung behandeln, also, indem wir aus den beiden Bildern die Basiswinkel bilden und ein Dreieck errechnen oder konstruieren. Wir tun das aber nicht. Die Figuren 73 und 74 zeigen uns deutlich, daß wir es hier mit einem Spezialfall zu tun haben. Wir kommen in der Tat beim Normal-Stereogramm zu einer anderen Methode, die Lage eines Punktes nach Entfernung, Richtung und Höhe gegenüber der Basis zu bestimmen, als wie wir es bisher bei unseren topographischen Messungen und bei der einfachen Bildmessung kennen gelernt haben.

174. **Definition der Basis A B.** Als mathematische Basis gilt der auf die Horizontalebene projizierte Abstand der optischen Mittelpunkte der Kamera-Objektive, also die Strecke A B in Fig. 73. Ein Blick auf die Fig. 74 lehrt, daß wir diesen Abstand A B bei parallel gerichteten Kameraachsen richtig auch zwischen den Vertikalfäden v v und v′ v′ (Fig. 73) und zwischen den Vertikalachsen des Phototheodoliten fänden, vorausgesetzt, daß der Phototheodolit richtig gebaut (126) und aufgestellt (238 und 239) ist. Wählen wir die Basis statt zwischen den Objektivmittelpunkten z. B. zwischen den Vertikalachsen, so ist zwar die Basislänge unverändert, jedoch wir fälschen die gemessene Entfernung

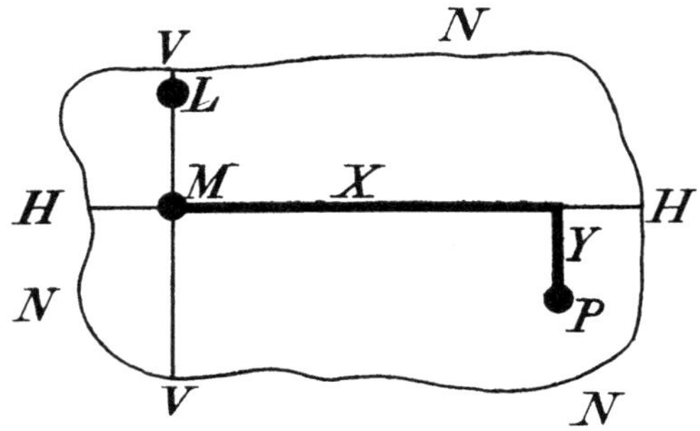

Fig. 75.

Ansicht der Vertikalebene N N (Fig. 74). — Gesehen in der Richtung der Kameraachse m A (Fig. 73) M (Fig. 75). — HMH (Fig. 75) ist die Schnittlinie der Ebene NN mit der durch A (Fig. 73) gedachten Horizontalebene. — VMV (Fig. 75) ist die Schnittlinie der Ebene NN mit der Haupt-Visierebene v A V (Fig. 74).

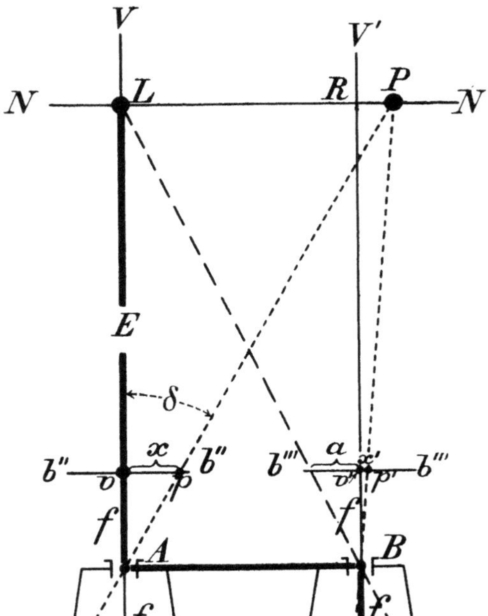

Fig. 74.

Normal-Stereogramm (von oben gesehen).

f ist die Brennlänge der Kamera.

A B ist die Horizontalprojektion der Basis A B′ (Fig. 73). — v A V und v′B V′ sind die Haupt-Visierebenen. Beide sind parallel zueinander und senkrecht auf der Basis A B. — b b und b′ b′ sind die beiden Bilder, welche in ein und derselben senkrechten Ebene stehen. N N ist eine senkrechte Ebene, die parallel zur Basis und zur Ebene der Bilder b b und b′ b′ steht. —

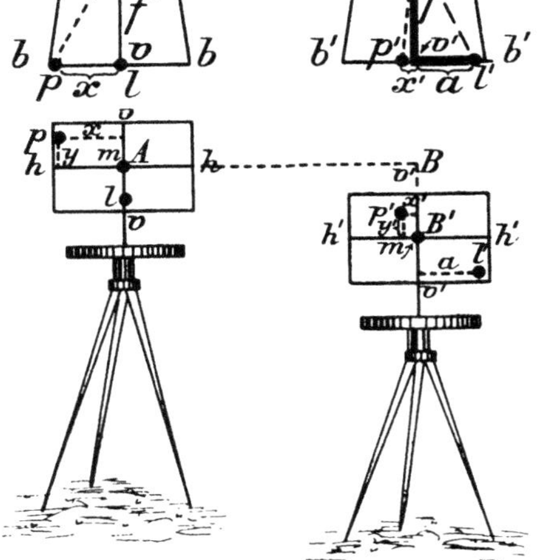

Fig. 73.

Normal-Stereogramm (von hinten gesehen).

A B ist die Horizontalprojektion der geneigten Basis A B′. (Der Berechnung zugrunde gelegt wird A B.) — h h ist parallel h′ h′ und horizontal.

m A und m′ B′ sind die horizontal liegenden Kameraachsen.

um den Abstand zwischen Objektiv und Vertikalachse. — Letztere wird mit dem Phototheodoliten als Standpunkt festgelegt. — Dies ist bei Messung großer Strecken belanglos, verdient aber Beachtung bei Vermessungen auf kurze Entfernung, wie sie vielleicht bei der Topographie des Menschen usw. (25) auftreten können, wenn man mehrere Aufnahmen von verschiedenen Seiten miteinander in Verbindung bringen will.

Ist die Basis stark geneigt, so geht durch ihre Projektion viel von ihrer wahren Länge für den auf der Horizontalebene zu vollziehenden Meßvorgang verloren; dagegen stellt der Höhenunterschied beider Stationen auch eine Basis dar, mit der wir genau so messen können wie mit der Horizontalprojektion der Basis. Ist z. B. die Basisneigung $= 45^0$, so ist die horizontale Basis der vertikalen gleich. Es lassen sich recht gut Verhältnisse denken, in denen es vorteilhaft wäre, mit der vertikalen Basis zu messen. Wir wollen jedoch Messungen mit vertikaler Basis nicht weiter berücksichtigen, denn der normale Fall ist doch das Messen mit horizontaler Basis. Die hier gegebene kurze Anregung wird auch genügen, unter Berücksichtigung des Folgenden im Bedarfsfalle das Messen mit vertikaler Basis selbst zu entwickeln.

175. **Die Bilddifferenz.** Wir machen die neben den Fig. 73 und 74 vermerkten Annahmen und denken uns ein Objekt L in der linken Haupt-Visier-Ebene v A V (Fig. 74) gelegen. Das Abbild l dieses Objekts liegt dann im linken Bilde b b genau im Vertikalfaden v v . Im rechten Bilde b′ b′ liegt das Abbild l′ desselben Objekts um die Strecke a neben dem Vertikalfaden v′ v′. Diese Strecke a nennen wir „Bilddifferenz“ [1]). Sie erklärt sich aus den Strecken E, A B und f (Fig. 74).

Um die Bilddifferenz a allgemeiner zu beschreiben, stellen wir sie uns als aus den Bildkoordinaten (110) der Bilder b b und b′ b′ entstanden vor. Wir haben es hier nur mit der Bildkoordinate x zu tun [2]), welche wir für das linke Bild b b mit x und für das rechte b′ b′ mit x′ bezeichnen. Es ist für das Objekt L:

$$\begin{array}{r} x = 0 \\ x' = +a \\ \hline x - x' = 0 - a = -a. \end{array}$$

[1]) Die Strecke a wird vielfach auch „stereoskopische Parallaxe“ oder kurz „Parallaxe“ genannt. Da man unter „Palallaxe“ aber allgemein einen kleinen Winkel versteht, ist es besser, für die hier in Betracht kommende lineare Größe den Ausdruck „Bilddifferenz“ zu wählen.

[2]) Es bestehen in der Tat auch vertikale Bilddifferenzen für das Objekt L, weil die Höhenlage der Basispunkte A und B′ nicht dieselbe ist. Sie ergeben sich aus der ungleichen Größe der Bildkoordinaten y in beiden Bildern. Wir lassen diese Vertikaldifferenzen aber außer Betracht, weil sie nur Interesse haben, falls man mit vertikaler Basis messen wollte (174).

Die Bilddifferenz ist also $= x - x'$ und hat hier negativen Wert. Stellen wir uns die Bilder nicht als die im Apparat liegenden Negative, sondern als positive Bilder vor, wie wir sie mit unseren Augen auf A bzw. B' sehen, so müssen wir uns die Bilder b b und b' b' im Abstande f um das Objektiv herum nach vorn geklappt, also in den Stellungen b'' b'' bzw. b''' b''' (Fig. 74) denken. In diesem Falle ist für das Objekt L:

$$x = 0$$
$$x' = -a$$
$$x - x' = 0 - (-a) = a.$$

In dieser letzteren Weise denken wir uns stets die Bilddifferenz a entstanden, die nun regelmäßig positiv ist.

Die Größe der Bilddifferenz a ergibt sich aus der Proportion:

$$a : f = AB : E. \quad \ldots\ldots\ldots\ldots \quad \text{(Fig. 74).}$$

Wir wissen, daß im Stereogramm der Ausdruck $\frac{AB}{E}$ höchstens $= 1/4$ ist, gewöhnlich aber zwischen $1/_{10}$ und $1/_{200}$ schwankt (166). Denken wir uns einen Phototheodoliten mit $f = 127$ mm, so schwankt a im allgemeinen zwischen 12,7 und 0,635 mm. Die Bilddifferenz a ist demnach in der Regel ein sehr kleines Maß.

176. **Ebenen gleicher Bilddifferenzen.** Wir denken uns durch Punkt L (Fig. 74) eine große vertikale Ebene parallel zur Basis und zu der Ebene der Bilder b b und b' b'. Diese Ebene erscheint in Fig. 74 als der Strich N N und ist in Fig. 75 als Ansicht von A aus dargestellt.

Alle Punkte, welche in der Ebene N N liegen, haben im Normal-Stereogramm die gleiche Bilddifferenz. Es sei z. B. außer L noch der Punkt P der Ebene N N abgebildet, und zwar in p bzw. p'.

Behauptung: $pv - p'v' = x - x' = a.$

Beweis:

I. $x : f = X : E = (AB + RP) : E$ oder $x = \frac{f}{E}(AB + RP)$

$x' : f = RP : E$ „ $x' = \frac{f}{E} \cdot RP$

. . . .

$$x - x' = \frac{f}{E} \cdot AB$$

II. $a : f = AB : E$ oder $a = \frac{f}{E} \cdot AB$

$$x - x' = a.$$

177. **Das Raumkoordinaten-System des Normal-Stereogramms.** Durch die Ebenen gleicher Bilddifferenzen wird ermöglicht, die Lage

eines Punktes im Normal-Stereogramm durch ein Raumkoordinaten-System zu bestimmen.

Die Achsen des Systems. Projizieren wir das Fadenkreuz v v h h des linken Bildes b b auf die Ebene N N (s. Fig. 73 und 75), so erhalten wir in der Ebene N N das Achsenkreuz V V H H. Auf diesem Achsenkreuz senkrecht in M steht die Kameraachse des linken Bildes (s. m A M in Fig. 73, 74 und 75).

Die Kameraachse m A M sowie die Linien V V und H H bilden das Achsen-System des Normal-Stereogramms.

Die Benennung der Raumkoordinaten [1]):

E ist der Abstand der Ebene N N vom Objektiv A (s. Fig. 74),

X ist der Abstand des Punktes P von der Vertikalen V V (s. Fig. 75),

Y ist der Abstand des Punktes P von der Horizontalen H H (s. Fig. 75).

(Y ist auch die relative Höhe zwischen den Punkten A und P.)

Vorzeichen der Raumkoordinaten.

E ist stets positiv,

X ist rechts von V V positiv, links von V V negativ,

Y ist oberhalb H H positiv, unterhalb H H negativ.

178. **Berechnung der Raumkoordinaten.**

$$E : AB = f : a \text{ (Fig. 74)} \qquad \text{oder } E = AB \cdot \frac{f}{a}$$

$$X : E = x : f \text{ (Fig. 75 u. 74)} \qquad \text{oder } X = E \cdot \frac{x}{f}$$

$$\underset{\text{(Fig. 75)}}{Y} : \underset{\text{(Fig. 74)}}{PA} = \underset{\text{(Fig. 73)}}{y} : \underset{\text{(Fig. 74)}}{Ap} \text{ und } PA : E = Ap : f. \text{ (s. Fig. 74)}$$

$$Y : E = y : f \qquad \text{oder } Y = E \cdot \frac{y}{f}$$

179. **Die Wichtigkeit der Raumkoordinaten.** Die Raumkoordinate E ist bei unserer Entfernungsmessung die wichtigste von allen (s. Fig. 74). In dem Ausdruck $E = \frac{AB \cdot f}{a}$ sind AB und f für ein und dasselbe Stereogramm konstante Größen, die wir mit großer Genauigkeit bestimmen bzw. einhalten können. Es bleibt deshalb E in hohem Grade abhängig von a, das ein sehr kleines Maß ist und daher sehr genau sein muß.

Die Fälschung von a kann nun sowohl bei der Aufnahme des Normal-Stereogramms als auch bei dessen Ausmessung eintreten. Da a die Differenz $x - x'$ darstellt, ist jede Ursache bei der Fabrikation des Photo-

---

[1]) Folgende Benennung hat sich beim stereoskopischen Meßverfahren so eingebürgert.

theodoliten oder dessen Handhabung, welche x oder x′ ändert, eine Fehlerquelle für unsere Entfernungsmessung. Nur solche Fehler, die x und x′ im gleichen Maße und Vorzeichen ändern, die also a unverändert lassen, sind verhältnismäßig unschädlich für den Meßvorgang.

Eine Vorstellung davon, mit welcher Schärfe wir bei der Aufnahme a herzustellen haben, erhalten wir, wenn wir untersuchen, mit welcher Genauigkeit wir a dem Stereogramm mittels des Stereokomparators zu entnehmen vermögen. Diese Untersuchung wird später erfolgen (188). Die dort gefundene Genauigkeit von etwa 0,002 mm müssen wir auch bei der Aufnahme anstreben, denn sonst hätte die Schärfe der Ausmessung des Stereogramms mit dem Stereokomparator keinen praktischen Zweck.

180. Die Raumkoordinate X. Die Proportion X : E = x : f zeigt, daß X : E ebenso den Horizontalwinkel δ (Fig. 74) ausdrückt, wie x : f.

Da wir X aus $\frac{E\,x}{f}$ bilden, so überträgt ein Fehler des E sich so auf X, daß der Horizontalwinkel unverändert bleibt. Wir erhalten also durch die Raumkoordinate X im Verein mit E auf jeden Fall den Horizontalwinkel δ mit der Schärfe, die $\sphericalangle\ \delta$ aus x : f erhält

Wir begnügen uns in der Topographie im allgemeinen mit einer Richtungsgenauigkeit von etwa 1′. Nehmen wir f = 127 mm und als fehlerfrei an, so müssen wir, um $\sphericalangle\ \delta$ auf 1′ genau zu erhalten, x auf 0,04 mm genau messen. Das ist schon früher bei der einfachen Bildmessung erreichbar gewesen und bereitet daher bei der stereoskopischen Messung keinerlei Schwierigkeiten.

181. Die Raumkoordinate Y. Die Proportion Y : E = y : f drückt nicht den Vertikalwinkel von A nach P aus, sondern jedes Glied der Proportion bestimmt die Projektion dieses Winkels auf die durch A gehende Hauptvisierebene. Es ist

$$\mathrm{tg\ Vertikalwinkel} = \frac{y}{\sqrt{f^2 + x^2}} \quad \ldots\ldots\ldots \quad (109)$$

und analog

$$\mathrm{tg}\ \text{,,} = \frac{Y}{\sqrt{E^2 + X^2}}.$$

Die Genauigkeit des Vertikalwinkels hängt also hauptsächlich von der Schärfe ab, mit der y, f und x gemessen sind.

Begnügen wir uns wieder mit einer Winkelgenauigkeit von 1′, so müssen wir bei fehlerfreien x und f von 127 mm y auf 0,04 mm genau messen. Dies ist natürlich ebenfalls leicht zu erreichen.

Die Raumkoordinate Y ist aber auch die relative Höhe zwischen A und P (s. Fig. 75). Diese leidet, sobald E gefälscht ist, und zwar im gleichen Verhältnis mit E.

Ist Y_d der Höhenfehler und E_d der Entfernungsfehler, so ist:

$$Y_d : Y = E_d : E \quad \text{oder} \quad Y_d = \frac{Y}{E} \cdot E_d .$$

182. **Die Meßelemente des Normal-Stereogramms.** Die Formeln der Raumkoordinaten E, X und Y (178) enthalten die im Normal-Stereogramm zu bestimmenden Größen. Es sind dies:

f die Brennlänge der Kamera (s. Fig. 74). (In der Regel bei der Fabrikation der Kamera gemessen.)

A B die Basis (s. Fig. 74). (Im Felde zu messen.)

$\sphericalangle$ V A B = $\sphericalangle$ V′ B A = 90° (s. Fig. 74). (Im Felde zu messen.)

a die Bilddifferenz x, y die Bildkoordinaten des linken Bildes (s. Fig. 73 und 74)	(Im Zimmer mit dem Stereokomparator zu messen.)

Zum Einpassen des Stereogramms in ein gegebenes Dreiecksnetz sind ferner im Felde topographisch zu bestimmen:

Der Standort A und seine absolute Höhe [1]).

Die Richtung der Basis und der Höhenunterschied ihrer Endpunkte.

183. **Die Einrichtung des Stereokomparators** ist dementsprechend so getroffen, daß a, x und y (182) unmittelbar an seinen Maßstäben abzulesen sind. Wünscht man aus besonderen Gründen die Bildkoordinate x′ (des rechten Bildes) für einen Punkt zu erfahren, so muß sie aus $x - x' = a$ gebildet werden. Man erhält $x' = x - a$.

Wünscht man die Höhe des Punktes doppelt zu errechnen, so braucht man auch y′ (des rechten Bildes). Es gibt Stereokomparatoren, die an einem Maßstabe direkt $y - y' = c$ abzulesen gestatten. In diesem Falle bildet man y′ aus $y - c$. Ist dies nicht der Fall, so bietet sich die Möglichkeit, y′ an dem für y bestimmten Maßstabe zu messen. (Des näheren kann auf die Messungen mit dem Stereokomparator erst im II. Teil eingegangen werden. Es sollte hier nur kurz angedeutet werden, daß seine Meß-Einrichtungen sich ohne weiteres aus den Meßelementen des Normal-Stereogramms (182) erklären.)

184. **Der Nutzen des Raumkoordinatensystems** liegt im wesentlichen auf dem Gebiete der Bildkonstruktion. Um die aus den Meßelementen des Stereogramms (182) zu bildenden Dreiecke nicht errechnen oder mit feinen Transporteuren konstruieren zu müssen, welch letzteres ohnehin guten Erfolg nicht verspricht, greifen wir zu dem Raumkoordinaten System. Mittels dieses können wir die Konstruktion aller Punkte

[1]) Man kann, falls auf A Bestimmungen nicht möglich sind, auch B statt dessen bestimmen. A ist aber der Punkt, auf den man später die Konstruktion bezieht. Bestimmt man B, so muß man mit Hilfe der Basisrichtung, Länge und relativen Höhe Punkt A errechnen.

in größter Schnelligkeit und Genauigkeit mit den allereinfachsten Zeichenmitteln durchführen.

(Die Konstruktionsarbeiten werden indessen erst im II. Teile eingehender beschrieben werden, weshalb wir uns mit dieser kurzen Andeutung hier begnügen müssen.)

185. **Ein Fehler an der Parallelität der Kameraachsen** fälscht in hohem Maße die Raumkoordinate E.

In Fig. 76 sei A V und B V′ die Normalstellung der Kameraachsen bzw. der Haupt-Kamera-Visiere, bei dieser Stellung sei die Bilddifferenz

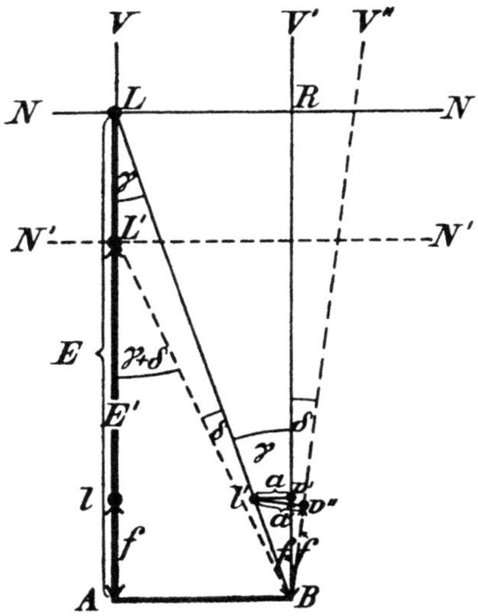

Fig. 76.
Der Fehler an der Parallelität der Kameraachsen.

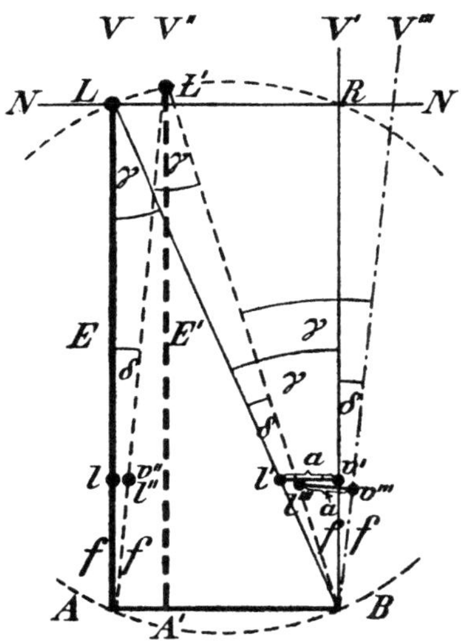

Fig. 77.
Gleichmäßige Verschwenkung beider Kameraachsen.

des Punktes L = l′ v′ = a und $\operatorname{tg}\gamma = \frac{a}{f}$, woraus $E = \frac{A\,B}{\operatorname{tg}\gamma} = A\,L$ folgt.

Ist nun z. B. das Haupt-Kamera-Visier B V′ um $\sphericalangle\,\delta$ nach rechts verschwenkt, so erhalten wir für Punkt L die Bilddifferenz l′ v″ = a′.

$$\frac{a'}{f} \text{ ist aber } = \operatorname{tg}(\gamma + \delta).$$

Deshalb muß Punkt L nach L′ rücken, wo der Winkel an der Spitze $= \gamma + \delta$ ist.

Wir erhalten, wenn wir die Bilddifferenz für L = a′ statt a im Stereogramm messen, dabei aber so rechnen, als sei die rechte Kameraachse senkrecht auf A B, die falsche Raumkoordinate A L′ = E′ und damit auch die falsche Vertikalebene N′ N′ gleicher Bilddifferenzen.

Es ist auch aus Fig. 76 ersichtlich, daß der Verschwenkungswinkel δ sich unmittelbar auf die Spitze des Dreiecks A B L überträgt. Wollen wir wissen, wie groß der Fehler E — E′ = L L′ wegen einer Achsenverschwenkung = $\sphericalangle\ \delta$ ist, so dürfen wir nur aus den gegebenen Strecken A B und E den Winkel γ bilden, diesen um den Verschwenkungswinkel δ ändern und mit $\gamma + \delta$ oder $\gamma - \delta$ sowie der Basis A B die Strecke E′ ausrechnen.

Fig. 76 zeigt auch, für welchen Sinn der Verschwenkung in die Rechnung entweder $\gamma + \delta$ oder $\gamma - \delta$ einzusetzen ist.

186. **Gleichmäßige Verschwenkung beider Kameraachsen,** bei der also die Parallelität derselben gewahrt bleibt, fälscht die Raumkoordinate E nicht in erheblichem Maße. In Fig. 77 sei A V und B V′ die Normalstellung der Kameraachsen bzw. der Hauptkamera-Visiere. Bei dieser Stellung sei die Bilddifferenz des Punktes L = l′ v′ = a und $\operatorname{tg} \gamma = \frac{a}{f}$, woraus $E = \frac{A\,B}{\operatorname{tg} \gamma} = A\,L$ folgt.

Sind nun beide Haupt-Kamera-Visiere A V und B V′ genau gleichmäßig um $\sphericalangle\ \delta$ verschwenkt, so sind A V″ und B V‴ parallel.

Nehmen wir an, ein Punkt L′ sei im linken Haupt-Kamera-Visier in l″ abgebildet, gegen das rechte Haupt-Kamera-Visier aber um l′ v′ = a nach links verschoben, also in l‴ abgebildet, so ist l‴ v‴ = l′ v′ = a, $\sphericalangle$ L′ B V‴ = $\sphericalangle$ L B V′ = $\sphericalangle\ \gamma$ und $\sphericalangle$ L B L′ = $\sphericalangle\ \delta$.

Dann ist aber auch $\sphericalangle$ A L′ B = $\sphericalangle\ \gamma$, und Punkt L′ liegt in dem durch A, B, L und R gedachten Kreise. Eine starke Verlegung der Ebene N N kann durch die gleichmäßige Verschwenkung der Kameraachsen bew. Haupt-Kamera-Visiere nicht eintreten, wenn bedacht wird, daß diese Verschwenkung = $\sphericalangle\ \delta$ einen Richtungsfehler bedeutet, den wir im allgemeinen bei der Topographie nicht größer als 1′ anzunehmen haben.

Berechnung der Veränderung der Raumkoordinate E wegen des Verschwenkungswinkels δ.

Die Veränderung ist = A′ L′ — A L = E′ — E

$$E' = A\,L' \,.\, \cos \delta \text{ wobei}$$

$$A\,L' = \frac{A\,B \,.\, \sin\left[R - (\gamma - \delta)\right]}{\sin \gamma} \text{ ist.}$$

Liegt Punkt L′ zwischen den Haupt-Kamera-Visieren, so ist $E' > E$, liegt L′ aber außerhalb derselben, so ist $E' < E$.

187. **Krümmung der Ebenen gleicher Bilddifferenzen.** Die Verschwenkung der Kameraachsen hat außer dem Richtungsfehler und dem Fehler an der Raumkoordinate E noch einen dritten Fehler im

Gefolge, der in der Krümmung der Vertikalebene N N liegt, die Punkte mit gleichen Bilddifferenzen enthält. Diese Ebene N N ist unter normalen Verhältnissen gerade und parallel zur Basis (176).

Eine eingehendere Erörterung dieser Erscheinung soll hier noch nicht erfolgen, diese soll vielmehr mit der Beschreibung der schiefwinkligen

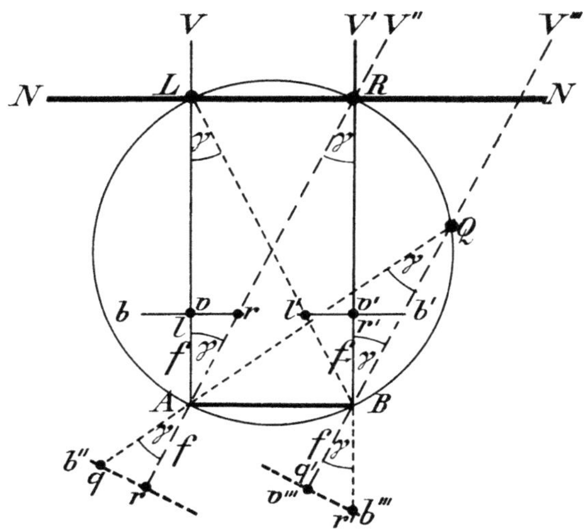

Fig. 78.
Krümmung der Ebenen gleicher Bilddifferenzen.

Stereo-Aufnahmen im II. Teil verbunden werden. Es möge hier eine flüchtige Andeutung genügen.

Ist in Fig. 78 durch die Haupt-Kamera-Visiere A V und B V′ das korrekte Normal-Stereogramm auf der Basis A B dargestellt, dessen Bilder b und b′ sind, so sind die Bilddifferenzen der Punkte L und R der gleichen Ebene N N einander gleich. Es ist also l r = l′ r′ und $\sphericalangle$ A L B = A R B = γ. Nur allein für die beiden Punkte L und R der Ebene N N dürfen die Winkel γ an der Spitze einander gleich sein.

Denken wir uns die Haupt-Kamera-Visiere parallel um $\sphericalangle \gamma$ verschwenkt, so daß sie in die Lage A V″ bzw. B V‴ kommen, so liegen die Bilder b″ und b‴ dieses Stereogramms nicht in einer Ebene, wohl aber parallel zueinander. Der Übersichtlichkeit wegen sind in der Figur die Bilder b″ und b‴ nach hinten heraus gezeichnet.

Denken wir uns durch A, B, R und L einen Kreis, so schneidet dieser das Haupt-Kamera-Visier B V‴ im Punkte Q. Verbinden wir Q mit A und verlängern die Linie bis an das Bild b″, so erhalten wir den Bildpunkt q.

Der Winkel A Q B ist $= \gamma$ als Peripheriewinkel über der Sehne A B.

$$\sphericalangle\, ARB = \sphericalangle\, q'Br' \text{ als Wechselwinkel}$$
$$\sphericalangle\, AQB = \sphericalangle\, qAr \quad \text{,,} \qquad \text{,,}$$
$$\overline{\sphericalangle\, q'Br' = \sphericalangle\, qAr} \text{ und } q'r' = qr.$$

Demnach sind die Bilddifferenzen für Q und R gleich. Die parallele Verschwenkung der Kameraachsen um $\sphericalangle\,\gamma$ hat also bewirkt, daß die Ebene N N gleicher Bilddifferenzen sich so gebogen hat, daß sie durch die Punkte R und Q geht.

Durch parallele Verschwenkung der Kameraachsen wird aus der Ebene gleicher Bilddifferenzen eine vertikal stehende zylinderartige Fläche[1], die durch die Basispunkte A und B geht. In einem so aufgenommenen Stereogramm erscheint die Ebene N N im Stereoskop tatsächlich wie eine gekrümmte Fläche (170).

Nehmen wir die parallele Verschwenkung nicht höher als 1′ an, so darf für die topographische Praxis die Ebene N N noch als gerade angesehen werden.

d) Erreichbare Genauigkeit des stereoskopischen Meßverfahrens.

188. **Erreichte Schärfe der Bilddifferenzen-Messung.** Wir wissen (179), daß die Genauigkeit des Verfahrens in erster Linie davon abhängig ist, mit welcher Schärfe das menschliche Augenpaar die Bilddifferenz $x - x' = a$ im Stereokomparator wahrzunehmen vermag. Dies ist von verschiedenen Faktoren abhängig. Es sprechen mit neben dem Sehvermögen: Die Schärfe der Bilder, die Form des Objekts und seine Beleuchtung, die Feinheit des Plattenkorns und die Mikroskop-Vergrößerung, unter der die Beobachtung bzw. Messung erfolgt.

Messungen von Bilddifferenzen mittels des Stereokomparators durch Topograph Karstens.

	mm	mm	mm	mm	mm	mm
	11,601	17,358	5,060	4,986	5,022	5,036
	,599	,358	,058	,982	,020	,036
	,602	,362	,062	,984	,023	,037
	,602	,359	,060	,983	,123	,035
	,601	,359	,060	,983	,125	,036
Mittel	11,601	17,359	5,060	4,984	5,023	5,036
Größter Fehler gegen das Mittel	0,002	0,003	0,002	0,002	0,003	0,001

[1] Es soll damit aber nicht gesagt sein, daß die Fläche einen kreisförmigen Querschnitt hätte. Näheres hierüber im II. Teil.

Vorstehende Reihen zeigen die Leistung eines guten Augenpaares bei der Messung von Bilddifferenzen aus guten Bildern (auf Chromoisolar-Negativplatten) unter 6 facher linearer Vergrößerung derselben.

Bei einem Phototheodoliten von 127 mm Brennlänge bedeutet diese Genauigkeit, daß die Winkel γ (Fig. 76—78) auf etwa 3—4″ genau gemessen werden können, falls die Meß-Elemente (182) sonst richtig aufgenommen sind. Hieraus ergibt sich schon eine gewisse Vorstellung für die erforderliche Präzision des Phototheodoliten und die notwendige Sorgsamkeit bei der Aufnahme der Stereogramme, wenn das Sehvermögen, die Schärfe der Basismessung und die photographische Platte voll ausgenützt werden sollen.

189. **Erreichte Meßgenauigkeit.** Durch eine große Anzahl von Stereogrammen, die mit Präzisions-Phototheodoliten (194) — gebaut bei der Firma Zeiß in Jena — aufgenommen wurden, konnten Messungen ausgeführt werden, die sich durch die Landestriangulation kontrollierten. Durch scharfe rechnerische Vergleiche der Stereomessung mit den Ergebnissen der Landestriangulation und unter Berücksichtigung der Gesetze über das Anwachsen der Entfernungsfehler (32 und 38) hat Verfasser eine Tabelle aufgestellt, aus der man einen Anhalt für die zu erwartenden Entfernungsfehler gewinnt.

Werden die Basismessung und die Aufnahme der Meßbilder mit großer Schärfe mittels des Präzisions-Phototheodoliten (194) durchgeführt, so werden die in der Tabelle 190 angegebenen Entfernungsfehler voraussichtlich nicht überschritten werden.

190. Tabelle.

Brennlänge f	Basislänge m	Auf eine Entfernung von m: 10	100	1000	10 000
		beträgt voraussichtlich der Entfernungsfehler m:			
127 mm	1	0,008	0,80	80,0	8000
(Mit dem Steigen der Brenn-	10	—	0,08	8,0	800
länge f nimmt proportional	100	—	—	0,8	80
der Entfernungsfehler ab)[1].	1000	—	—	—	8

(Diese Tabelle entspricht einem Fehler w = 16″ des Winkels γ an der Spitze — wobei die Basis als fehlerfrei angesehen wird. — Mit dem Steigen der Brennlänge f nimmt der Winkelfehler w proportional ab.)[1]

Diese Tabelle bedeutet also, daß die Winkel γ (Fig. 76—78) praktisch auf etwa 16″ genau bestimmt worden sind (wenn durch die Basis

[1]) Wobei vorausgesetzt wird, daß größere Präzisions-Phototheodolite an Fabrikationsschärfe den kleineren nicht nachstehen.

kein Entfernungsfehler erzeugt wurde). Da aber ein geringer Entfernungsfehler auch aus der Basismessung resultieren muß, so darf man die erreichte Genauigkeit der Winkel γ eher höher als geringer wie 16″ einschätzen.

191. **Einschränkungen.** Die in der Tabelle 190 angegebenen Genauigkeitswerte sind durch Versuche in Deutschland gewonnen. Die gemessenen Vergleichsobjekte lagen in den Bildern meistens in nächster Nähe des Horizontalfadens. Es ist fast niemals vorgekommen, daß das Vergleichsobjekt am oberen oder unteren Plattenrande gelegen hätte. Es muß deshalb hier schon auf einen Umstand hingewiesen werden, der für die Beurteilung des an Meßgenauigkeit Erreichbaren von Wichtigkeit ist. Sowohl in der Fabrikation des Phototheodoliten als auch in seiner Handhabung liegen Fehlerquellen, welche die Meßgenauigkeit in verschiedener Weise beeinflussen. Es wird später bei Beschreibung dieser Fehlerquellen nach Möglichkeit gesagt werden, wie groß sie sind, und in welchen Richtungen sie fortschreiten.

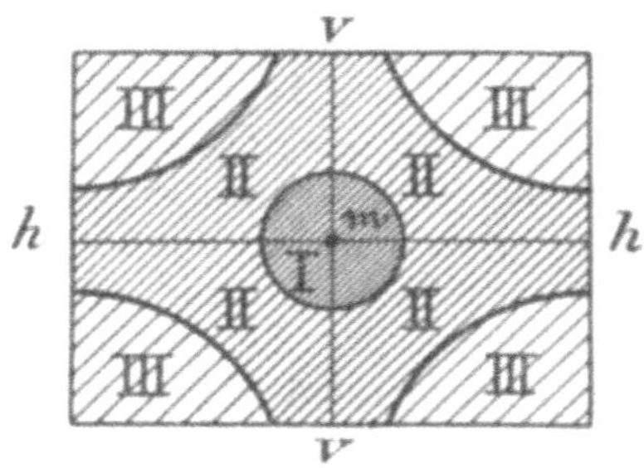

Fig. 79.
Zonen verschiedener Meßgenauigkeit.

Es möge hier vorläufig eine allgemeine Angabe genügen. Am genauesten bei sonst gleichen Apparaten und Hantierungen fallen die Messungen für diejenigen Objekte aus, die nahe dem Fadenkreuz m (Fig. 79) abgebildet sind, die also in der kreisförmigen Zone I liegen. Dann kommt eine zweite Zone geringerer Genauigkeit, die sich an den Horizontal- und Vertikalfaden anschließt, und dann eine dritte Zone geringster Genauigkeit, die die Ecken der Platte umschließt.

Hiermit soll nicht gesagt sein, daß in der engsten Zone I die Fehler auf jeden Fall minimal wären. Es gibt auch Fehler, die schon auf die Punkte in der Zone I einwirken, wie z. B. der Fehler an der Parallelität der Kameraachsen (185). Fig. 79 deutet nur an, wie im Stereogramm der durch das Instrument und seine Bedienung begründete summarische Entfernungsfehler fortschreitet, je nach Lage der abgebildeten Objekte auf der Platte.

192. **Nutzen dieser Meßgenauigkeit.** Die Tabelle 190 lehrt, welche hohe Genauigkeit wir im Entfernungsmessen durch das stereoskopische Verfahren erreichen können. Auf eine Entfernung von der 100 fachen Basislänge haben wir bei 1 m Basis nur mit 0,8 m, bei 10 m Basis mit 8,0, bei 100 m Basis mit 80 m Entfernungsfehler zu rechnen. Man kann sich hiernach leicht ausrechnen, mit welch geringen Fehlern die Pläne

Fig. 7 (Moltke), Fig. 11 (Meereswellen), Fig. 15 (Liefdebucht) behaftet sind.

In dieser letzteren Aufnahme kamen Basen von etwa 150 m zur Anwendung. Auf 10 km Entfernung sind die Messungen daher um etwa 50 m falsch, auf 20 km um etwa 200 m. Das macht in der Originalkonstruktion der Liefdebucht im Maßstabe 1 : 100 000 auf 20 cm Strecke einen Fehler von 2 mm. Man wird zugeben, daß das für erste Topographien, bei denen die zu messenden Objekte nicht betreten werden, eine recht brauchbare Entfernungsmessung ist. Ähnlich liegen die Verhältnisse bei Topographien auf kürzere Entfernungen, wie sie z. B. bei Spezialaufnahmen für Geologie und Eisenbahnbau vorkommen.

Entfernt man sich bei diesen letzteren Aufnahmen vom Objekt etwa 500 m und arbeitet mit einer Basis von etwa 25 m, so hat man zu erwarten, daß die Entfernungen auf etwa 0,8 m richtig gemessen werden — ohne daß irgendein Punkt des Objekts betreten wird. — Auch dies ist sicher eine ausreichende Wirkung.

Der hohe topographische Wert des stereoskopischen Meßverfahrens, der bereits geschildert ist (24—28), wird jetzt hinreichend bewiesen sein.

Würde man aber die geschilderte Meßgenauigkeit nicht erreichen, wäre z. B. die Genauigkeit der Winkel γ statt 16″ (190), etwa = 2′, wie das bei Verwendung gewöhnlicher Phototheodolite der Fall sein würde, so betrügen die Entfernungsfehler etwa das Achtfache des in Tabelle 190 dargestellten. Dann wären die Fehler aber so groß, daß für größere Strecken der Nutzen der stereoskopischen Meßmethode nahezu gleich Null wäre.

193. **Anforderungen an die Aufnahme der Stereogramme.** Sie liegen in den Bedingungen, welche für die Gültigkeit der Tabelle 190 bereits dort genannt sind, und seien hier nochmals zusammengestellt:

Verwendung von Präzisions-Phototheodoliten.

Sorgfältigste Handhabung derselben bei der Aufnahme.

Hinreichende Genauigkeit der Basismessung.

Wird an einem dieser Punkte nicht das Mögliche geleistet, so verliert die Tabelle 190 ihre Gültigkeit. Scheinbar unbedeutende Umstände verursachen schon große Entfernungsfehler. Wird die Beschaffung der Instrumente und ihre Bedienung leicht genommen, so geht der Nutzen stereoskopischer Messung verloren. Die Fehler wachsen so rapide und so unregelmäßig, daß, wenn für die Messungen Kontrollen nicht bestehen, wie das bei der geographischen Forschung häufig der Fall sein wird, dann aus dem Stereogramm der unglaublichste Unsinn herausgemessen werden kann. Und man glaubt dann vielleicht gar, am Stereogramm ein Beweisdokument für die Richtigkeit der Messungen in Händen zu haben. Das ist aber nicht der Fall. Das Stereogramm kann nur erweisen, daß die ermittelten Bildkoordinaten (182) richtig gemessen sind. Die Richtigkeit der Raumkoordinaten ist durch das Stereogramm keineswegs erwiesen. Ein Beweis für die Richtigkeit der Messung liegt nur in der Kontrollmessung. Deshalb müssen alle Messungen, die der Kontrolle entbehren, mit ganz besonderer Peinlichkeit und Gewissenhaftigkeit gemacht werden. Es ist echt topographisch, jede Messung nur einmal zu machen. Echt topographisch ist aber auch: Verwendung bester Meßinstrumente, größte Sorgfalt bei der Meßarbeit und ein volles Verständnis für den gesamten Meßvorgang.

Wir können uns deshalb nicht allein mit der folgenden Beschreibung des Präzisionsphototheodoliten und seiner scheinbar höchst einfachen Handhabung begnügen. Wir müssen das Instrument und unsere Handlungen damit später noch vollständig auf alle möglichen Fehler durchforschen, um klar darüber zu werden, welchen hohen Anforderungen das Instrument und unsere Meßarbeit tatsächlich genügen müssen, damit die in der Tabelle 190 aufgeführten Genauigkeitswerte erreicht werden.

e) Beschreibung des Präzisions-Phototheodoliten.

194. Das Prinzip eines Universal-Phototheodoliten ist bereits bei der einfachen Bildmessung beschrieben worden (124). Mit einem solchen Instrument ließe sich zwar prinzipiell das Normal-Stereogramm auch aufnehmen, doch besäße dies nicht die für uns vorbildliche Meßgenauigkeit (190).

Wir bedürfen zur Aufnahme des Normal-Stereogramms eines Spezialinstruments, dem eine besondere Präzision für seinen Sonderzweck innewohnt. Dieses Spezialinstrument wollen wir „Präzisions-Phototheodolit“ nennen. Wir wissen vom Normal-Stereogramm, daß es für topographische Verhältnisse nur bei senkrechter Stellung der Bildebene aufgenommen werden darf (171). Dementsprechend ist die Kamera des Präzisions-Phototheodoliten fest mit der Vertikalachse verschraubt, und zwar so, daß die Bildebene senkrecht steht, sobald die Vertikalachse senkrecht gestellt ist.

Eine weitere Spezialität muß unser Instrument besitzen, um in einfachster Weise die Kameraachsen senkrecht auf die meist recht kurze Basis zu stellen. Das wird prinzipiell auf folgende Weise erreicht: Quer über die Kamera wird ein vertikal durchschlagbares Fernrohr so gelegt, daß sein Visier durch die Vertikalachse geht und mit der Kameraachse einen Winkel von 90^0 bildet. Zum Instrument gehören mindestens zwei identische Stative, jedes mit Dreifuß, Dosenlibelle und Zielspitze ausgestattet. Die identischen Dreifüße haben eine Buchse, deren Vertikalachse senkrecht steht, sobald die Dosenlibelle einspielt. In diese Buchse kann der Phototheodolit sowohl als auch die Zielspitze genau zentrisch eingesetzt werden. Setzt man z. B. den Phototheodoliten in den linken

Dreifuß, die Zielspitze in den rechten (s. auch Fig. 82) und visiert nach Feststellung der Stative und Vertikalstellung der Vertikalachsen auf beiden Dreifüßen mit dem Fernrohr nach der Zielspitze, so steht die Kameraachse auf der Basis, die durch die beiden Vertikalachsen der Dreifüße fixiert ist, senkrecht. Dies ist der Fall, weil das Fernrohr-Visier die Kameraachse unter einem fest eingestellten Winkel von 90° schneidet. In dieser Stellung des Phototheodoliten, der natürlich mit seinen Libellen noch besonders fein horizontiert ist, nimmt man ein Bild auf. Dann vertauscht man in den Dreifüßen, die dabei aber nicht verschoben werden dürfen, Phototheodolit und Zielspitze, wobei das Fernrohr nun durchgeschlagen werden muß, um zurücksehen zu können.

Visiert man nach feiner Horizontierung des Phototheodoliten jetzt nach der Zielspitze auf dem anderen Stativ, so steht die Kameraachse wieder senkrecht auf der durch die Vertikalachse der Dreifüße fixierten Basis. In dieser Stellung wird das zweite Bild des Stereogramms aufgenommen.

Mit dieser einfachen Einrichtung ist das Normal-Stereogramm schnell und sicher aufzunehmen.

Für die noch erforderliche Basismessung und topographische Ortsbestimmung hat der Präzisions-Phototheodolit nach Bedarf noch besondere Einrichtungen, aus denen sich die Typen des Instruments ergeben.

Die Typen des Präzisions-Phototheodoliten.

195. Wir unterscheiden:
Feld-Phototheodolite und
Stand-Phototheodolite.

196. **Feld-Phototheodolite.** Sie dienen zur Aufnahme des Normal-Stereogramms von feststehenden Objekten und an beliebigen Standorten auf festem Boden und sind gleichzeitig zur Erledigung der topographischen Nebenarbeiten — Basismessungen, Einschneiden des Standortes, Hilftstriangulationen, magnetischen Azimutbestimmungen — eingerichtet. Die Instrumente sind klein und möglichst leicht gebaut. Das Fernrohr ist durchschlagbar und eingerichtet zum Messen von Horizontal- und Vertikalwinkeln, die an Teilkreisen (meistens auf 1 Minute genau) abgelesen werden.

Gleichzeitig aber bildet das Fernrohrvisier mit der Kameraachse einen konstanten Winkel von 90°, weshalb die Kamera sich mit dem Fernrohr bewegen, der Horizontalkreis also unter der Kamera liegen muß. Zur Messung magnetischer Azimute dient eine einfache Orientierbussole — ohne Kreis —, wie sie bei der Kippregel (Fig. 2) üblich ist. Die Zeigerlinie der Orientierbussole läuft parallel mit dem Fernrohrvisier.

Für Basismessungen ist die Feinschraube zur Horizontalbewegung des Fernrohres als Meßschraube (Distanz-Mikrometer) ausgebildet.

In den meisten Fällen werden mit Feld-Phototheodoliten Landschaften, Felspartien, Städtebilder, Baulichkeiten usw. aufgenommen. — Man kommt deshalb mit einem einzigen Instrument aus, zu dem aber mindestens zwei identische Stative gehören. Die beiden zum Normal-Stereogramm gehörigen Bilder müssen in diesen Fällen nacheinander unter Umsetzen des Instruments aufgenommen werden. Will man bewegliche Objekte im Felde aufnehmen, so muß man zwei identische Feld-Phototheodolite auf beiden Basisendpunkten zu gleicher Zeit betätigen. Da es sich dann um momentane Erscheinungen handelt, müssen die Instrumente lichtstarke Objektive haben, was sonst bei einzeln gebrauchten Feld-Phototheodoliten gegenüber feststehenden Objekten nicht nötig ist. Auch müssen gleichzeitig zu betätigende Instrumente mit elektrischen Leitungen und Momentverschlüssen versehen sein, damit die Aufnahmen mit beiden Apparaten im genau gleichen Momente erfolgen können.

197. **Stand-Phototheodolite.** Diese Instrumente dienen zur Aufnahme des Normal-Stereogramms auf beweglichen Standorten, z. B. auf einem Schiffe, oder zur Aufnahme beweglicher Objekte auf festem Standort. Auf dem Schiffe sind die Aufstellungspunkte für immer fest bestimmt. Die Basis ist daher nur einmal zu messen, und die Instrumente brauchen hierfür keine Einrichtung zu besitzen. Ebensowenig hätte es Zweck, Teilkreise mit dem Fernrohr in Beziehung zu bringen, weil feinere Winkelmessungen bei der Bewegung des Schiffes nicht möglich sind. Dagegen kommen bei Stand-Phototheodoliten immer nur Momentaufnahmen in Betracht, es müssen daher stets gleichzeitig zwei Instrumente mit lichtstarken Objektiven und elektrischen Momentverschlüssen betätigt werden. Die Notwendigkeit, an beiden Basisendpunkten gleichzeitig je ein Instrument aufstellen zu müssen, macht es überflüssig, daß das Fernrohr durchschlagbar ist. Das Fernrohr wird deshalb bei Stand-Phototheodoliten auf dem Deckel der Kamera festgeschraubt, was natürlich seine vertikale Kippung ausschließt. Diese wird aber auch nicht dringend gebraucht, weil die beiden festen Stände in gleiche Höhe gelegt werden können.

Geringe Höhenunterschiede sind durch den Gesichtswinkel des Fernrohres zu überwinden. Zu diesem Zwecke muß der Vertikalfaden der Fernrohre sehr genau senkrecht stehen — wie der Vertikalfaden des Phototheodoliten. Bei dieser Einrichtung der Stand-Phototheodolite ist ein Vertauschen der Instrumente bezüglich links und rechts auf der Basis unmöglich. Sie erhalten deshalb eine deutliche Bezeichnung „L“ bzw. „R“.

Ganz ähnlich müssen die Instrumente eingerichtet sein, wenn sie zur Aufnahme beweglicher Objekte, z. B. von Meereswellen am Strande, Wolkengebilden, Sternschnuppen usw. auf vorbereiteten Ständen auf fester Erde bestimmt sind. Zum Typus der Stand-Phototheodolite gehören auch Apparate, mit denen bewegliche Körper

Fig. 80.

Stereometer - Kamera.

(Plattenformat 13 × 18 cm, Brennlänge f = 150 mm und Basis = 70 mm.) B Bodenplatte; E Stellschraube mit Flügelschraube (F) und Überfangsschraube zum Festhalten des Dreifußes; T Teilkreis; O die beiden Objektive; S der Schlitten, auf dem das Objektivbrett in der Richtung der Achse bewegt wird; H Handhabe hierfür mit Klemme (auf der anderen Seite der Kamera); L Dosenlibelle; N zwei Schieber, jeder mit den Zahlen 1—9 zum Numerieren der Platten; G ein Hebel für die Betätigung des Kassettenrahmens beim Einschieben der Kassette (der gleiche Hebel befindet sich auf der anderen, linken Seite der Kamera).

aus freier Hand auf kurze Entfernungen aufgenommen werden sollen, wie z. B. Menschen, Tiere usw. Bei derartigen Apparaten fallen die beiden sonst getrennten Stand-Phototheodolite in ein einziges Instrument zusammen (162).

198. **Die Stereometer-Kamera** ist ein derartiges Instrument (siehe Fig. 80), konstruiert von Dr. Pulfrich und zur Vermessung von Menschen,

Tieren und Geräten auf kürzere Entfernungen bestimmt. Fig. 7—10 zeigen die Aussichten, die sich beim Gebrauche der Stereometer-Kamera eröffnen. Es muß dabei noch berücksichtigt werden, daß mit der Stereometer-Kamera das in Fig. 7—10 Vorgeführte am lebenden Objekt erreicht werden kann, auch, daß das Instrument im ganzen auf einem Horizontalkreis steht, wodurch es eine Art von Feld-Phototheodolit wird. Damit wird erreicht, daß Aufnahmen von verschieden Seiten ein und desselben Objekts leicht in das richtige gegenseitige Verhältnis zu rücken sind — vorausgesetzt, daß es so lange feststeht, oder daß mehrere Stereometer-Kameras gleichzeitig betätigt werden [1]).

199. **Modelle.** Innerhalb der vorgenannten Typen sind noch verschiedene Modelle des Präzisions-Phototheodoliten zu unterscheiden, die sich hauptsächlich aus der Brennlänge f und aus dem Format der photographischen Platten erklären.

Die Vergrößerung der Brennlänge f bewirkt, daß die Zeichnung des vom Objektiv entworfenen Bildes an Größe zunimmt. Ist f = 25 cm so sagt man, das Bild hat einfache Vergrößerung. Bei f = 50 cm ist die Zeichnung des Bildes linear doppelt so groß, wir sprechen in diesem Falle von zweifacher Vergrößerung. In demselben Sinne ergeben f = 12,5 cm halbfache, f = 175 cm siebenfache Vergrößerung usw.

Der Bildwinkel ist derjenige Teil des vom Objektiv der Kamera aus gedachten Gesichtswinkels, welcher in der Kamera auf der Platte zur Abbildung kommt.

Je größer bei gleichbleibender Platte die Brennlänge f wird, desto kleiner wird der Bildwinkel. Er nimmt ungefähr in dem Maße ab, in dem f zunimmt.

Die Größensteigerung der Platte bei gleichbleibender Brennlänge bewirkt eine Vergrößerung des Bildwinkels.

Vorteilhaft für die Bildmessung ist sowohl die Steigerung der Vergrößerung als auch diejenige des Bildwinkels; die eine wirkt aber der andern entgegen. Die Modelle des Präzisions-Phototheodoliten lassen sich deshalb fast nur durch genaue Zweckbestimmung und durch praktische Versuche feststellen.

Im allgemeinen haben die Präzisions-Phototheodolite wegen der Auswertung der Aufnahmen unter mikroskopischer Vergrößerung ein erheblich kleineres Plattenformat als die älteren Phototheodolite für die einfache Bildmessung.

Es würde zu weit führen, alle Modelle an Präzisions-Phototheodoliten zu beschreiben, die schon gebaut worden sind. Wir wählen für die Beschreibung dasjenige Modell des Feld-Phototheodoliten, welches sich in der Praxis für viele topographische Zwecke bewährt hat.

---

[1]) S. „Archiv für Optik", 1. Band, Heft 1.

Die Stand-Phototheodolite sollen wegen ihrer Einfachheit nicht mehr besonders beschrieben werden. Sie erklären sich aus dem Bilde (Fig. 83) von selbst, sobald der Feld-Phototheodolit verstanden ist. Wo sich für die Stand-Phototheodolite jedoch Gesichtspunkte von grundsätzlicher Bedeutung ergeben, wird dies bemerkt werden.

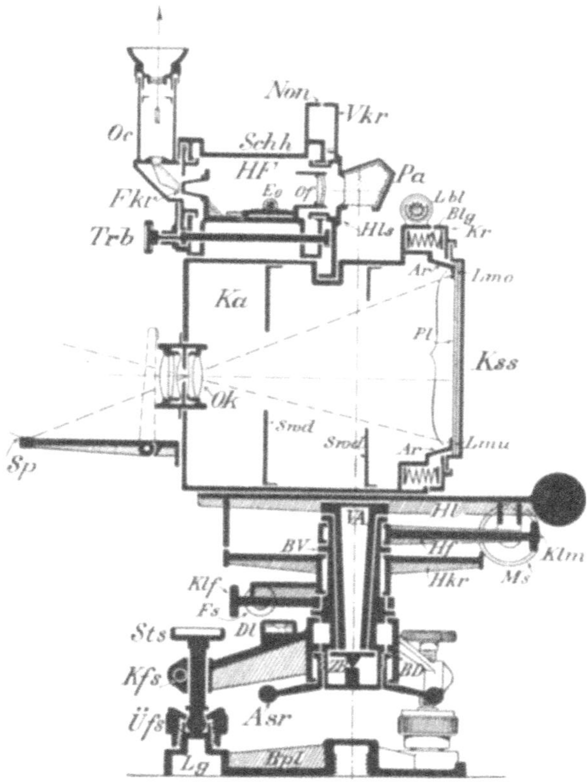

Fig. 81.
Feld-Phototheodolit (9 × 12 cm und f = 127 mm) der Firma Carl Zeiß-Jena. (Vertikalschnitt.)

Beschreibung eines Modells des Präzisions-Phototheodoliten.

200. Es soll hier ein von der Firma Zeiß-Jena gebauter Feld-Phototheodolit vom Plattenformat 9 × 12 cm und der Brennlänge f = 127 mm vorgeführt werden. Daneben wird ein Paar sehr ähnlicher Stand-Phototheodolite zur Darstellung kommen, das ebenfalls bei der Firma Zeiß gefertigt ist.

Fig. 82.
Feld-Phototheodolit (9×12 cm und f $=$ 127 mm) mit 3 Stativen und Meßlatte (älteren Systems) der Firma Carl Zeiß-Jena.

201. **Bestandteile.**

Stativ mit Bodenplatte.

Dreifuß mit Stellschrauben, Dosenlibelle, Zielspitze und Zielscheibe.

Vertikalachse mit Buchse.

Horizontalkreis.

Horizontalbewegung mit Meßschraube.
Kamera mit Objektiv.
Libellen.
Fernrohr.
Vertikalkreis.
Orientierbussole.
Zubehör.

Fig. 83.
Stand-Phototheodolite (9 × 12 cm und f = 127 mm) der Firma Carl Zeiß - Jena.

202. **Stativ mit Bodenplatte** (s. Fig. 81, 82 und 83). Zu jedem Feld-Phototheodoliten gehören mindestens zwei Stative (194). Diese sollen leicht und doch fest sein. Die hölzernen Beine haben am oberen Ende Hülsen, die durch eine Brücke verbunden sind. An dieser befinden sich, etwa 15 cm voneinander entfernt, zwei Kugeln, die durch Platte und Klemmschraube in entsprechende Lager der gegossenen Bodenplatte gedrückt werden. Da die Beine nachtrocknen, müssen die Hülsen nachzuziehen sein. Auch in den Schuhen werden die Holzbeine leicht lose. Schuhe und Fußtritte sollten so konstruiert sein, wie das bei den Stativen der Landesaufnahme gebräuchlich ist. Die

Klemmschrauben und Platten gehen auf dem Transport leicht verloren. Die Schrauben bedürfen daher irgendeiner Vernietung. Zwischen den Stativbeinen befinden sich große Säcke aus braunem Segelleinen, welche zur Erhöhung der Standsicherheit der Stative mit Sand oder Steinen gefüllt werden können. Diese Einrichtung hat sich auf losem und Fels-Boden sehr bewährt.

Die gegossene Bodenplatte trägt 3 Lager für die Stellschrauben des Dreifußes. Die Lager sind als breite Nuten in zylindrische Zapfen Lg eingeschnitten, die außen ein Gewinde für eine Überfangschraube Üfs haben. Diese Einrichtung zur Befestigung des Dreifußes am Stativ ist gewählt, damit der Stengelhaken fortfällt. (Es scheint, als wenn sie einen Fortschritt nicht bedeutete). Die Bodenplatte wird auch als Doppelplatte fabriziert. Diese Einrichtung bezweckt, daß die die Stellschraubenlager tragende Platte Bpl um mehrere Zentimeter im Kreise auf dem Stativ verschoben werden kann, um ein schnelles Zentrieren der Vertikalachse des Instruments über einem gegebenen Punkte zu ermöglichen.

Für topographische Zwecke hat diese Einrichtung keine besondere Bedeutung. Für die mit dem Stereogramm erstrebte Entfernungsmeßschärfe ist die Einrichtung ganz bedeutungslos [1]), deshalb genügt es, wenn unter einer Gesamtausrüstung sich ein einziges Stativ mit verschiebbarer Bodenplatte befindet.

203. **Dreifuß** mit Stellschrauben, Dosenlibelle, Zielspitze und Zielscheibe. Der Dreifuß steht beim Präzisions-Phototheodoliten als selbständiger Verbindungsteil zwischen Instrument und Stativ da. Er soll fest mit dem Stativ verbunden sein, dabei aber das Vertikalstellen der Vertikalachse des Instruments gestatten und außerdem, daß diese gegen die Vertikalachse eines anderen Rotationskörpers, der Zielspitze, kurzerhand auszuwechseln ist. Beide Achsen sollen in beliebiger Folge einander ersetzen, ohne daß eine Veränderung ihrer Stellung im Raum erfolgt. Es soll damit für den Zweck der topographischen Entfernungsmessung die Umständlichkeit zentrischer Aufstellung der Vertikalachse des Instruments über einem gegebenen Punkte vollständig beseitigt werden. Dies ist in folgender Weise erreicht worden:

Der Dreifuß hat eine sorgfältig ausgedrehte Buchse BD. Steckt man in diese mit einem Zentrierzapfen ZB die Vertikalachse VA des Instrumentes, schraubt sie mittels des Anschrauberinges Asr fest und richtet sie mit den Libellen vertikal (240), so steht auch die Drehachse der Dreifußbuchse BD vertikal. Die mit dem Dreifuß verbundene Dosenlibelle Dl muß bei dieser Stellung des Dreifußes genau ein-

[1]) Es kommt beim Normal-Stereogramm ja allein nur darauf an, daß die Kameraachsen senkrecht auf der Basis stehen. und daß die Länge der Basis genau gemessen ist. So, wie sich die Basis nach Aufstellung der Stative ergibt, wird sie genommen.

spielen, andernfalls justiert werden. Ist dies der Fall bzw. geschehen, dann kann der Dreifuß auch ohne Einsetzen des Phototheodoliten mit seiner Dosenlibelle so gestellt werden, daß die Drehachse seiner Buchse vertikal steht. Steckt man die Zielspitze Zs (Fig. 84) mit ihrem Zentrierzapfen in die Buchse BD und schraubt sie mit dem Anschraubering Asr fest, so steht auch die Drehachse der Zielspitze vertikal. Sorgt man nun noch dafür, daß der Dreifuß recht fest am Stativ sitzt, so kann man die Zentrierzapfen von Zielspitze und Phototheodolit, also auch die Vertikalachsen beider Teile kurzerhand austauschen.

Hat man auf einem der Basisendpunkte zuerst die Zielspitze mit der Dosenlibelle vertikal gestellt, und man setzt nachher den Phototheodoliten in den Dreifuß, so wird es nötig, die Vertikalachse des Instruments mit seinen Libellen noch feiner senkrecht zu stellen, weil die Dreifußachse mittels der Dosenlibelle nur grob vertikal gestellt ist. Dadurch wird die Vertikalachse der Dreifußbuchse aber noch ein wenig geändert. War jedoch die Dosenlibelle vorher in guter Justierung, so ist diese geringe Bewegung der schon einmal angeschnittenen Vertikalachse nicht von erheblicher Bedeutung, da die Zielspitze nur kurz ist. Aus diesem Grunde empfehlen sich lange Zielspitzen oder Zielstäbe nicht, wie sie mehrfach zur Überwindung von Hindernissen bei der Sicht verlangt worden sind.

Bei Stand-Phototheodoliten ist, wie Fig. 83 zeigt, der Dreifuß mit dem Instrument fest verbunden. Die Vertikalachse läßt sich nicht aus dem Dreifuß herausnehmen, weil ein Vertauschen von Phototheodolit und Zielspitze hier nicht in Frage kommt. Statt der Zielspitze steht hier ein zweiter Phototheodolit, auf dem die Vertikalachse durch einen kleinen runden Visierstift sichtbar gemacht ist. Demenstprechend fehlt bei Stand-Phototheodoliten eine auswechselbare Zielspitze und die Dosenlibelle.

Die Dreifuß-Konstruktion dürfte noch verbesserungsbedürftig sein. Den Stellschrauben wird bei ungeübter Handhabung durch die Überfangschrauben häufig Gewalt angetan. Es wäre zu empfehlen, die Überfangschrauben zu entfernen und statt ihrer einen Stengelhaken einzuführen.

Die Zielscheibe (Fig. 84) ist ein Zubehörstück zur Zielspitze. Letztere dient dazu, die Vertikalachse behufs Anschneidens vom anderen Basispunkte aus zu markieren. Der gedrehte Metallkörper der Zielspitze ist nicht gut geeignet, scharf eine Achse zu markieren, besonders wenn, wie es hier der Fall ist, das Fernrohr an der Grenze der Leistungsfähigkeit steht. Deshalb wird auf die Zielspitze mittels einer Hülse eine weiß gestrichene Scheibe (Fig. 84) gesteckt, der ein scharfer Keil schwarz aufgemalt ist. Die Fläche der Keilzeichnung geht durch die Vertikalachse, in der auch die Mittellinie des Keils liegt. Diese Zielscheibe, die Ziel und Hintergrund zugleich ist, hat sich bewährt und zur Verfeinerung der stereoskopischen Meßarbeit beigetragen. Derartige Zielscheiben steckt man auch auf die Visierstifte der Stand-Phototheodolite.

204. **Vertikalachse mit Buchse** (s. Fig. 81). Die konische Vertikalachse VA ist in eine Buchse BV eingeschliffen. Letztere hat am unteren Ende den Zentrierzapfen ZB mit Gewinde, mittels dessen sie durch den Anschraubering Asr in der Dreifußbuchse BD festgehalten wird. Die Drehachsen der Vertikalachse und der Dreifußbuchse werden auf diese Weise schnell und sicher zusammengelegt.

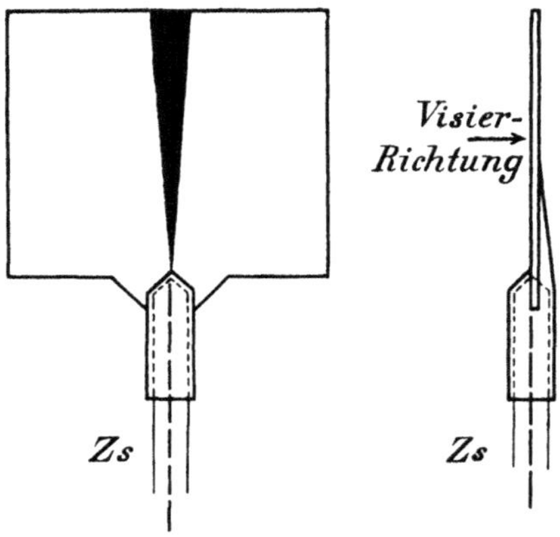

Fig. 84.
Zielscheibe.

Die Vertikalachse ist hier wie bei jedem geodätischen Instrument die Seele des Ganzen. Sie muß beim Präzisions-Phototheodoliten der Achse eines Theodoliten III. Ordnung der Landesaufnahme etwa gleichwertig sein.

Unverrückbar fest mit der Vertikalachse verbunden ist die Kamera.

Auf der Buchse der Vertikalachse sitzt drehbar der Horizontalkreis Hkr. Dieser kann mittels einer Klemmschraube Klf an der Buchse festgeklemmt und mittels einer Feinschraube Fs fein nachgedreht werden. Ferner trägt die Buchse die Klemmschraube Klm mit Meßschraube Ms zur feinen Horizontalbewegung der Kamera (und damit auch des Fernrohrs).

Bei Stand-Phototheodoliten ist die Buchse B V mit dem Dreifuß aus einem Stück gefertigt (s. Fig. 83).

205. **Horizontalkreis.** Bei der dargestellten Konstruktion des Feld-Phototheodoliten (Fig. 81 und 82) wird der Horizontalkreis lediglich für die topographischen Winkelmessungen — Bestimmung des Standortes und der Basisrichtung sowie Basis-Triangulationen — benutzt. Entsprechend dieser Zweckbestimmung ist der Kreis so geteilt, daß mittels Nonien Minuten direkt ablesbar sind. Für Bestimmung des Standortes und der Basisrichtung ist diese Winkelgenauigkeit ausreichend. Für die Basis-Triangulationen könnte sie größer sein. Zur Einstellung des rechten Winkels zwischen Basis und Kameraachse dient der Horizontalkreis nicht. Der Kreis hat eine Klemmschraube und eine Feindrehungsschraube. Diese Einrichtung hat den Zweck,

schnell und genau unter größten Temperaturschwankungen den Kreis auf bestimmte Winkelwerte einzudrehen, wie das für Orientierungen und zur schnellen Kontrolle der Winkelmessungen im Felde praktisch ist (242).

206. **Horizontalbewegung mit Meßschraube.** Die für die horizontale Feindrehung des Fernrohres bei jedem Theodoliten nötige Klemme mit Feinschraube ist beim Präzisions-Phototheodoliten zur Meßschraube ausgebildet worden. Die Meßschraube bezweckt, kleine Winkelbeträge mit größerer Genauigkeit zu messen, als dies mittels des auf Minuten ablesbaren Teilkreises möglich ist. Die Einrichtung ist aus Fig. 85 ersichtlich.

Ein mit Ring die Buchse ZB umfassender Hebel Hf wird durch die langschäftige Schraube Klm gegen die Buchse ZB festgeklemmt. Da letztere im Dreifuß festsitzt, stemmt sich der Hebel Hf gewissermaßen gegen das Stativ oder die Erde. Ein zweiter, doppelarmiger Hebel Hl ist mit dem Boden der Kamera, an dem auch die Vertikalachse VA festsitzt, verschraubt, so daß Vertikalachse, Kamera und Fernrohr durch ihn bewegt werden. Eine Schraubenspindel S hat ihr Muttergewinde im Hebel Hl und stemmt sich mit ihrer Spitze gegen den festen Hebel Hf. Eine Feder Fd drückt einen Bolzen Bz gegen den Hebel Hf und bewirkt dadurch, daß die Schraubenspindel S auch bei ihren Rückwärtsbewegungen im Kontakt mit dem Hebel Hf bleibt. Durch die Bewegungen der Schraube S wird bei festgeklemmtem Hebel Hf der Hebel Hl gedreht, damit auch Kamera und Fernrohr gegenüber dem Stativ bzw. der Erde.

Die Steighöhe eines Gewindeganges der Schraube S sei z. B. = 1 mm, An einer Trommel Ms, die sich mit S dreht, ist der Umfang und damit 1 mm in 100 Teile geteilt worden. Über die Trommelteilung ist ein kleines Lineal Z gelegt, an dessen Kante man genau sieht, wie viel die Trommel sich gedreht hat. An einer von 0 bis 10 beschriebenen Millimeterteilung des Lineals Z kann man auch die vollen Umdrehungen der Trommel M s zählen. Der Nullpunkt der Teilung liegt auf der Mitte der 10 Millimeter, also beim Millimeter 5. Der Meßbereich der Schraube erstreckt sich danach im ganzen über etwa 12 Trommel-Umdrehungen — 10 innerhalb der Teilung und je eine vor Anfang und nach Ende derselben. — Wenn die mit der Teilung versehene Zählkante der Trommel Ms auf einen vollen Millimeter des Zählers Z zeigt, soll die Kante des Zählerlineals den Teilstrich O der Trommel treffen. Um dies justieren zu können, ist die Trommel Ms auf der Schraubenspindel S drehbar. Beide Teile reiben sich jedoch genügend, so daß die Trommel sich nicht verstellt, wenn beim Messen die Schraube am Schafte S angefaßt wird.

Die bei der Messung wirksame Länge des Hebels Hl (Fig. 85) betrage 100 mm. Der Wirkungsbereich der so berechneten Meßschraube hat demnach ein Verhältnis von 10 : 100, also ungefähr 6^0. Eine einzelne Umdrehung der Meßschraube ist ungefähr $= 34' 23''$.

207. Der Meßvorgang: Es sei A (Fig. 86) die Vertikalachse des horizontierten Phototheodoliten; auf einem Stativ C liege horizontal und in der Achse der Dreifußbuchse eine Meßlatte B D so, daß B C = D C und $\sphericalangle$ A C D = 90^0 ist.

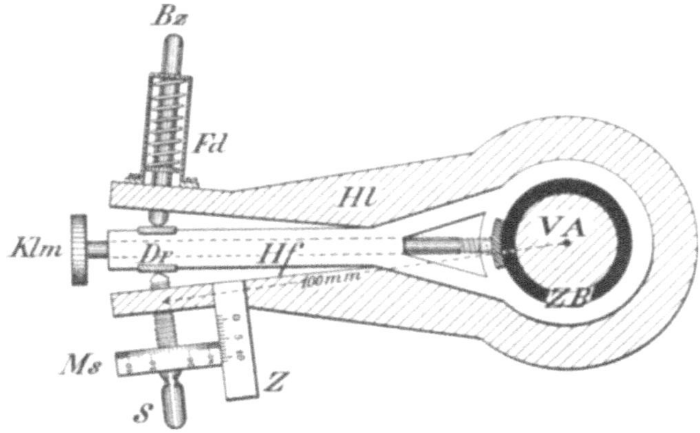

Fig. 85.
Horizontalbewegung mit Meßschraube.

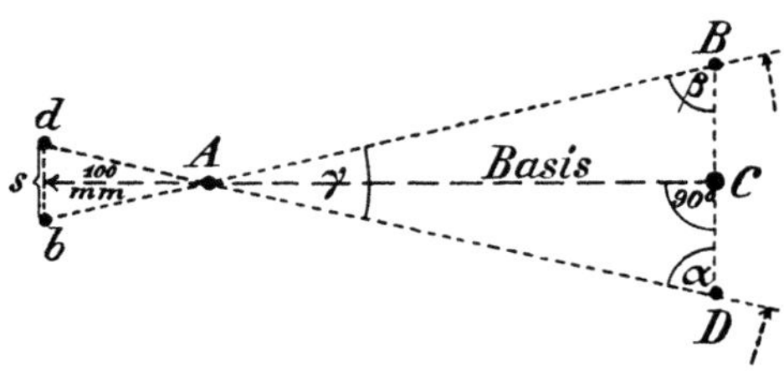

Fig. 86.
Basismessung mit der Meßschraube.

Man stellt die Zählkante der Meßschraube Ms ungefähr auf den Nullpunkt der Meßschraube, also den Millimeter 5 des Zählers Z. In dieser Stellung muß das Fernrohr auf Punkt C gerichtet werden, was mit der Grobdrehung des Fernrohrs und nur ungefähr richtig zu machen ist. Nach Anziehen der Klemmschraube Klm dreht man die Meßschraube heraus, bis das Fernrohr am Endpunkte D der Meßlatte rechts vorbeizeigt. Nun stellt man Punkt D genau ein, wobei die Meßschraube sich umgekehrt dreht und gegen den Punkt Dr (Fig. 85) drückt. Ist man bei dieser Einstellung über D hinausgekommen, so muß die Schraube zurückgedreht werden, und zwar über D hinaus, damit die neue Einstellung wieder im selben Drehsinne — also drückend — erfolgt. Diese Art der Einstellung bezweckt, den toten Gang der Schraube unschädlich zu machen. Ist die Einstellung gut gelungen, so liest man die Meßschraube ab. Man erhält z. B. am Zähler 7 mm. Das Lineal des Zählers läßt an der Trommel den Teilstrich 32 frei ablesen und schneidet 0,6 Teilstrich weiter über die Trommel. Die Ablesung ist demnach für Punkt d (Fig. 86) 7,326 mm. Jetzt wird die Schraube S weitergedreht, bis Punkt B der Meßlatte erscheint. Dieser wird genau so wie D, also in dem Drehsinne, bei dem die Schraube gegen den Hebel Hf drückt, eingestellt. Die Ablesung der Meßschraube ergibt hier z. B. 2,547 mm.

Die Steigung s der Meßschraube ist in diesem Falle:

$$s = 7,326 - 2,547 = 4,779 \text{ mm.}$$

$$A\,C : B\,D = 100 : 4,779 \quad \ldots\ldots \quad \text{(s. Fig. 86)}$$

Ist B D = 1,000 m, so ist

$$A\,C = \frac{1 \,.\, 100}{4,779} = 20,84 \text{ m.}$$

Als Basis ist gefunden der auf die Horizontalebene projizierte Abstand zwischen der Vertikalachse A des Phototheodoliten und der Achse der Dreifußbuchse auf dem Stativ C. Die Messung der Steighöhe führt man mehrmals aus, um den Wert s zu kontrollieren und zu verfeinern. Die Einteilung der Meßschraube und die Hebellänge werden verschieden gemacht. Man muß sich über diese genau informieren.

Die Meßlatte ist ein wichtiges Zubehörstück zu dieser Basismeßvorrichtung. Sie wird unter dem Zubehör besprochen werden (213).

Mit welcher Schärfe diese Einrichtung mißt, hängt von verschiedenen Umständen ab. Die Meßschrauben an sich sind recht genau. Das zugehörige Fernrohr ist beim Präzisions-Phototheodoliten gegenwärtig noch etwas zu schwach für diesen Zweck. Viel kann hier gebessert werden durch die Gestaltung der Meßlatte B D, deren Endmarken Dr. Pulfrich neuerdings die Form des Keils auf der Zielscheibe (Fig. 84) gegeben hat. Dies erscheint für manche Zwecke praktisch.

Dann ist zum Gelingen der Messung nötig, daß die Länge der Meßlatte recht scharf gemessen ist, daß sie ferner sehr genau horizontal liegt und ebenso genau senkrecht zur Basis (s. Fig. 86) gestellt wird.

Die bei dieser Messung erhaltene Basis ist ohne weiteres die Horizontalprojektion derselben, weil sie durch Dreiecksmessung von einer horizontal liegenden Basis abgeleitet wird.

Das Weitere über dieses Kapitel siehe unter „Basismessung“.

Bei Stand-Phototheodoliten fehlt die Meßschraube, weil überflüssig; nicht aber fehlt die feine Horizontalbewegung. Diese ist, wie

Fig. 83 zeigt, durch Druck- und Zugschraube hergestellt. Es ist aber auch hier die übliche Feinschraube mit Gegenfeder zu empfehlen, die viel sicherer und genauer arbeitet als Druck- und Zugschraube und nur eine Hand zur Bedienung erfordert.

208. **Kamera mit Objektiv** (s. Fig. 81—83). Die Kamera ist aus einem Gußstück gearbeitet und mit der Vertikalachse V A unverrückbar fest verbunden. Die Länge der Kamera ist unveränderlich. Die Bildschärfe ist für die Unendlichkeit eingestellt, weshalb die photographische Platte bei jeder Aufnahme den Abstand der Brennlänge f vom Objektiv hat. Um die Konstante f, die ja gewissermaßen den Radius eines Teilkreises vertritt, recht genau festzuhalten, hat die Kamera hinten einen abgeschliffenen Anlegerahmen Ar, an den die Platte Pl bei der Aufnahme fest anliegen muß. Ein kurzer Balgen Blg mit Kassettenrahmen Kr sind erforderlich, um die in der Kassette Kss liegende Platte Pl nach Entfernung des Kassettenschiebers lichtsicher gegen den Anlegerahmen Ar zu führen. Ein Paar Winkelhaken links und rechts der Kamera halten den Kassettenrahmen fest, wenn die Platte gegen den Anlegerahmen gedrückt bzw. zurückgezogen ist.

Zwei blendenartige Scheidewände Swd im Innern der Kamera verhindern das Auftreten von Reflexlichtern an den Seitenwänden der Kamera.

Die Vorderwand der Kamera und der Anlegerahmen sind genau parallel geschliffen. Diese Flächen stehen senkrecht, sobald die starr mit ihnen verbundene Vertikalachse senkrecht gestellt ist.

In der Vorderfläche der Kamera vollkommen festgeschraubt sitzt das Objektiv. Seine optische Achse steht senkrecht auf der Ebene des Anlegerahmens.

Es gibt Kamera-Modelle, bei denen das Objektiv in einem Schieber sitzt, der einige Zentimeter auf- und abwärts an der Vorderfläche verstellbar ist. Dies bezweckt, den Bildwinkel (199) auf hochgelegenen Standorten nach unten, auf tief gelegenen Standorten nach oben zu verschieben.

Vom Fadenkreuz ist nur der Vertikalfaden, und zwar durch zwei feine Löcher in halbkreisförmigen Ansätzen am oberen und unteren Rande des Anlegerahmens fixiert (s. Lmo und Lmu in Fig 81). Fig. 87 zeigt ein mit diesem Phototheodoliten aufgenommenes Normal-Stereogramm, in dem die beiden feinen Löcher sichtbar sind. Die Verbindungslinie dieser Löcher, die je 0,2 mm Durchmesser haben, stellt den Vertikalfaden dar. Der Horizontalfaden ist nicht bezeichnet. Die am oberen Rande des Bildes (Fig. 87) sichtbare Ziffer, die durch eine Platte am Anlegerahmen jedem Bilde aufgedruckt wird, besagt, daß 25,00 mm unterhalb der oberen Lochmarke der Horizontalfaden den Vertikalfaden schneidet.

In diesem Punkte liegt das Fadenkreuz der Kamera, das jederzeit nach vorstehenden Angaben durch Konstruktion im Bilde oder durch Auflegen eines in eine geschliffene Glasplatte geritzten Linienkreuzes (294) auf dem Anlegerahmen der Kamera sichtbar gemacht werden kann. Diese Angaben zeigen, daß selbst bei gangbaren Modellen, bei denen das Objektiv nicht der Höhe nach verstellbar ist, das Fadenkreuz nicht immer in der Mitte der Platte liegt.

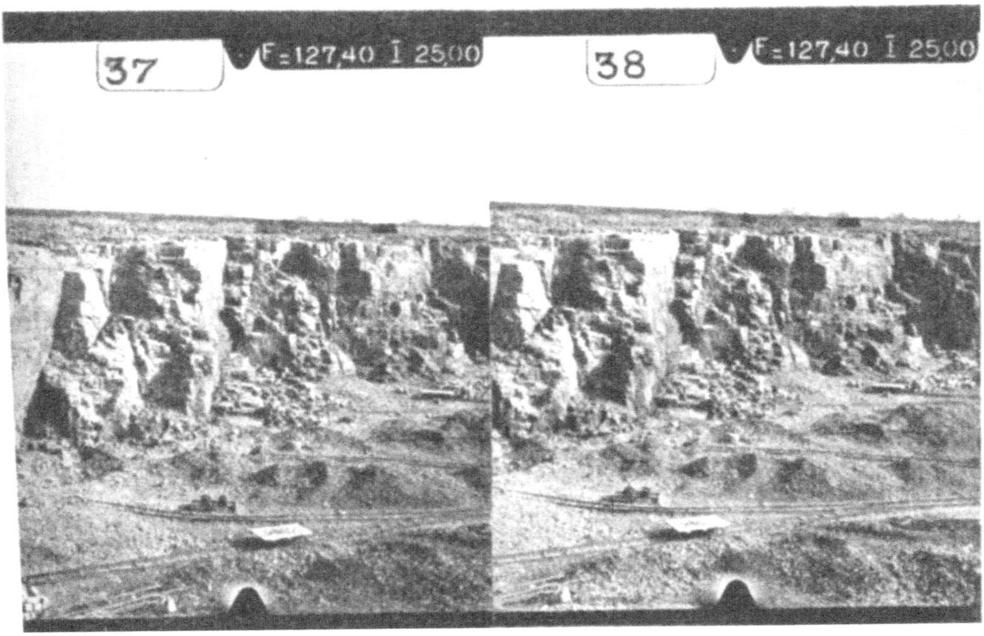

Fig. 87.
Normal-Stereogramm
aufgenommen mit dem Feld-Phototheodoliten 9 × 12 cm und f = 127 mm der Firma Carl Zeiß-Jena.

Wird das Instrument vorzugsweise auf Höhen gebraucht, so legt man den Horizontalfaden, wie in Fig. 81 und 87 sichtbar, mehr an den oberen Rand des positiven Bildes (unteren Rand der Kamera) und umgekehrt an den unteren Rand des positiven Bildes (oberen Rand der Kamera), wenn man vorzugsweise von der Niederung aus gegen Höhen arbeitet.

Ist die Vertikalachse genau vertikal gestellt, so geht die durch die Objektivmitte senkrecht auf die Ebene des Anlegerahmens geführte

Vertikalebene genau durch die Mitten der oberen und unteren Lochmarke (Fig. 87), und die durch die Objektivmitte gedachte Horizontalebene schneidet bei dem beschriebenen Modell 25,00 mm unter der oberen Lochmarke den gedachten Vertikalfaden.

Die Bezeichnung des Horizontalfadens ist bei neueren Modellen durch eine Marke an einer Seitenwand des Anlegerahmens erfolgt, und das Plättchen am oberen Rande des Bildes enthält dann nur die Brennlänge f der Kamera. Diese Art der Bezeichnung für die Lage des Horizontalfadens und der Brennlänge ist unbedingt erforderlich, um später bei den Konstruktionen jeden Zweifel zu beseitigen.

Ein kleiner Spiegel Sp, der in einem aufklappbaren Hebel unten an der Vorderwand der Kamera sitzt, hat den Zweck, die obere Lochmarke zu beleuchten. Es kommt vor, daß die untere Lochmarke auf einen dunklen Gegenstand des Vordergrundes trifft und dann unsichtbar ist, womit das Bild vollkommen seine Eigenschaft als Meßbild verliert. Ist das Spiegelchen Sp ganz heruntergeklappt so reflektiert es Himmelslicht auf die Lochmarke, wodurch sie sichtbar wird.

Zur Bezifferung der aufgenommenen Bilder dienten bisher kleine Nummertäfelchen, die in eine Klemme am Anlegerahmen eingesetzt wurden (s. Fig. 87). Diese Nummern, denen man noch etwas hinzuschreiben konnte, bildeten sich mit ab. Die Täfelchen gingen aber im Felde verloren. Neuere Instrumente haben zwei Nummerräder, die von außen bzw. bei geöffneter Kamera eingestellt werden und von denen sich je eine der von 1 bis 25 zählenden Nummern abbildet. Wählt man die eine Nummer zur Bezeichnung der Station, die andere für die Bildbezeichnung, so lassen sich durch diese Bezifferung schon viele Aufnahmen gut auseinanderhalten. Folgende Vorsicht zur Wiedererkennung der Platten ist aber unter allen Umständen noch dringend zu empfehlen: Jeder Platte, die aus der Kassette als belichtet herausgenommen wird, ist mit weichem Blei in einer Ecke auf die Schicht das Datum der Belichtung und die Nummer der Kassette aufzuschreiben. Diese Notiz ist vollkommen dauerhaft, auch in den Bädern, und hilft im Verein mit dem Tagebuche meistens Zweifel über die Platte beseitigen.

209. **Libellen.** Die Libellen dienen zum Horizontieren des ganzen Instruments, d. h. zum genauen Vertikalstellen der Vertikalachse. Libellen und Vertikalachse sind unzertrennlich. Beide Teile haben gleich hohe Bedeutung für das Gelingen der Messungen.

Geodätische Instrumente besitzen in der Regel nur eine Libelle zum Horizontieren. Der Präzisions-Phototheodolit muß jedoch zwei derselben haben, wie die Erfahrung gelehrt hat. Eine dieser Libellen muß parallel dem Anlegerahmen, die andere senkrecht zu ihm, also parallel der Kameraachse stehen. Die erstere Libelle muß empfindlicher sein als die letztere, wie wir später bei Besprechung der Fehler noch sehen werden (333).

Die Instrumente Fig. 81 und 83 haben nur eine Libelle. Es sind dies ältere Modelle. Neuere Instrumente haben indessen 2 Libellen, wie Fig. 82 zeigt. Interessante Versuche Dr. Pulfrichs verdienen Beachtung. Sie zielen darauf hin, statt der 2 Libellen eine feine Dosenlibelle zu verwenden und diese in das Innere der Kamera zu verlegen, wo sie vor äußeren Einflüssen geschützt ist. Beobachtet wird die Dosenlibelle durch ein Mikroskop, das in seinem Bildfelde die ring- und kreuzförmige Skala für die Beobachtung der Blase trägt. Die Justierung der Dosenlibelle erfolgt durch Verschiebung der Skala im Mikroskop. Sollte diese Einrichtung für den Präzisions-Phototheodoliten fein genug sein und sich sonst bewähren, so wäre sie vom Standpunkte der Topographie allen anderen vorzuziehen.

Beschreibung der Libellen s. 81.

210. **Fernrohr.** Es dient in erster Linie zum Einstellen des Winkels von 90° zwischen Kameraachse und Basis, in zweiter Linie zu Triangulationsarbeiten und Basismessungen. Entsprechend dem Hauptzwecke ist es so gelegt, daß seine Achse sich mit der der Kamera — genau auf wenige Sekunden — unter 90°, und zwar in der Vertikalachse, kreuzt. Dabei muß das Fernrohr durchschlagbar sein. Dieser Zweck ist bei dem Modell Fig. 81 wie folgt erreicht:

Die aus Objektiv Of und Fadenkreuz Fkr bestehende Achse des Fernrohres liegt auf dem Deckel der Kamera parallel zur Kameraachse fest, und zwar genau in der Hauptvisierebene derselben. Genau in der Vertikalachse des Instruments wird die Fernrohrachse durch ein durchschlagbares Pentagonalprisma auf die Sekunde genau um 90° abgelenkt.

Das in der Ebene des Fadenkreuzes Fkr stehende Bild wird durch das Okular Oc über ein Prisma von der Seite her betrachtet. Das Okularsystem — 2 Linsen und ein Prisma — ist mit dem Pentagonalprisma Pa fest verbunden. Beide Teile drehen sich in einer Schutzhülse Schh, ohne daß dabei die Teile der Fernrohrachse berührt werden. Durch einen Zahntrieb Trb wird das Okular nebst Prisma in der Schutzhülse gedreht. (Diese Drehung ist sehr grob und recht verbesserungsbedürftig.) Das Fernrohrobjektiv Of ist durch einen Zahntrieb Eo, welcher durch die Schutzhülse hindurchkommt und äußerlich einen kleinen Handhebel hat, verstellbar.

D i e s e F e r n r o h r k o n s t r u k t i o n ist für seine Hauptaufgabe prinzipiell vorzüglich. Der dauernd eingestellte Winkel von 90° zwischen Kamera- und Fernrohrachse hat sich noch bei keinem Instrument auf Transporten verändert. Das Durchschlagen des Fernrohres mittels des Pentagonalprismas ist sehr genau. Nur ist das Fernrohr im ganzen infolge der geringen Brennlänge des Objektivs und des überflüssigen Umkehrsystems wegen zu schwach. Wenn das Instrument vollkommen sein sollte, müßte das Fernrohr ein klares Bild von mindestens 20 facher Vergrößerung geben, das umgekehrt sein darf. Statt dessen liefert das Fernrohr ein aufrechtes, nicht besonders gutes Bild von höchstens 15 facher Vergrößerung.

Bei Stand-Phototheodoliten (s. Fig. 83) sind die Fernrohre länger und besser. Sie sind über den Kameradeckel so gelegt, daß ihre Achse sich mit der Kameraachse genau unter 90° kreuzt, und zwar in der Vertikalachse. Auch diese Fernrohre haben die Konstruktion, daß die aus Fadenkreuz und Objektiv bestehende Achse auf dem Kameradeckel festsitzt. Das Ganze wird von einer Hülse umgeben, die das Okular trägt. Die Einstellung auf Bildschärfe erfolgt durch Verschiebung des Objektivs, wofür ein kleiner Handhebel aus der Hülse herausragt. Da zwei Stand-Phototheodolite stets zusammengehören, ist bei gleichgerichteten Kameraachsen bei dem einen Instrument das Fernrohr nach links, bei dem anderen nach rechts zeigend aufgeschraubt.

Die Einstellung des Okulars auf Schärfe des Fadenkreuzes erfolgt, wie bei allen Zeißgläsern, durch Drehung an der Okularmuschel.

211. **Vertikalkreis.** Zur Bestimmung der Stationshöhe und der Höhe des anderen Basispunktes sowie zu sonstigen topographischen Höhenbestimmungen hat der Präzisions-Phototheodolit einen Vertikalkreis. Dieser (Vkr in Fig. 81) ist mit dem Prisma Pa des Fernrohres fest verbunden. Der Vertikalkreis i t ein Vollkreis mit Stirnteilung, hat 10 cm Durchmesser und ist entsprechend der Fernrohrbewegung nur etwa zur Hälfte geteilt. Der doppelarmige Nonius Non sitzt an der Schutzhülse des Fernrohres und gestattet direktes Ablesen von 1 Minute. Es lassen sich am Vertikalkreise Winkel von + 35° bis — 35° messen. Nonius und Kreis tragen Buchstaben A und B. Decken sich die Buchstaben, z. B. A A, so ist dies die I. oder Haupt-Fernrohrlage, und es gelten die angeschriebenen Vorzeichen; ist das nicht der Fall, so hat das Fernrohr die Lage II, und es sind die abgelesenen Vorzeichen umzukehren (92). Bei Stand-Phototheodoliten fällt natürlich der Vertikalkreis fort.

212. **Orientierbussole.** Diese wird zu topographischen Stations-Bestimmungen und unter Umständen zur Orientierung der Basis gebraucht. Für diese Zwecke genügt eine einfache Orientierbussole, wie sie bei der Kippregel (Fig. 2) Anwendung findet.

Die Bussole ist in Fig. 81 nicht zu sehen, sie fehlt diesem älteren Instrument noch. Neuere Präzisions-Phototheodolite haben jedoch fast immer eine Orientierbussole, die an der Schutzhülse des Fernrohres so befestigt ist, daß ihre Index- oder Zeigerlinie mit der Fernrohrachse parallel zeigt (s. Fig. 82). (92.)

Neuere Orientierbussolen haben folgende Konstruktion:

Ein längliches Kästchen hat an einem Stirnende ein Glasfenster mit Strich, am anderen Stirnende ein Diopter mit Lupe. Lupe und Strich bilden die Zeigerlinie. Von der im Kästchen schwingenden Magnetnadel sieht man nur die aufgebogene Spitze ihres am Glasfenster liegenden Nord-Endes. Deckt sich beim Durchsehen die Spitze mit dem Strich des Fensters, so spielt die Nadel ein. In dieser Stellung des Instruments liest man den Horizontalkreis ab oder man stellt ihn auf 0^{0}. Stellt man nun mit dem Fernrohr den anderen Basispunkt ein und liest die Richtung am Kreise ab, so hat man in der Differenz beider Richtungen das magnetische Azimut der Basis. Dies jedoch nur, wenn die Zeigerlinie der Bussole und das Fernrohr parallel zeigen.

Zur Prüfung der Parallelität beider Visierlinien ist zu dem Bussolenkästchen noch ein Diopter ohne Lupe vorhanden. Setzt man dies ein, so kann man durch das Glasfenster hindurch in die Ferne sehen. Man stellt mit dem Fernrohr ein fernes Objekt ein. Wird dies mit dem Bussolenvisier nicht getroffen, so wird das Bussolenkästchen auf seiner verstellbaren Fußplatte nach Lösung der Befestigungsschrauben nach Bedarf gedreht und dann wieder darauf festgeschraubt.

Stand-Phototheodolite bedürfen im allgemeinen einer Orientierbussole nicht.

Zubehörstücke.

213. **Meßlatten.** Sie werden zur Messung der Basis mittels der Meßschraube (206) gebraucht. Mit Meßlatten sind viele Versuche angestellt worden. Die gegenwärtige Ansicht ist die, die Meßlatte nicht erheblich länger als 1 m zu machen, sie aber aus Stahl zu fertigen, auf ihr nur zwei Endmarken recht scharf und deutlich zu bezeichnen und den Abstand dieser mit größter Schärfe zu bestimmen. Eine gute Meßlatte muß geeicht und mit Thermometer versehen sein. Die Meßlatte muß in der Mitte eine Vorrichtung haben, mit der sie auf der Zielspitze (203) befestigt wird. Ist die Zielspitze mit der Dosenlibelle des Dreifußes vertikal gestellt, so muß die Meßlatte horizontal liegen.

Eine weitere Vorrichtung muß die Meßlatte besitzen, um sie genau senkrecht auf die Basis zu stellen. Diese Einrichtung besteht in einem Fernröhrchen, das senkrecht zur Meßlatte im Mittelpunkte derselben steht.

Von großer Bedeutung ist die Form der Endmarken der Meßlatte. Ihre Gestalt muß sich nach der Schärfe des Fernrohres und nach der Entfernung richten, auf die mit der Meßlatte gemessen wird. Man würde mit der 1 m langen Meßlatte direkt eine Basis bis zu 100 m Länge für viele topographische Zwecke genau genug messen können, wenn das Fernrohr ausreichend scharf und die Meßschraube genau genug wäre.

Da aber das Fernrohr für diesen Zweck zu schwach ist, ist ein direktes Messen von größeren Basen mit der Meßlatte nicht zu empfehlen. Weiteres über Basismessen mit der Meßlatte s. unter 224 bis 234.

214. **Stahlmeßbänder.** Liegt die Basis des Normal-Stereogramms annähernd horizontal, ist sie gut zu begehen, und stehen Leute genug zur Verfügung, so ist die Basis am einfachsten, schnellsten und genauesten mit einem Stahlmeßbande zu messen. Die im Handel käuflichen Bänder sind recht gut. Zweckmäßig ist es, das Band 30 bis 50 m lang zu wählen und es prüfen bzw. eichen zu lassen. Unter Umständen muß auch die Längenänderung des Bandes durch Temperatureinflüsse bedacht werden.

215. **Gelbscheiben.** Für die Aufnahme größerer Ferne — über 1 km — ist das Kamera-Objektiv mit einer Gelbscheibe ausgerüstet, deren Färbung die Belichtungszeit etwa vervierfacht. Die Fassung muß eine Zahlenangabe hierüber tragen. (Über Wirkungsweise der Gelbscheibe s. 249.) Die Gelbscheibe muß aus bestem Glase bestehen und sehr genau planparallel geschliffen sein. Derartige Gelbscheiben sind sehr teuer und auf keinen Fall durch andere billigere ersetzbar. Wie stark durch die gewöhnlichen Gelbscheiben oder Farbfilter die Bildschärfe und Winkeltreue der Photographie leiden, kann man sehen, wenn man diese Gelbscheiben dicht vor ein starkes Fernrohr hält und sie, während man mit dem Fernrohr ein vorher scharf eingestelltes Objekt beobachtet, leicht hin und her bewegt. Man wird sehen, daß durch das Hin- und Herbewegen der schlechten Gelbscheibe das Fernrohrbild unscharf wird und sich bewegt.

Für Stand-Phototheodolite müssen die beiden Gelbscheiben genau gleich gefärbt sein.

216. **Objektiv-Verschlüsse.** Der beste und zuverlässigste Verschluß ist der Objektivdeckel, der zu jedem photographischen Objektiv gehört. Um mit diesem einfachen Verschluß zu arbeiten, muß man Zeitaufnahmen machen. Da mit Feld-Phototheodoliten fast nur feststehende Objekte aufgenommen werden, läßt sich dies durch Einstellen passender Blenden auch fast immer so einrichten.

Für Stand-Phototheodolite kommen dagegen fast nur Momentaufnahmen in Betracht, weshalb hier gut konstruierte Momentverschlüsse mit elektrischer Auslösung und Verbindung nötig sind. Die Momentverschlüsse müssen, je nach der Beweglichkeit des aufzunehmenden Objekts, mit verschiedener Geschwindigkeit arbeiten können. Die Bewegungen beider Verschlüsse müssen genau gleichmäßig und gleichzeitig sein.

Stand-Phototheodolite haben vielfach im Innern der Kamera dicht hinter dem Objektiv noch eine durch einen äußeren Hebel zu bewegende Verschlußklappe. Diese unter Umständen dringend nötige Vorrichtung kann aber gefährlich werden, wenn bei der Aufnahme vergessen wird, sie vorher zu öffnen. Es muß daher stets an sie gedacht werden, wenn sie an den Apparaten angebracht ist.

Momentverschlüsse verstauben, versanden und oxydieren leicht. Sie bedürfen eines Abschlusses ihrer Öffnung durch eine genau planparallele Gelb- oder Glasscheibe und sehr sorgfältiger Behandlung und Instandhaltung.

217. **Trockenplatten.** Am besten bewährt haben sich bis jetzt Chromo-Isolar-Negativ-Platten. Wert zu legen ist auf gleichmäßige Emulsion und auf gutes Glas. Für Aufnahmen auf größere Entfernung muß man unbedingt kräftiges Spiegelglas verwenden [1]) (336.)

Je feinkörniger die Platte ist, desto besser ist es. Diapositivplatten sind viel feinkörniger als Negativplatten, aber auch viel weniger empfindlich und viel härter arbeitend als Negativplatten. Zur Zeit kann nichts Besseres empfohlen werden als obige Chromo-Isolar-Negativ-Platten (s. auch 148).

Für Gebrauch in Tropen bedürfen die Platten einer besonders zubereiteten Emulsion. Für tropische Verhältnisse muß die Verpackung jeder Schachtel in einer mit Gummistreifen verklebten Blechbüchse erfolgen.

218. **Kassetten.** Die Verwendung einer geeigneten Kassetten-Konstruktion ist beim stereoskopischen Meßverfahren von sehr hoher Bedeutung. Dies führte anfangs zu sehr wertvollen Metallkassetten, deren Preis geradezu unerschwinglich war. Neuerdings ist man etwas in das andere Extrem verfallen, indem gewöhnliche, allerdings preiswerte Doppelkassetten für den Präzisions-Phototheodoliten gefertigt werden. Diese Kassetten haben sich bei feineren Aufnahmen nicht bewährt. Es wird später noch einiges darüber gesagt werden (338). Es ist eine einfache, aus Holz, Metall und Hartgummi gefertigte Kassette zu empfehlen, die für das Einlegen der Platte einen Rückenschieber hat, und in der die Platte durch gute Federn gleichmäßig gegen die Anlagefläche gedrückt wird, ohne irgend einen Federdruck auf die hohen Kanten zu empfangen. Um die Fabrikation derartiger Kassetten hat sich die Firma G. Braun-Berlin, Königgrätzerstr. 31, bemüht.

An Kassetten muß man zu einem Phototheodoliten eine Ausrüstung von etwa 24 Stück besitzen.

Plattenmagazine können nicht empfohlen werden.

219. **Wechselvorrichtungen.** Hat man nicht genug Kassetten, und muß unbedingt ein Plattenwechseln im Felde stattfinden, so bediene

---

[1]) Muß man durch die Gelbscheibe photographieren (215, 249), so ist es notwendig, mit Platten zu arbeiten, die für gelbes Licht besonders empfindlich gemacht sind.

man sich dazu eines geräumigen doppelten Sackes aus dichtem schwarzen Stoff, den man über den Oberkörper zieht und unter den Armen um den Leib herum zubindet. Ein Fenster von 10×10 cm Größe aus doppeltem roten Cherrystoff gibt sehr reichlich Licht, dem man die Platten aber nicht zu nahe bringen darf. Zum Wechseln nimmt man Kassetten und Platten in Schachteln sowie eine Bleifeder zur Bezeichnung der Platten (208) mit in den Sack hinein. Hat man einen Begleiter, so läßt man sich die Zipfel des Sackes über dem Kopfe hochheben. Man kann sich beim Wechseln setzen und die Kniee als Tisch benutzen.

In dieser Weise kann man sich helfen.

Arbeitet man bei großer Hitze, so denke man daran, daß nicht Schweißtropfen auf die Platten fallen.

220. **Tornister** für Kassetten und Trockenplatten in Schachteln sollen aus festem Leder, mit Zwischenwänden und gut schließend gefertigt sein, damit besonders die Kassetten sich nicht berühren und vor Licht, Feuchtigkeit, Sand und Staub geschützt sind. Die Außenwände der Tornister macht man durch Einlagen aus verleimten Fournieren, Rohrplatten oder Pappe steif, damit die Kassetten nicht eingestoßen werden. Der Deckel der Tornister wird mit Filz gepolstert. 20—24 Kassetten 9×12 cm lassen sich in einem Tornister unterbringen. Für den Verschluß der Tornister vermeide man Haken und mechanische Verschlüsse. Kräftige Riemen, Krammen, Schnallen und Vorhängeschlösser sind besser. Alle Schlösser einer Ausrüstung müssen möglichst denselben Schlüssel haben, der in mehreren Exemplaren vorhanden sein muß.

Das Gros der Platten bei Forschungsreisen bewahrt man in Kisten mit Blecheinsatz auf. In diesen müssen die Schachteln fest verpackt sein, jede in ihrer Blechbüchse.

Weiteres hierüber s. auch unter 349.

221. **Feldschirme.** Ein Präzisions-Phototheodolit muß bei der Aufnahme unbedingt vor direktem Sonnenlicht geschützt werden, weil sonst die Libellen nicht richtig arbeiten und durch die Ausdehnung der Kamera die feine Justierung dieser verloren geht.

Am geeignetsten ist der übliche graue Feldschirm mit zerlegbarem Stock und drei Ankerschnüren.

Der Ersatz durch einen Handschirm ist wohl möglich. Dieser muß dann aber sehr sorgsam gehalten werden. Berührungen des einmal aufgestellten Instruments sind absolut unzulässig.

222. **Werkzeug.** Solches ist bis jetzt für den Präzisions-Phototheodoliten nicht vorgesehen aus Furcht, es könne schlecht angewendet, die Justierung des Instruments verdorben werden. Dieser Standpunkt ist in der Praxis unhaltbar. Der Aufnehmer muß unbedingt

sein Instrument kennen. Ist das nicht der Fall, so wird auch die damit geleistete Arbeit unbrauchbar sein. Es gehören in den Tragekasten des Instruments hinein — außer einem kleinen Kästchen mit Lederlappen, Staubpinsel, Lupe, Reserve-Gelbscheibe, Reserve-Objektivdeckel, Diopterplatte zum Bussolenkästchen, Reserve-Nadelstift, etwas Stanniol — ein mittlerer und ein kleiner Schraubenzieher, eine kleine Flachzange, eine kleine Halbrundfeile, etwas Schmirgelleinewand, ein paar Stellstifte, eine Pinzette und ein kleines Fläschchen mit Öl, ein kleiner Mississippistein und eine Haltevorrichtung zum Schleifen des Nadelstiftes der Orientierbussole.

Die Praxis hat gelehrt, daß diese Sachen gebraucht werden — nicht etwa, um damit das Instrument zu prüfen oder zu justieren. Es läßt sich im Zimmer nicht ausdenken, was im Felde passieren wird.

223. **Tagebücher, Krokiermaterial.** Zur ordnungsmäßigen Führung der bei den Aufnahmen nötigen Notizen und Skizzen ist ein Tagebuch erforderlich, welches in einer Innentasche des Instrumentenkastens unterzubringen ist.

Über Schema und Ausfüllung des Tagebuches s. im Anhang 353. Vielfach unentbehrlich bei stereoskopischen Aufnahmen sind topographische Krokis (73).

An Krokiermaterial genügen im allgemeinen: grob quadriertes (1 cm) Zeichenpapier — zerschnitten in Stücke von Taschenformatgröße — oder Routenbuch, Tasche — Format 18×23 cm — zur Aufnahme der Papierstücke, Routenkompaß, Zirkel, Maßstab — meist 1 : 100 000 — Zeitmaßstäbe für Routenaufnahmen, kurzes Lineal, Bleifedern, Bleifederfeile, Radiergummi, Gummibänder. (Der vielleicht wenig bekannte Routenmaßstab 1 : 100 000 für verschiedene Marschtempi ist in Fig. 88 abgebildet.)

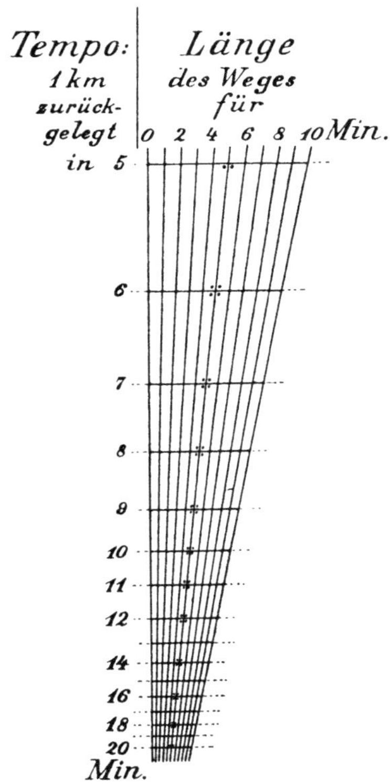

Fig. 88.
Routenmaßstab 1 : 100 000.

f) Basismessung.

224. **Allgemeines.** Wie bereits gesagt (48), bietet die Basismessung beim stereoskopischen Meßverfahren nichts Neues. Der topographische Charakter des neuen Verfahrens erfordert aber doch ein Eingehen auf diesen Teil der stereoskopischen Meßoperation. Es ist von großer Wichtigkeit, im Felde schnell eine klare Vorstellung von den zu erwartenden Entfernungsmeßfehlern zu besitzen, ebenso davon, wie weit an diesen die Basis beteiligt und wie dem praktisch Rechnung zu tragen ist.

Über die Definition der Basis s. 174. Wir messen die Basis stets zwischen den Zielspitzen der zur Aufnahme des Normal-Stereogramms aufgestellten identischen Stative.

Auswahl der Basis. Man sucht sich aus dem stereoskopisch aufzunehmenden Gebiet die Mitte heraus, hält nach dieser Richtung hin einen der Schenkel eines rechten Winkels — es genügt die Kante eines Tagebuches. Während man mit einem Auge über diese Kante hinweg sieht, sieht man mit dem andern über die andre Kante, welche die Basisrichtung angibt. In diese Richtung hinein dirigiert man ein Stativ, während man das andere auf dem eigenen Standort aufbaut. Wer mit der Visur über das Buch nicht zurecht kommt, stellt den Phototheodoliten flüchtig auf und steckt sich damit den rechten Winkel ganz oberflächlich ab.

Die erforderliche Länge der Basis berechnet man nach 225. Bei der Aufstellung der Stative braucht die dort gefundene Länge nur ganz oberflächlich eingehalten zu werden. Es kommt z. B. bei einer Basislänge von 100 m nicht darauf an, daß diese Länge um 5—10 m über- oder unterschritten wird.

Die topographische Bestimmung der Basis erstreckt sich auf die Lage ihrer Endpunkte, deren absolute Höhe und die Basisrichtung. (Die Basislänge soll sich aus diesen Messungen genau noch nicht ergeben.) Diese Bestimmungen können erst erfolgen, nachdem die Stative auf beiden Basispunkten definitiv aufgestellt sind und die Horizontierung der Dreifüße erfolgt ist (238). Sie werden mit dem Phototheodoliten ausgeführt (242—245), und zwar im Sinne der Ausführungen unter 92 bis 104 bzw. 4 bis 18.

Die Bestimmung der Basis kann vor oder nach Aufnahme des Normal-Stereogramms stattfinden; sie erfolgt mit topographischer Genauigkeit, d. h. jede der gemessenen Richtungen (mit Ausnahme der Nord-Richtung der Magnetnadel) soll auf 1′ genau sein, gleichgültig, ob die Entfernung bis zum anvisierten Punkte groß oder klein ist. (Man muß also beim Anschneiden des sehr nahen anderen Basispunktes auch auf mindestens 1′ genau visieren, d. h. auf 100 m auf mindestens 30 mm genau.)

Die Messung der Basislänge muß erheblich genauer ausgeführt werden als die topographische Bestimmung der Basis. Auch diese Arbeit kann vor oder nach Aufnahme des Normal-Stereogramms erfolgen. Weiteres über die Basismessung s. 228 bis 234.

225. **Erforderliche Länge der Basis.** Diese richtet sich nach der Meßgenauigkeit, die man für bestimmte Entfernungen erreichen will. Zur Abschätzung der erforderlichen Basislängen verwende man die Tabelle über die erreichte Entfernungs-Meßgenauigkeit (190) und berücksichtige noch folgende Regeln:

Mit Steigerung

der Brennlänge f sinkt proportional der Entfernungsfehler.
der Basis ,, ,, ,, ,,
der Entfernung steigt quadratisch ,, ,,

Beispiele für Errechnung von Basislängen nach Tabelle 190.

Brennlänge f des Präzisionsphototheodoliten in mm	Entfernung, die gemessen werden soll, in m	Entfernungsfehler, der nicht überschritten werden soll, in m	Erforderliche Basislänge in m
1	2	3	4
127	10 000	200	40
127	10 000	100	80
127	10 000	50	160
127	10 000	10	800
127	10 000	—	—
127	5 000	200	10
127	5 000	100	20
127	5 000	50	40
127	5 000	10	200
127	5 000	—	—
127	1 000	200	0,4
127	1 000	100	0,8
127	1 000	50	1,6
127	1 000	10	8,0
127	1 000	1	80,0
254	10 000	100	40
254	5 000	100	10
254	1 000	100	0,4
300	10 000	100	33,9
300	5 000	100	8,5
300	1 000	100	0,34
usf.			

226. **Erforderliche Genauigkeit der Basismessung.** Man mißt im allgemeinen die Basis so scharf, als es die Instrumente und sonstige Verhältnisse gestatten. Die Zeit ist ein sehr bedeutender Faktor bei topographischen Messungen. Um mit ihr keine Verschwendung zu treiben, muß man wissen, wie weit man für den jedesmaligen Zweck die Genauigkeit der Basismessung treiben soll. Wir wissen, daß bei der Entfernungsmessung die Winkelfehler viel ungünstiger wirken als die Basisfehler. Der durch erstere hervorgerufene Entfernungsfehler wächst quadratisch (38), der durch letztere hervorgerufene nur proportional mit der Entfernung (32).

Da beide auf die Messung einwirkenden Fehler nicht harmonisch arbeiten, müssen sie, um die erreichbaren Werte (190) nicht zu stören, in einen gewissen Einklang gebracht werden, das heißt, der harmlosere Fehler muß dem gefährlicheren untergeordnet, ihm angepaßt werden. Die in Tabelle 190 angegebenen Entfernungsfehler bauen sich so auf, daß sie mit der Entfernung quadratisch anwachsen, also als wären sie ganz durch Winkelfehler erzeugt. Die gesamten Entfernungsmeßfehler dieser für eine Brennlänge f = 127 mm errechneten Tabelle entsprechen einem Winkelfehler w von etwa 16″.

Strebt man nun das in der Tabelle 190 an Entfernungs-Meßgenauigkeit als erreichbar Dargestellte an, so muß man den durch den Basisfehler erzeugten Entfernungsmeßfehler als einen Teil des durch den Winkelfehler w entstandenen Entfernungsmeßfehlers betrachten, z. B. als den achten Teil. Das machte für $w = 16'' \frac{16}{8} = 2''$.

Diese zwar willkürliche, aber für die Praxis brauchbare Annahme führt uns zu folgender Formel für die erforderliche Genauigkeit der Basismessung:

$$g = E \,.\, \operatorname{tg} \frac{w}{8},$$

wobei g die erforderliche Basis-Genauigkeit, E die zu messende Entfernung und w die Winkelgenauigkeit der Tabelle 190 bedeutet. (Für f von 127 mm = 16″, für f von 254 mm = 8″ usw.)

Das ergäbe z. B. für w = 16″ und

E = 10 m	g = 0,1 mm
E = 100 m	g = 1,0 mm
E = 1 000 m	g = 10 mm
E = 10 000 m	g = 100 mm
E = 100 000 m	g = 1000 mm usw.

Als Regel für die erforderliche Basisgenauigkeit ergibt sich danach: Von der zu messenden Entfernung soll der Basisfehler einen Bruchteil betragen, und zwar für

die Brennlänge f = 127 mm höchstens $^1/_{100\,000}$
,, ,, f = 254 mm ,, $^1/_{200\,000}$
usf. der zu messenden Entfernung.

Die Länge der Basis selbst bleibt bei dieser Überlegung völlig außer Betracht; für sie ist nur maßgeblich, was unter 225 gesagt ist.

227. **Stahlbandmessungen.** Liegen Basen gut eben, und sind sie gut begehbar, so sind Stahlbandmessungen sowohl für die Ermittelung der ganzen Basis als auch etwaiger Hilfsbasen sehr zu empfehlen. Da die Basis zwischen den Zielspitzen der Dreifüße liegt, ist die direkte Messung dieses Abstandes der einfachste Fall. Um möglichst große Basen direkt messen zu können, versieht man sich mit einem Stahlmeßbande von etwa 30—50 m Länge. Bei dem Meßvorgange ist das Bandmaß des Durchhanges wegen mehrmals zu unterstützen, wozu die vorgestreckten Arme der Bedienungsmannschaft gut geeignet sind. Ferner ist das Band auszudrehen, gerade auszurichten und straff auszuziehen.

Die Ablesung erfolgt am besten so, daß beliebige Teile des Bandes an die Zielspitzen gehalten und auf Kommando im gleichen Moment an beiden Zielspitzen abgelesen werden. Die Differenz beider Ablesungen, die sorgfältig notiert wird, ist die Basis. Man mißt die Basis mit verschiedenen Teilen des Bandes mehrfach und nimmt zuletzt das Mittel. Augenscheinlich falsche Ablesungen werden verworfen.

Für feine Messungen empfiehlt es sich, das Band eichen zu lassen und die Temperatureinflüsse in Rechnung zu stellen. Bandmessungen auf dem Erdboden — falls Leute zur Unterstützung fehlen — sind nicht sehr genau, oder man müßte sich viele Umstände mit dem Herabloten der Zielspitzen machen. Sind die Basen länger als das Band, so ist es am einfachsten, andere Stative einzuschieben, diese möglichst genau auf der Basis auszurichten und fest aufzustellen.

Jeder so hergestellte Abschnitt der Basis ist in obiger Weise zu messen. Liegt in der so geteilten Basis ein Bruch, so ist der Bruchwinkel zu bestimmen und zu notieren. Für jede mit dem Stahlbande gemessene Basis oder für jeden Abschnitt einer Basis muß auch der zwischen den Zielspitzen liegende Vertikalwinkel oder der Höhenunterschied beider Spitzen behufs Projektion der gemessenen Länge auf die Horizontalebene bestimmt und notiert werden.

Sehr zu empfehlen sind außer den Notizen sorgfältige Skizzen über die Basismessung.

Bei diesem Meßverfahren wird man schnell eine Basis von 30 m auf etwa 5 bis 10 mm genau messen können.

228. **Basismessung mit Meßschraube und Meßlatte.** Erfordert die Basismessung große Schnelligkeit, oder sind große Hindernisse in der Basis vorhanden, die das Begehen derselben unmöglich machen, oder

ist die Basis sehr stark geneigt und kann man sich auch mit einer Hilfsbasis nicht gut helfen, so ist man auf dic Meßschraube nebst Meßlatte angewiesen.

Der Meßvorgang ist bereits beschrieben (207), ebenso die Meßschraube (206) und die Meßlatte (213).

Die Messung der Basen mit der Meßschraube erfordert einige Erfahrung. Je größer die Entfernung ist, die wir stereoskopisch messen wollen, desto weniger Genauigkeit braucht die Basis zu enthalten (226), jedoch desto länger muß sie sein. Aber je länger die Basis ist, desto schwerer ist es auch, eine gewisse Genauigkeit bei Anwendung der Meßschraube beizubehalten. Im allgemeinen läßt sich sagen, daß der Basismeßapparat, bestehend aus Meßschraube, Fernrohr und Latte, noch verbesserungsbedürftig ist. Man hilft sich jetzt am besten so, indem man direkt eine Basis mit der Meßschraube nur dann mißt, wenn sie nicht erheblich länger ist als etwa 30 m. Man wolle dabei nicht die volle, den zehnten Teil der Länge des Drehhebels betragende Bewegungsfreiheit der Meßschraube ausnützen, sondern von den verfügbaren 10 Umdrehungen mindestens die beiden ersten und letzten ausschalten. Man lasse die Meßschraube also höchstens nur zwischen den Teilstrichen 2 und 8 des Lineals Z (Fig. 85) spielen.

Da die Meßschrauben verschieden konstruiert werden, ist es notwendig, daß der Aufnehmer durch Vergleichsmessungen sich ein Bild von der Genauigkeit der Einrichtung verschafft, wie solches beispielsweise auf S. 161 gegeben sei.

Die Genauigkeit, mit der aus unserer Messung $\sphericalangle \gamma$ (Fig. 86) hervorgeht, ist ein Maßstab für die Brauchbarkeit der Meßschraube und der beim Berechnen der Basis angewandten Praxis.

229. **Basis-Triangulation.** Die Vergrößerung der mit dem Stahlbande oder mit der Meßschraube gemessenen Basen oder die Überleitung solcher macht Triangulations-Arbeiten erforderlich.

Basisvergrößerung: Es sei die Basis AB Fig. 89 durch Vergrößerung der Hilfsbasis BC, welche direkt gemessen wurde, zu ermitteln. Zu diesem Zwecke müssen die Punkte A, B und C gleichzeitig mit den identischen Stativen des Phototheodoliten besetzt sein. Bei Messung der drei Winkel des Dreiecks ABC ist zu beachten, daß der spitze Winkel γ am schärfsten gemessen werden muß (33). Man muß deshalb $\sphericalangle \gamma$ in mehreren Sätzen (92) messen. Die Winkel bei B und C brauchen nur auf etwa 1′ genau bestimmt zu sein. Je kleiner $\sphericalangle \gamma$ ist, desto schärfer ist dieser zu messen. Ein Mittel, sehr kleine Winkel genauer als mit dem Teilkreise zu messen, besitzen wir in der Meßschraube.

Messung spitzer Winkel mit der Meßschraube. Die Tabelle auf S. 161 gibt bereits ein Bild davon, wie wir mit der Meßschraube

Beispiel einer Vergleichsmessung
zwischen Meßschraube und Theodolit — derselben Winkel γ — Fig. 86.

Winkelmessung mit der Meßschraube							Winkelmessung mit dem Universal-Instrument III. O. der Landesaufnahme
Meßschraube mit Steigungsverhältnis 1 : 100. Ganze Steigung = 10 mm — Nullpunkt auf 5 mm				Winkelberechnung nach dem Tangentenverhältnis			
Ablesung — s. Fig. 86 — für D	B	Ganze Differenz mm	Differenz gegen den Nullpunkt mm	Aus der ganzen Differenz	Aus den Teil-Differenzen	Mittel	
11,498	0,847	10,651	6,498 4,153 10,651	6° 4′ 47″	3° 43′ 4″ 2° 22′ 41″ 6° 5′ 45″	6° 5′ 16′	6° 5′ 17″
5,968	0,580	5,388		3° 5′ 3″	—	—	3° 5′ 12″
7,145	1,903	5,242	2,145 3,097 5,242	3° 0′ 2″	1° 13′ 44″ 1° 46′ 26″ 3° 0′ 10″	3° 0′ 6″	3° 0′ 5″
6,670	3,467	3,203	1,670 1,533 3,203	1° 50′ 4″	0° 57′ 24″ 0° 52′ 42″ 1° 50′ 6″	1° 50′ 5″	1° 50′ 2″

kleine Winkelbeträge bis zu etwa 4° messen können. Man mißt die Hilfsbasis BC so genau als möglich und betrachtet sie wie eine Meßlatte, richtet also, auf A stehend, den Nullpunkt der Meßschraube so, daß das Fernrohr ungefähr auf die Mitte zwischen B und C trifft. Den Winkel γ wird man nach der Ablesung der Meßschraube am besten doppelt errechnen, wie in Tabelle unter 228 geschehen, also indem man die Neigung der Meßschraube einmal ganz, das andere Mal in zwei Teilen gegenüber dem Nullpunkt (5 mm) mit der Länge des Drehhebels in das Tangentenverhältnis stellt.

230. Ausgleichung des Vergrößerungsdreiecks. Die gemessenen Winkel des Dreiecks ABC (Fig. 89) werden als Summe nicht genau 180° ergeben. Die erhaltene Differenz darf nun nicht gleichmäßig auf alle drei Winkel des Dreiecks ABC verteilt werden, wenn die Basiswinkel bei B und C nicht so scharf gemessen sind als der $\sphericalangle\, \gamma$ an der Spitze bei A.

Am besten unterläßt man in diesem Falle einen Ausgleich der Winkel. Man stellt das Dreieck natürlich im Felde sofort zusammen, um sich zu vergewissern, daß grobe Versehen nicht vorgekommen sind.

In Rechnung stellt man jedoch $\sphericalangle \gamma$ mit genau dem Werte, der sich aus dem Mittel seiner Messungen ergeben hat. Ebenso stellt man den Basiswinkel bei C mit dem gemessenen Werte in Rechnung, da dieser auf das Ergebnis der Basisvergrößerung einen viel geringeren Einfluß hat als $\sphericalangle \gamma$ (33).

231. Überleitung von Basen: (s. Fig. 89). Wird außer der Stereo-Basis AB noch eine zweite AD oder gar eine dritte BD gebraucht, so können die Strecken AD und BD durch Messung der Winkel des Dreiecks ABD von der Basis AB abgeleitet werden. In diesem Falle muß auch D durch ein Stativ des Präzisionsphototheodoliten bezeichnet sein. Man kann nach Messung des Dreiecks ABC das Stativ von C nach D umsetzen, also mit 3 Stativen auskommen. Die Stative auf A und B dürfen aber bei dem neuen Meßvorgange nicht verschoben werden.

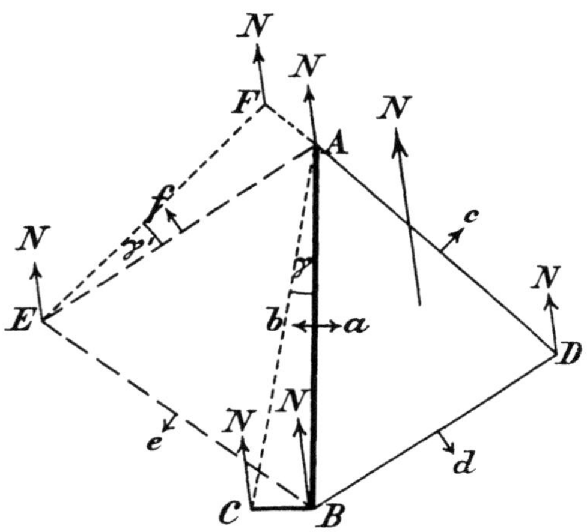

Fig. 89.
Basis-Triangulation.

Für Messung der Winkel im Dreieck ABD genügt das Messen je eines Satzes (92) am Minutenkreise. Auch diese Winkelmessungen müssen sogleich im Felde auf Fehler geprüft werden. Ergibt die Summe der 3 Winkel einen Ausschlag gegen 180°, der sich aus der Meßschärfe allein nicht erklären läßt, so müssen die Winkelmessungen wiederholt werden. Der zulässige Winkelfehler, welcher sich beim Addieren der drei Winkel gegenüber 180° hier ergibt — bei einer Minutenablesung darf er höchstens 3′ betragen —, kann in diesem Falle gleichmäßig auf alle drei Winkel verteilt werden. In dem so ausgeglichenen Dreieck werden die Strecken AD und BD nach dem Sinussatze (102) von AB abgeleitet.

Hat man die gesamte Stereo-Meßarbeit auf den drei Basen AB, AD und BD erledigt, so kann man eins der drei Stative umsetzen, z. B. Stativ D nach E, und in ähnlicher Weise das Dreieck ABE messen, wodurch zwei neue Basen für die Stereomessung gewonnen werden.

In dieser Weise kann man mit drei Stativen viele Basen aneinanderhängen.

Bei der Basistriangulation ergibt sich ohne weiteres außer der Länge jeder neuen Basis auch deren Richtung im Raume, wenn diese Richtung einmal für die erste Basis, z. B. AB, gemessen war (224).

232. Basis-Kontrolle. Die beste Basiskontrolle, besonders in dem Falle, daß mehrere Basen trigonometrisch aneinandergehängt wurden, liegt darin, daß eine der zuletzt trigonometrisch abgeleiteten Basen in derselben Weise, wie die erste Basis gemessen wurde, noch einmal gemessen wird, also entweder direkt mit dem Stahlband, mit der Meßschraube oder durch Vergrößerung einer Hilfsbasis. Im letzteren Falle würde man z. B. in Fig. 89 Stativ B auf Punkt F setzen. Die Hilfsbasis AF mäße man direkt und vergrößerte diese Strecke durch Messung des Dreiecks EAF auf AE (229). Aus dem Ergebnis dieser Berechnung der Strecke AE und ihrer Ableitung von AB erhält man einen Vergleich, aus dem die Genauigkeit der ganzen Basismessung hervorgeht.

Eine grobe Basis-Kontrolle ist für alle Basen geboten, die nicht mehrmals scharf bestimmt sind, bei denen also nicht jeder Zweifel bei der späteren Zimmerarbeit ausgeschlossen ist. Die grobe Kontrolle übt man durch Bandmessung auf dem Erdboden oder, falls das nicht geht, durch Messung mit einem richtigmessenden Stereo-Telemeter[1]) aus. Ebene Strecken kann man auch durch Abschreiten grob kontrollieren. Die Ergebnisse der groben Kontrollmessung sind sorgfältig im Tagebuche zu verzeichnen.

233. Die relativen Höhen der Basen sind auf jeden Fall schon aus topographischen Gründen festzustellen. Zu dem Zwecke werden entweder die Vertikalwinkel zwischen den Basispunkten oder bei geringen Höhenunterschieden die Höhenunterschiede zwischen denselben gemessen.

Diese Messungen brauchen nur mit topographischer Genauigkeit zu erfolgen. Es genügt, wenn der Höhenunterschied für eine Basis von 100 m auf 0,2 m genau bestimmt ist. Auch für alle Basen, die trigonometrisch aneinandergehängt werden, ist die relative Höhe zu bestimmen.

Die relativen Höhen der Hilfsbasen müssen gemessen werden, damit die Längen der geneigten Basen auf die Horizontalebene projiziert werden können, falls diese mit dem Bande gemessen wurden.

234. Skizzen. Für jede Basis eines Stereogramms ist eine Skizze im Tagebuche zu machen, welche enthält (s. Fig. 89): Buchstabenbezeichnung der Basisendpunkte (große Buchstaben), Richtung des magnetischen Nordens (Pfeil und N), Richtung und Bezeichnung der Stereogramme (kurzer Pfeil und kleiner Buchstabe).

Werden diese Skizzen nicht höchst sorgfältig angefertigt, so ist, wie die Erfahrung gelehrt hat, die ganze Mühe im Felde fast wertlos.

[1]) Lieferant: Firma Carl Zeiß-Jena.

g) Aufnahmen mit dem Feld-Phototheodoliten.

Ein einzelnes Normal-Stereogramm.

235. **Einleitung.** Der verhältnismäßig einfache und schnell ausführbare Meßvorgang soll hier nur ganz kurz zur Orientierung beschrieben werden. Es sei aber vorweg bemerkt, daß diese Beschreibung als Anweisung nicht ausreichend ist. Sowohl in dem Instrument als auch in seiner Handhabung liegen viele Fehlerquellen, die der Anfänger nicht ahnt, und deren Wirkung erst zutage tritt, wenn in der Heimat oder im Zimmer die topographische Auswertung des im Felde aufgenommenen Materials beginnt. Dann ist es aber zu spät, um Versehen gut zu machen.

Deshalb soll der kurzen Orientierung über den Meßvorgang eine Beschreibung der Fehler folgen, die bei der Fabrikation des Phototheodoliten und bei seinem Gebrauche auftreten können. Ohne sorgfältiges Studium dieser Abschnitte über die Fehler wird der Aufnehmer auch nicht annähernd das leisten, was in der Tabelle 190 als bereits erreicht dargestellt ist. Und man wolle auch nicht glauben, daß man ohne sorgfältiges Studium der Fehlerquellen etwas Brauchbares leisten könne, wenn die Ansprüche gegenüber dem in Tabelle 190 Gebotenen „etwas herabgesetzt" werden. Was dann erreicht wird, ist schwer zu sagen. Bisjetzt hat die Praxis gezeigt, daß ohne sorgfältiges Studium der Materie die Feldarbeit nahezu unbrauchbar war. Der Nutzen der stereoskopischen Messung liegt in ihrer großen Fernwirkung. Diese bedingt den hochempfindlichen Meßvorgang, der durch unverstandene Handgriffe nicht ausführbar ist. Die begangenen Fehler wirken so gewaltig, daß der Glaube an den Wert der Messungen in Fällen, die nicht kontrollierbar sind, zu den wunderlichsten Ergebnissen führen kann. Es muß daher eindringlich vor einem oberflächlichen Hantieren mit der stereoskopischen Meßmethode, besonders bei Forschungsreisen, gewarnt werden.

Verfasser hofft aber, daß ein eingehenderes Studium der Materie noch auf der Reise dem Aufnehmer helfen kann, seine Ausrüstung im Interesse der Wissenschaft richtig zu handhaben. Zur Anschaffung geeigneter Präzisions-Instrumente auf der Reise wäre es natürlich zu spät.

236. **Prüfung von Instrument und Zubehör.**

An Stativen sollen die Holzbeine in den Beschlägen, die die Verbindung mit der Erde und mit der Bodenplatte herstellen, festsitzen. Die Fußtritte müssen fest sein und keine Klemmschraube darf fehlen. Steinsäcke und Schnallriemen müssen vorhanden und heil, die Lagerschrauben der Bodenplatte unbeschädigt und beim Transport geschützt sein. Transportkästen sollen heil und mit Vorhängeschlössern, die alle gleiche Schlüssel haben, verschließbar, die Verpackung muß fest sein.

Die Dreifüße müssen heil, keine Schraube darf beschädigt sein oder fehlen. Die Zielspitze muß sich leicht, aber genau in der Buchse bewegen und mittels einer Kette an der Bodenplatte hängen. Der Anschraubering soll gut funktionieren. Die Zielscheibe soll auf die Zielspitze passen und gut im Anstrich sein. Die Dosenlibelle muß in Ordnung sein — Glas heil und Blase der Temperatur des Aufnahme-Gebiets angepaßt. Die Dreifüße werden am besten zu zweien in einen mit gefütterten Lagern versehenen Kasten verpackt. Die bisher über die an den Stativen befestigten Dreifüße gestülpten Holzhauben haben sich bei größeren Transporten nicht bewährt. Die Dreifüße brechen darin entzwei. Die Holzhauben sind nur für kleinere Marschtransporte empfehlenswert.

Am Instrument selbst dürfen keinerlei Schäden äußerlich sichtbar sein. Alle Befestigungsschrauben müssen festsitzen. Haben sich die Schrauben zur Verbindung der Kamera mit der Vertikalachse gelockert, so ist auf jeden Fall das Instrument unbrauchbar und im Felde nicht mehr zu reparieren. Dasselbe ist der Fall, wenn sich die großen Klemmschrauben am Kamera-Objektiv und neben der Schutzhülse des Fernrohrs gelöst haben. Der Gebrauch des Schraubenziehers oder der Stellstifte ist nur dann ungefährlich, wenn das Instrument in seiner Konstruktion und Funktion vollständig bekannt ist.

Die Meßschraube bzw. die Feinschraube für den Horizontalkreis sowie die Vertikalachse bzw. die Alhidade müssen leicht, aber ohne fühlbaren Spielraum laufen.

Der Anlegerahmen soll sauber sein, darf aber nicht geputzt werden. Die feinen Lochmarken sollen offen sein. Man reinigt sie mit einer Borste, die man der Taschenbürste entnimmt. Reinigung mit Draht oder Dorn macht das Instrument unbrauchbar. Der Tuchstreifen im Kassettenrahmen soll glatt und festsitzen. Der kleine Balgen darf kein Licht durchlassen und muß sauber sein (335).

In den Libellen darf die Blasenlänge nicht zu groß sein, wenn man in kalten Regionen arbeiten will, und umgekehrt für warme Gegenden nicht zu klein sein. Für große Reisen versehe man sich mit einer Reserve-Libelle.

Die Magnetnadel muß auf ihrem Stift leicht oder empfindlich schwingen, für den Transport des Instruments aber festgeklemmt sein. Man versehe sich mit einem Reserve-Stift für die Magnetnadel und mit Schleifstein (Mississippistein) und Halter zum Nachschleifen der Stifte.

Objektivdeckel und Gelbscheibe nehme man auf eine größere Reise in je 2 Exemplaren mit.

Das Zubehör im Tragekasten soll vollständig und brauchbar sein.

Der Tragekasten selbst muß heil und verschließbar sein.

Zu weitem Bahn- oder Schiffs-Transport ist der Tragekasten in eine gepolsterte Überkiste mit Vorhängeschloß zu setzen.

Die Meßlatte ist sorgfältig daraufhin zu prüfen, daß sie heil ist, die Endmarken gut bezeichnet sind, die Längen-Angabe richtig, das Thermometer ganz ist, die Hülse auf die Zielspitze paßt, das Fernrohr senkrecht auf der Latte sitzt.

Die Verpackung einer guten Stahllatte erfolgt in einem Holzkasten, in mit Tuch ausgekleideten Lagern.

Für den Transport der Stahllatte ist noch eine gepolsterte Überkiste nötig.

Die Kassetten sind besonders sorgfältig zu prüfen. Sie müssen heil und lichtsicher sein. Die Platten müssen fest darin liegen und doch willig in Richtung der Tiefe federn, dabei keinen Seitendruck (auf hohe Kante) erhalten (338).

Die Trockenplatten sollen frisch und gut verpackt sein (für Tropen besonders präpariert und in mit Gummistreifen verklebten Blechschachteln verpackt). (217.)

Im übrigen darf bezüglich der Prüfungen bei der Beschreibung von Instrument und Zubehör nachgelesen werden (200 bis 223).

237. **Beurteilung der Basis.** Die für den gegebenen Zweck erforderliche Länge der Basis ist nach 225 zu ermitteln.

Die Unveränderlichkeit der Basis ist Grundbedingung für das Gelingen desjenigen Normal-Stereogramms, welches nicht momentan mit Stand-Phototheodoliten aufgenommen wird. Die Unveränderlichkeit der Basis muß z. B. in Zweifel gezogen werden, wenn die Aufnahmen auf Gletschern, Küsteneis oder Treibeis erfolgen.

Die Eigenbewegung der Gletscher entzieht sich zwar kurzer Beobachtung. Eine Gletscherbewegung von 50 mm pro Stunde, die nichts Ungewöhnliches ist, genügt aber, um stereoskopische Messungen illusorisch zu machen.

Im Küsteneise können, nachdem das eine Bild des Stereogramms aufgenommen ist, Sprünge entstehen, die die Länge und Richtung der Basis ändern. Auf Treibeis ist die Aufnahme eines Normal-Stereogramms der Küstenlandschaft mit dem Feld-Phototheodoliten gänzlich aussichtslos, und sei die Treibeismasse noch so groß.

In Moor- und Wiesenland, auf glatten Steinflächen und Bauten verschieben sich die Stative leicht unmerklich, weshalb man derartige Standorte möglichst meidet.

238. **Aufstellung der Stative.** Es ist zunächst das unter 224 über die Auswahl und die erforderliche Länge der Basis Gesagte zu beachten. Die Stative müssen auf beiden Basisendpunkten sehr fest aufgestellt

werden, nötigenfalls sind die Säcke mit Steinen oder mit Sand zu füllen. Die Klemmschrauben werden erst fest angezogen, wenn die Beine endgültig in den Boden eingetreten sind — es entstehen sonst Spannungen im Stativ, die sich während der Arbeit auslösen und eine Verschiebung des Stativs bewirken können. — Dann werden die Dreifüße mittels ihrer Stellschrauben und der Dosenlibelle horizontiert. Die Stellschrauben sollen sich noch leicht, aber ohne fühlbaren Spielraum bewegen. Demgemäß sind die Klemm- und Überfangschrauben nur ganz leicht anzuziehen. Nach Einspielen der Dosenlibelle schraubt man auch noch die Zielspitze mittels des Anschrauberinges fest, und nun darf das Stativ sich auch bei ziemlich kräftigen Angriffen weder rühren noch drehen lassen. Die jetzt zwischen den Zielspitzen liegende Linie ist die genaue Basis. Sie muß während des ganzen Meßvorganges — Einschneiden, Basismessung und Aufnahme des Normal-Stereogramms — unverändert erhalten bleiben. Erleidet auch nur eins der Stative während der Arbeit einen Stoß, durch den es verschoben sein könnte, so kann man von der ganzen Arbeit höchstens noch den topographischen Einschnitt gelten lassen. Alles, was bis dahin an Basisrichtung, Basismessung und Stereoaufnahme geleistet wurde, ist dann zu verwerfen. Der Aufnehmer, der so ungeschickt war, kann sicher nicht beurteilen, was von der Messung noch brauchbar ist, und muß alles bis auf den Einschnitt noch einmal machen.

239. **Aufstellung des Phototheodoliten.** Auf demjenigen Basisendpunkte, der die beste Umsicht bietet, und auf dem man die topographischen Bestimmungen (242) für das Normal-Stereogramm auszuführen gedenkt, stellt man in der Regel den Phototheodoliten zuerst auf. Aus dem Dreifuß wird die Zielspitze herausgenommen und statt ihrer der Phototheodolit mit seinem Zapfen vorsichtig in den Dreifuß eingesetzt und darin festgeschraubt. Gehört zu dem Instrument ein Gegengewicht, so darf nicht vergessen werden, dies anzusetzen, weil sonst das Horizontieren mit Schwierigkeiten verknüpft ist bzw. nicht gelingt.

240. **Horizontierung des Phototheodoliten.** In der Regel hat der Phototheodolit zwei Libellen (man kommt natürlich mit einer einzigen zur Not auch aus). Jede der Libellen muß sich in Justierung befinden. Die Libellen müssen als „Alhidadenlibellen" angesprochen werden, weil die Kamera, an der sie befestigt sind, sich mit der Alhidade um die Vertikalachse herumdrehen läßt. Hinsichtlich der Justierung der Libellen gilt das unter 86 Gesagte.

Eine der Libellen steht parallel mit dem Horizontalfaden der Kamera; sie ist die feinere der beiden (333). Die andere steht senkrecht zur ersteren, also parallel zur Kameraachse. Das Horizontieren erfolgt, wie unter 90 für den Theodoliten beschrieben. Es ist so genau als möglich zu machen, weshalb vor allen Dingen durch einen Feldschirm direktes Sonnenlicht fernzuhalten ist.

241. **Berichtigung der Dosenlibelle des Dreifußes.** Nach Horizontierung des Phototheodoliten mittels seiner Libellen zeigt sich, ob die am Dreifuß befindliche Dosenlibelle in Justierung ist. Ist das nicht der Fall, so muß sie durch Unterlagen von Stanniolplättchen justiert werden. Man darf über eine Dejustierung der Dosenlibellen nicht hinwegsehen, weil sonst die Zielspitze nicht genau an derjenigen Stelle steht, an die hinterher die Vertikalachse des Phototheodoliten nach seiner Justierung tritt.

242. **Winkelmessen.** Es bezweckt topographische Bestimmung der Station nach Lage und Höhe und der Basisrichtung sowie Messung der Basislänge (224). Der gewandte Aufnehmer verbindet nach Möglichkeit die drei Arbeiten und sorgt dafür von vornherein vor. Ist z. B. die Basis von einer Hilfsbasis trigonometrisch abzuleiten, so wird auch die Hilfsbasis von Anfang an schon durch Aufstellung eines dritten Stativs bezeichnet (s. Fig. 89).

Die Winkelmessungen können ebensogut nach der photographischen Aufnahme erfolgen wie vor derselben. Man richtet sich nach dem Wetter. Günstige Beleuchtungsmomente werden unbedingt für die Bildaufnahmen ausgenützt. (S. auch 343.)

Alle Winkelmessungen erfolgen mit dem Phototheodoliten, jedoch topographisch, für jeden Fall in zweckentsprechender Weise und Schärfe. Die Kontrolle der Messungen muß noch im Felde erfolgen. Um Winkelauszüge im Felde zu ersparen, stelle man den Horizontalkreis mittels seiner Feinschraube für eine Anfangsrichtung genau auf 0^0 und bei einem etwaigen zweiten Satz auf genau 90^0 ein. Man kann dann durch Vergleich der notierten Grad- und Minutenziffern die Richtigkeit der Messung ohne Rechnung leicht übersehen.

243. Die topographische Bestimmung der Station braucht nur auf einem der Basisendpunkte zu erfolgen. Zu bevorzugen ist der linke Basispunkt, weil die stereoskopischen Konstruktionen sich auf diesen beziehen. Bietet aber die Bestimmung des linken Basispunktes Schwierigkeiten, so führe man sie unbedenklich auf dem rechten aus, denn durch die Basis-Länge und -Richtung ist ja auch der andere Basispunkt bestimmt. Die Wahl der zur Bestimmung nötigen Meßoperation richtet sich nach der Zahl, Lage und Sichtbarkeit der gegebenen Festpunkte. Sie erfordert volles Verständnis für die topographische Punktbestimmung (10 bis 18). — Über Messung der Höhe s. 48 bis 64. — Man wolle auch das über „Winkelmessungen mit dem Theodoliten“ (92 bis 104) Gesagte beachten und bedenken, in welcher Schärfe die Bestimmungen überhaupt gebraucht werden.

Soll z. B. die Originalkarte den Maßstab 1 : 100 000 erhalten, so genügt eine Genauigkeit der Punktbestimmung auf 10—20 m. Für einen Maßstab von 1 : 500 000 genügt schon eine Genauigkeit von 50—100 m. Bei dieser Überlegung wird davon ausgegangen, daß ein Zirkelstich eine Ausdehnung von 0,1—0,2 mm hat.

Am beliebtesten für die Bestimmung des Standortes ist in der Topographie der Rückwärtseinschnitt. Man bedenke aber, daß man sich leicht im Erkennen eines fernen Festpunktes irrt. Man messe deshalb mehr Richtungen als die unbedingt erforderlichen drei, sobald man mehr sehen kann.

Unter den aufgeschriebenen Richtungen soll, sobald der Einschnitt nicht absolut zweifelsfrei ist, sich auch stets diejenige Richtung des Fernrohrvisiers befinden, in welcher die Magnetnadel auf ihre Zeiger- oder Indexlinie scharf einspielt. Laufen Fernrohr- und Bussolenvisier parallel, und stellt man für die magnetische Nordrichtung den Teilkreis genau auf 0^0, so erhält man für jede der gemessenen Richtungen ohne weiteres das magnetische Azimut derselben.

Ferner ist zu bedenken, daß mittels der Basis des Stereogramms leicht der Abstand von einem scharf bezeichneten Festpunkt trigonometrisch (mit dem Teilkreise) gemessen werden kann, wenn der Festpunkt und der gegenüberliegende Basispunkt auf beiden Basispunkten angeschnitten werden und wenn die Entfernung des Festpunktes nicht zu groß ist. Es wird sich aus der Genauigkeit der Einstellung und Winkelablesung, aus der Basislänge und dem Kapitel über die Grundlagen der Entfernungsmessung (29 bis 46) ein Urteil ermöglichen lassen, auf wie große Strecken diese Entfernungsmessung für den beabsichtigten Kartenmaßstab zulässig ist. Mit Hilfe der zu errechnenden beiden Entfernungen und des magnetischen Azimutes erhält man so für beide Basisendpunkte je einen Überschlag (18).

244. Die Bestimmung der Basisrichtung. Durch diese werden die Richtungen für alle aus dem Stereogramm hervorgehenden Messungen bestimmt. Sollen die Stereomessungen eine Richtungsgenauigkeit von etwa 1′ erhalten, so muß auch die Richtung der Basis auf mindestens 1′ genau gemessen sein. Mit Rücksicht auf die großen Entfernungen, die stereoskopisch gemessen werden, nützt man gern die Winkelgenauigkeit des Horizontalkreises vom Phototheodoliten, die 1′ beträgt, voll aus.

Es ist daher der andere Basispunkt in dem Winkelsatze, der dem Einschnitt dient, gleich mitzumessen und auf 1′ genau, d. h. auf 100 m auf 0,03 m genau anzuschneiden. Der Einschnitt soll so scharf als möglich sein, und es ist vorteilhaft, die Richtungen nach recht fernen Punkten mitzumessen. (Der Einschnitt nach nahen Punkten gibt eine gute Bestimmung der Lage des Stationsortes, derjenige nach weiten

Punkten eine gute Bestimmung der Basisrichtung.) Man schneidet also, wenn möglich, nahe und ferne Punkte an.

Ist aber die Stationsbestimmung unsicher, so ist die Messung der Basisrichtung mittels der Magnetnadel vorzuziehen. Zu diesem Zwecke wird das magnetische Azimut der Basis nicht nur auf ihren beiden Endpunkten, sondern auch das der Hilfsbasis gemessen, falls eine solche benutzt wurde. Ist die gemessene Basis trigonometrisch auf weitere Basen übergeleitet worden (231), so müssen die magnetischen Azimute auch aller neuen Basen an deren beiden Endpunkten gemessen werden. Dies läuft praktisch darauf hinaus, daß bei unsicheren Stationierungen auf jedem Stativ, auf dem der Phototheodolit aufgestellt wird, zuerst die Nadel durch Drehen des Instruments zum Einspielen gebracht, der Teilkreis auf 0 gestellt und dann jedes der fest aufgestellten Stative angeschnitten wird.

Durch die vielen gemessenen magnetischen Azimute der Basisdreiecksfiguren (Fig. 89) ist ein guter Mittelwert für das magnetische Azimut der einzelnen Basisrichtungen zu erlangen.

Arbeitet man nicht in einem Dreiecksnetz, so ist diese Art der Basisrichtungsmessung auf jeden Fall ein Gebot der Notwendigkeit.

245. Deklinationsmessungen. Die Orientierung der Basis des Stereogramms nach dem magnetischen Azimut hat zur Voraussetzung, daß auf Festpunkten, so oft als möglich, das magnetische Azimut von Richtungen nach anderen Festpunkten gemessen wird. Daraus ergibt sich ohne weiteres die Größe des Deklinationswinkels (13). Werden diese Messungen ebenfalls mit demselben Phototheodoliten gemacht, so schadet es nicht, wenn zwischen Fernrohr- und Bussolenvisier ein Divergenzwinkel besteht. In diesem Falle ist die aus der Messung magnetischer Azimute von bekannten Dreiecksseiten folgende Deklinationsbestimmung allerdings mit dem Divergenzwinkel als Fehler behaftet, was jedoch der topographischen Aufnahme nicht schadet, wenn dieser Fehler konstant bleibt. Arbeitet man aber nicht in einem Dreiecksnetz, dann muß die Deklination dem Aufnehmer als richtiger Winkel gegeben oder gelegentlich der astronomischen Ortsbestimmungen gemessen sein. In diesem Falle muß auch der Divergenzwinkel zwischen Fernrohr- und Bussolenvisier beseitigt oder gemessen und später bei den Konstruktionen berücksichtigt werden.

Dasselbe gilt auch, wenn die Deklinationsbestimmungen bei einer Triangulation mit einem besonderen Instrument genauer ausgeführt sind und für den mit Divergenzwinkel behafteten Phototheodoliten gelten sollen.

246. **Messung der Basislänge** (s. 224 bis 234) kann sogleich erfolgen, aber ebensogut auch aufgeschoben werden, bis die Bilder aufgenommen sind.

247. Bildbezeichnung. Eine sorgfältige Bezeichnung der Bilder ist unbedingt erforderlich, weil sonst eine spätere Ordnung des Platten- und Bildermaterials bei den Zimmerarbeiten unmöglich ist. Die Bezeichnung muß durch die Aufnahme selbst jeder der Platten aufgestempelt werden und soll bestehen in einer Nummer für Stationsbezeichnung und einer zweiten für Bildbezeichnung. Es ist sehr praktisch, dem einen Nummerrade (208) römische, dem anderen arabische Ziffern zu geben. [Zu einer Station rechnet man sämtliche trigonometrisch verknüpften Basen — s. Fig. 89 — (229).]

Außer diesen Nummern erhält jedes Bild im Tagebuche noch eine Bezeichnung, die sich auf die Basisskizze bezieht und ohne weiteres erkennen läßt, wo und in welcher Richtung das Bild aufgenommen ist, und welche Bilder zu dem gleichen Stereogramm gehören.

Es sei z. B. in Fig. 89 auf der Basis A B nach beiden Seiten hin je ein Stereogramm aufzunehmen, so würde man das eine a, das andere b nennen.

Steht man zuerst auf A (Fig. 89), so macht man zunächst das linke Bild 1 vom Stereogramm a, schlägt das Fernrohr durch, dreht das Instrument um 180⁰ herum und macht sogleich das rechte Bild 2 vom Stereogramm b. Dann geht man nach B, macht z. B. zuerst das linke Bild 3 vom Stereogramm b und dann nach Durchschlagen des Fernrohres und Umdrehen des Instruments um 180⁰ das rechte Bild 4 vom Stereogramm a.

Die Bezeichnungen lauten:

Im Tagebuche:			Auf der Platte:
Station	Stativ	Bildbezeichnung	
I	A	1 a l	I 1
I	A	2 b r	I 2
I	B	3 b l	I 3
I	B	4 a r	I 4
	u. s. f.		u. s. f.

Zu diesen Bezeichnungen gehört natürlich eine sorgfältige Skizze im Tagebuche — s. Fig. 89 — (234).

Es sei hier noch an die Bleibezeichnung aller Platten, die als belichtet aus der Kassette genommen werden, bestehend im Datum der Belichtung und Nummer der Kassette am Rande der Schichtseite, erinnert (208 Schluß). Diese Vorsicht ist dringend nötig, falls die Nummern des Rädchens für Stationsbezeichnung erschöpft sind und diese Bezifferung von vorn anfangen muß, oder falls die Einstellung der Rädchen vergessen wurde. Die Einstellung der Nummerrädchen läßt sich bei manchen Instrumenten von außen bewirken und kann dann noch kurz vor der Belichtung der Platte erfolgen. Andere Nummerrädchen werden durch direktes Anfassen bewegt, weshalb sie nach Entfernung der Mattscheibe und vor Einbringen der Kassette einzustellen sind.

248. **Blendeneinstellung.** Feststehende Gegenstände photographiert man am liebsten mit kleinster Blende, weil dann mit dem Hintergrund zugleich auch der Vordergrund scharf gezeichnet wird. Feld-Phototheodolite haben deshalb der Einfachheit halber meistens eine feste Blende, deren Durchmesser gewöhnlich den 40. Teil der Brennlänge f ausmacht.

Das Öffnungsverhältnis ist ein Quotient, in dessen Nenner die Brennlänge f und in dessen Zähler der Blendendurchmesser steht. So ist z. B.

für f	= 120 mm	und Blende	3,0 mm	das Öffnungsverhältnis	=	$^1/_{40}$
„ „	= 180 „	„ „	4,5 „	„ „	=	$^1/_{40}$
„ „	= 240 „	„ „	6,0 „	„ „	=	$^1/_{40}$
„ „	= 150 „	„ „	3,0 „	„ „	=	$^1/_{50}$
„ „	= 250 „	„ „	5,0 „	„ „	=	$^1/_{50}$
	u. s. f.					

Für gleiche Öffnungsverhältnisse ist unter sonst gleichen Verhältnissen die Belichtungszeit dieselbe. Hat man sich auf ein fest eingestelltes Öffnungsverhältnis eingearbeitet, und man will sich eine Umrechnung ersparen, so stelle man eine etwa gegebene Irisblende nach dem bekannten Öffnungsverhältnis ein. Die Berechnungsart der Blende ist aus vorstehender Aufstellung zu erkennen.

Bezüglich der Blenden sind die Objektive verschieden beschrieben. Zum Teil ist das Öffnungsverhältnis, zum Teil der Blendendurchmesser, oft auch eine Ziffer angegeben, die das relative Verhältnis der Belichtungszeiten ausdrückt. Am klarsten ist die Sache, wenn man sich an das Öffnungsverhältnis hält und dies ein für allemal gleich einstellt, entweder auf $^1/_{40}$ oder, wenn die Blende sich überhaupt noch stärker verkleinern läßt, auf $^1/_{50}$. Ist das gewünschte Öffnungsverhältnis nicht direkt am Blendenringe abzulesen, so errechnet man sich für ein solches den Blendendurchmesser und stellt die Blende darauf ein.

249. **Einsetzen der Gelbscheibe.** Für Aufnahmen von Objekten über 1000 m Entfernung wird es nötig, durch die Gelbscheibe zu photographieren. Ein Farbfilter, in diesem Falle die Gelbscheibe, läßt vorzugsweise diejenigen Strahlen durch, die die Farbe des Filters haben. Die anders gefärbten Strahlen, hier besonders die blauen, werden zurückgehalten[1]): z. B.: Weiße Wolken auf blauem Himmelsgrunde heben

---

[1]) Dies bedingt, daß die Platten für gelbes Licht empfindlich sind. Gewöhnliche Platten sind für gelbes Licht wenig, dagegen für blaues Licht sehr empfindlich.

sich bei gewöhnlichen photographischen Aufnahmen nicht viel voneinander ab. Photographiert man dies Objekt durch eine passend gefärbte Gelbscheibe, so wird der Kontrast weiß-blau bedeutend gehoben. Ähnlich wirkt die Gelbscheibe gegenüber dem bläulichen Dunst in der Ferne. Sie hebt also die Kontraste für ferne Objekte, worauf bei den zarten Unterschieden zwischen Licht und Schatten, wie sie hier bestehen, viel ankommt. Die Gelbscheibe muß sehr sauber geputzt sein, wie auch das Objektiv. Das Abwischen[1]) der Gläser macht man am besten mit einem recht weichen leinenen Taschentuch. Von der Gelbscheibe muß genau bekannt sein, wieviel durch sie die Belichtungszeit verzögert wird. Eine Taxe der Gelbscheibe bezüglich ihrer Verzögerung setzt sehr hohe Erfahrung voraus. Man muß, falls die Verzögerung auf der Fassung nicht angegeben ist (215), sie durch Probephotographien systematisch ermitteln, was im Standquartier geschehen kann. Die Gelbscheibe muß so fest in ihrem Lager sitzen, daß sie nachher beim Abnehmen des Objektivdeckels nicht herausgerissen wird.

250. **Aufsetzen des Objektivdeckels.** Dies muß vor Einbringung der Kassette geschehen. Der Deckel muß dicht schließen, festsitzen und doch leicht abzunehmen sein. Seine Reibungsfläche ist meistens mit Plüsch gefüttert. Diese Fütterung muß unbeschädigt sein. Der Deckel soll durch eine Schnur mit dem Instrument verknüpft sein.

251. **Herunterklappen des Spiegels** (s. Sp. in Fig. 81). Es darf dies auf keinen Fall vergessen werden, weil sich sonst die obere Lochmarke zuweilen nicht abbildet und das Bild damit unmeßbar wird (208).

252. **Einbringen der lichtempfindlichen Platte.** Hierzu dient die Kassette. Nach vollständigem Zurückziehen des Kassettenrahmens wird die Kassette vorsichtig, ohne das Instrument hart zu berühren, eingesetzt. Ehe man den Schieber vor der Platte fortzieht, muß man gesehen haben, daß ein kleiner Riegel am oberen Rande der Kassette eingeschnappt hat, weil man sonst mit dem Schieber die schon teilweise geöffnete Kassette zurückzieht und damit die Platte vollständig verdirbt. Nach Entfernung des Schiebers faßt man die beiden Lappen des Kassettenrahmens je mit Daumen und Zeigefinger beider Hände und bringt den Rahmen recht parallel vor, bis die beiden mit den Ringfingern angehobenen Winkelhaken einschnappen und den Rahmen mit Kassette festhalten. Dieser Griff erfordert einige Übung. Der ganze Vorgang soll das Instrument nicht aus seiner Vertikalachsenlage und Horizontierung bringen. Er ist deshalb sehr behutsam auszuführen.

Nachdem die Kassette vorgebracht ist, klopft man leicht mit den Fingernägeln auf die Rückseite der Kassette, damit die Platte recht gute Fühlung mit dem Anlegerahmen nimmt.

---

[1]) Man muß zur Schonung des Okjektivs möglichst verhüten, daß das Abwischen nötig wird.

253. **Visur nach dem anderen Basispunkte.** Die Visur bezweckt die Einstellung des Winkels von 90° zwischen Kameraachse und Basis. Dieser Winkel muß mit der denkbar größten Schärfe eingestellt sein, weshalb der mit Minutenablesung versehene Horizontalkreis dazu nicht genügt. Die Fernrohrkonstruktion (210) bürgt dafür, daß die Kameraachse — auf wenige Sekunden genau — senkrecht auf der Basis steht, wenn das Fernrohrvisier scharf auf die Achse der Zielspitze bzw. Dreifußbuchse des Stativs am anderen Basisende gerichtet ist. Man hat also nichts weiter zu tun, als diese Einstellung mit größter Schärfe — auf etwa 1″ genau — vorzunehmen, was sehr erleichtert wird durch Aufstecken der Zielscheibe (203) auf die Zielspitze. Es ist zu bedenken, daß auf 100 m Basis die Mißweisung für 1″ nur 0,5 mm beträgt.

254. **Belichtung der Platte.** Ehe man hierzu schreitet, wirft man noch einen Blick auf das Objektiv, das von direkten Sonnenstrahlen nicht getroffen werden darf, weil die Platte sonst verschleiert. Einen weiteren Blick wirft man auf die Libellen und stellt sie nötigenfalls nach. Der kleine Spiegel muß ganz heruntergeklappt sein. Der letzte Blick geht durchs Fernrohr, das mit größter Genauigkeit auf den schwarzen Keil der Zielscheibe zeigen muß.

Vorsichtig drehend wird dann der Objektivdeckel zurückgezogen, bis er ganz aus der Fassung heraus ist. Dann erst, wenn man durch Fortnehmen des Deckels den Apparat nicht mehr erschüttern kann, nimmt man ihn schnell ab, und zwar von unten nach oben[1]) — ohne mit dem Ärmel in das Gesichtsfeld zu kommen — und setzt ihn umgekehrt wieder auf. Man schließt also schnell erst die Öffnung nur durch loses Vorsetzen und drückt dann den Deckel drehend in seine Fassung hinein.

255. Die Belichtungszeit muß genau getroffen werden (340 bis 348). Wird in diesem Punkte gesündigt, so ist an einen Erfolg bei stereoskopischen Messungen nicht zu denken. Bei allen Feld-Phototheodoliten ermittelt man am besten die richtige Belichtungszeit durch Probephotographie für eine bestimmte Blende.

Zur ersten Orientierung sei folgendes gesagt: Es hat den Anschein, als wäre die photographische Wirkung besten Sonnenlichtes auf der ganzen Erde nahezu gleich, solange es sich um die hier fast allein nur in Betracht kommende Aufnahme von Fernlandschaften handelt.

Photographiert man mit Chromo-Isolar-Platten — Agfa — ohne Gelbscheibe und mit dem Öffnungsverhältnis $^1/_{50}$ (248), so erhält man in unseren Breiten ein tadelloses Landschaftsfernbild bei bestem Sommer-Sonnenlicht in 1 Sekunde Belichtungszeit. Für andere Jahres- und

[1]) Dadurch wird der Vordergrund etwas länger belichtet als der Hintergrund, wie es auch richtig ist (283).

Tageszeiten ändert sich die Belichtungszeit und zwar etwas unsymmetrisch. — S. Tabelle 256. —

256. Tabelle der Belichtungszeiten in Sekunden für „Agfa“-Chromo-Isolar-Platten, Öffnungsverhältnis $^1/_{50}$, Landschaftsfernaufnahmen, Sonnenlicht — ohne Anwendung einer Gelbscheibe — [1]).

Monate	Tagesstunde (Uhr)											
	7	8	9	10	11	12	1	2	3	4	5	
Mai, Juni, Juli, August	2	1,4	1,2	1	1	1	1	1	1	1,2	1,4	1,7
April und September.	3	2	1,4	1,2	1,1	1	1	1,1	1,2	1,4	1,7	2
März und Oktober .		3	2	1,4	1,2	1,1	1,1	1,2	1,4	1,7	2	
Februar und November			4	3	2	1,5	1,5	1,7	2	3		
Januar und Dezember						2	2					

(Bei leichter, zusammenhängender Wolkendecke sind die Belichtungszeiten höchstens zu verdoppeln.)

257. Umrechnung der Belichtungszeit. Ändert sich das Öffnungsverhältnis, so muß die Belichtungszeit (256) umgerechnet werden. Es gilt dafür folgendes Gesetz:

Verkleinert man den Nenner des Öffnungsverhältnisses, so verringert sich die Belichtungszeit, und zwar im quadratischen Verhältnis zur Verkleinerung.

Anschaulich für die Umrechnung wirke folgende Tabelle:

258. Tabelle der Belichtungszeiten in Sekunden für Fernaufnahmen (nach Tabelle 256) und verschiedene Öffnungsverhältnisse.

Öffnungsverhältnis 1 durch	Belichtungszeit, umgerechnet für die in Tabelle 256 aufgeführten Belichtungszeiten von Sekunden:							
	1	1,1	1,2	1,3	1,4	1,7	2	3
50	1	1,1	1,2	1,3	1,4	1,7	2	3
40	0,64	0,70	0,77	0,83	0,90	1,09	1,3	1,9
30	0,36	0,40	0,43	0,47	0,50	0,61	0,7	1,1
20	0,16	0,18	0,19	0,21	0,22	0,27	0,3	0,5
10	0,04	0,04	0,05	0,05	0,06	0,07	0,08	0,12
5	0,01	0,01	0,01	0,01	0,01	0,02	0,02	0,03

259. **Entfernen der Platte aus der Kamera.** Wie beim Vorbringen des Kassettenrahmens (252), faßt man mit beiden Händen die Lappen und Winkelhaken, entriegelt den Rahmen und zieht ihn vorsichtig und parallel zurück. In dieser Stellung der Kassette ist die Platte sehr

[1]) Im gleichen Zeitabstande von 12 Uhr ist das Licht morgens etwas schwächer als abends. Auch wolle man an die Mittagsverlegung durch die mitteleuropäische Zeit denken.

gefährdet, weil leicht von der Seite her Licht in den Schlitz, aus dem der Schieber herausgezogen ist, eindringt. Man steckt deshalb recht bald den Schieber wieder ein. Auch dies erfordert Sachkenntnis. Man darf den Schieber nicht mit einer Ecke einführen, sondern zum schnellen und vollständigen Verschluß des Schlitzes auf seiner ganzen Stirnkante mit einem Male.

Ist die Kassette geschlossen, so entriegelt man sie im Kassettenrahmen und zieht sie aus demselben heraus, ohne dabei die Schieber der Kassette anzufassen. Man bringt die Kassette, möglichst geschützt vor Sonnenlicht, baldigst wieder in ihren Tornister und schließt diesen.

Die Kamera wird alsbald mit der Mattscheibe geschlossen, sobald alle Aufnahmen auf diesem Stativ erledigt sind.

260. **Aufnahme am anderen Basisendpunkt.** Zu dem Zwecke wird der Phototheodolit aus dem Dreifuß entfernt und an seiner Stelle die Zielspitze nebst Zielscheibe darin befestigt. Dies muß sehr vorsichtig geschehen, damit die Zielscheibe genau die Stelle angibt, wo vorher die Vertikalachse des Instruments stand.

Der Phototheodolit wird nun auf dem am anderen Ende der Basis stehenden Stativ aufgestellt und horizontiert (240). Eine erneute Prüfung der Libellen ist bei guter Behandlung des Instruments jetzt nicht mehr nötig.

Es werden nun hier alle Operationen (247—259) wiederholt, die auf dem ersten Basisendpunkte vorgenommen wurden. Soweit die erforderlichen Winkelmessungen (242—246) auf der vorigen Stellung noch nicht ausreichend erledigt wurden, sind sie hier nachzuholen.

261. **Führung des Tagebuchs.** Schritt haltend mit den Meßvorgängen auf beiden Basisendpunkten ist, entsprechend dem Zwecke der Aufnahme, Spalte für Spalte sorgfältigst das Tagebuch auszufüllen und auch die Ausfüllung seines Kopfes nicht zu vergessen. Besonders wichtig sind ausführliche Skizzen. Man schreibe das Tagebuch sauber in Blei. Wird ein Nachschreiben mit Tinte nötig, so verschreibe man sich nicht. Bei dem Nachschreiben entstehen leicht Fehler.

Einen Anhalt für die Führung des Tagebuchs gibt das Formular im Anhang (353), nebst einigen willkürlichen Eintragungen.

Man wolle auch nicht vergessen, die Umgebung der Station, entsprechend dem Zwecke der Aufnahmen, im Tagebuche oder auf besonderen Blättern zu krokieren. (73).

Stereoskopische Rundbilder.

262. **Schwenken der Basis.** Es wird selten vorkommen, daß man mit wirklichem Nutzen ein vollständiges stereoskopisches Rundbild aufnimmt. In den meisten Fällen wird man nur Teile von Rundbildern

gebrauchen. Das stereoskopische Feld (169) des mit dem Feld-Phototheodoliten (Fig. 81 und 82) aufgenommenen Normalstereogramms faßt in der Ferne, auf die es ankommt, einen Winkel von 45°. Zu einem stereoskopischen Rundbilde gehören also 8 Stereogramme. Die Aufnahme dieser erfordert, daß die Basis 8 verschiedene Richtungen annimmt, die immer mit 45° aneinanderschließen.

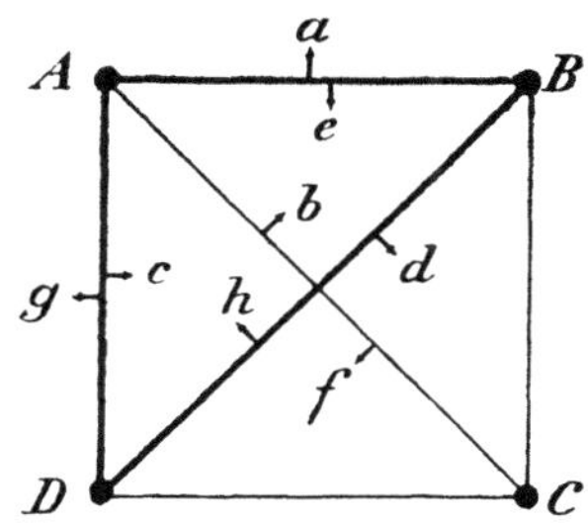

Fig. 90.
Stativaufstellung für stereoskopische Rundaufnahmen.

263. **Der einfachste Fall** für das stereoskopische Rundbild ist gegeben, sobald man 4 Stative gleichzeitig annähernd im Quadrat auf einer Fläche aufstellen kann, die freie Sicht zwischen sämtlichen Stativen und in die Ferne gestattet (s. Fig. 90).

Die Seiten und Diagonalen des Quadrats ergeben die erforderlichen Basen.

Ist man nur mit 3 Stativen ausgerüstet, so operiert man unter den gegebenen Verhältnissen z. B. wie folgt: Man stellt zunächst die drei Stative auf den Punkten A, B und D auf und kann

	auf der	Basis	A B	die	Stereogramme	a und e
	,,	,,	A D	,,	,,	c und g
und	,,	,,	B D	,,	,,	d und h

aufnehmen. Es fehlen dann nur noch die Stereogramme b und f, zu deren Aufnahme man das auf Punkt B befindliche Stativ nach C umsetzt. Man hat dadurch außer der Basis A C noch eine weitere Basis D C gewonnen, auf der das Stereogramm e ebenso wie auf der Basis A B aufgenommen werden kann.

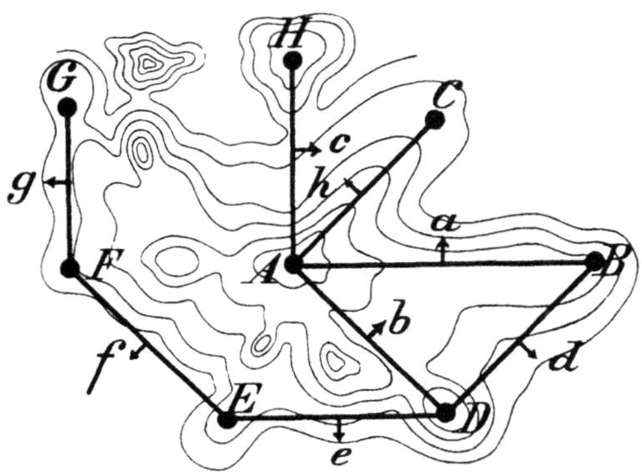

Fig. 91.
Zergliederung einer Station für stereoskopische Rundaufnahmen.

264. **Zerlegung der Station.** Gestatten die Bodenverhältnisse und die Sichten vorstehende Stativaufstellungen nicht, so muß die Station anders gegliedert werden. Es können die verschiedensten Figuren zustande kommen, für die Fig. 91

ein Beispiel sein möge. Die ganze Aufmerksamkeit des Aufnehmers muß sich hierbei darauf richten, daß die Basen möglichst mit 45° aneinanderschließen. Das beste Mittel hierfür ist die Orientierbussole des Phototheodoliten. Läßt man auf jedem Stativ die Magnetnadel spielen und stellt den Teilkreis für die Nordrichtung auf 0°, so liest man für jede andere Richtung direkt das magnetische Azimut am Kreise ab. Hat man nun eine oder mehrere Basen schon benutzt, deren magnetische Azimute man notiert hat, so ist es leicht, die noch fehlenden Basisrichtungen mittels der Magnetnadel in der Natur aufzusuchen.

Zur ersten Orientierung über die Aufstellung der Stative kann man auch einen Routenkompaß benutzen.

265. **Die Vollständigkeit der stereoskopischen Rundaufnahme** ist bei so starker Verschiebung der einzelnen Meßzentren, wie Fig. 90 und 91 andeuten, für den Vordergrund nicht zu erreichen, wenn nicht eine große Verschwendung an Aufnahmen getrieben werden soll. Man wolle berücksichtigen: Vollständige stereoskopische Rundaufnahmen oder größere Teile solcher werden im allgemeinen nur in Frage kommen, wenn eine topographische Verdichtung des Dreiecksnetzes zur Herstellung von Übersichtskarten im ungefähren Maßstabe 1 : 500 000 unter Ausschaltung von Spezialaufnahmen zu schaffen ist (73).

In diesem Falle spielt der Vordergrund, der durch ein Kroki erledigt wird, ebensowenig eine Rolle wie die Vollständigkeit der Rundaufnahmen oder ein genauer Anschluß der Stereogramme in der Ferne, wie unter 73 ausgeführt ist.

266. **Abkürzung der Aufnahmen.** Sobald mehrere Stative gleichzeitig zur Aufstellung kommen, kann man die Arbeiten wesentlich abkürzen, indem man auf jedem Stativ erledigt, was sich sogleich erledigen läßt. So kann man z. B., wenn in Fig. 90 die Stative A, B und D zugleich stehen, auf A die Bilder a l, g r und unter Umständen sogar noch c l und e r hintereinander aufnehmen, wenn nicht Beleuchtungs- und Sichtverhältnisse dem entgegenstehen. Dasselbe gilt von den Winkel- und Basismessungen.

Bei solcher Abkürzung der Operationen kann aber sehr leicht ein Bild, eine Richtung oder eine Basismessung vergessen werden. Man mache es sich daher zum Grundsatz, jedes Bild und jede Messung sofort im Tagebuche zu notieren und in der Skizze zu bezeichnen. Bei komplizierten Stationen vergesse man nie, auf jedem Stativ die Magnetnadel schwingen und einspielen zu lassen und für diese Richtung den Kreis beim ersten Winkelsatz genau auf 0° zu stellen (244).

Genügt die Skizze des Tagebuches nicht, den Aufnehmer ganz sicher über das Aufgenommene und noch Aufzunehmende zu orientieren, so mache man sich noch daneben speziellere Skizzen. Niemals ist es zulässig, daß ein als Stativstellung ausgesuchter und vorläufig bezeichneter Punkt zur Winkelmessung oder Bildaufnahme schon angeschnitten wird, ehe das Phototheodolitstativ selber dasteht und sein Dreifuß horizontiert ist. Nur dessen Zielspitze oder Zielscheibe darf angeschnitten werden. Von größter Wichtigkeit ist bei den Arbeiten auf einer größeren Station, die mehrere Stunden umfassen, ein richtiges Disponieren hinsichtlich der Richtung der aufzunehmenden Bilder. Man vermeidet gern, gegen die Sonne zu photographieren, ganz besonders dann, wenn sie tief steht und ihre direkten Strahlen vom Objektiv schwer fernzuhalten sind (254). Bei stundenlanger Arbeit wird es sich fast immer so einrichten lassen, daß die photographierten Objekte etwas von der Sonne beleuchtet sind. Zwei zu ein und demselben Stereogramm gehörige Bilder sollen möglichst gleiche Beleuchtung haben. Ein Unterschied in der Beleuchtung hindert zwar das Zustandekommen eines stereoskopischen Effektes wenig, kann aber zu falschen Messungen führen und muß daher möglichst vermieden werden (343).

h) Aufnahmen mit Stand-Phototheodoliten.

267. **Einleitung.** Der Zweck derartiger Aufnahmen ist kurz bereits beschrieben (197). Es sollen hier nur Aufnahmen beweglicher Objekte auf festen Standorten besprochen werden. Die Aufnahmen auf beweglichen Standorten werden im II. Teil behandelt werden. Hinsichtlich der Empfindlichkeit des Meßvorganges gilt dasselbe, was für die Aufnahme eines Normal-Stereogramms mit dem Feld-Phototheodoliten gesagt ist (235).

Die Aufnahme selbst unterscheidet sich von der eines einzelnen Normal-Stereogramms mit Feld-Phototheodoliten im wesentlichen dadurch, daß hier zwei Apparate auf vorbereiteten Ständen zu gleicher Zeit benutzt werden, was elektrische Verbindungen zwischen den beiden Stationen zur Betätigung der Momentverschlüsse und zur telephonischen Verständigung erfordert.

268. **Prüfung der Instrumente nebst Zubehör.** Diese erfolgt sinngemäß wie bei der Aufnahme mit Feld-Phototheodoliten (236), nur kommt hinzu die Prüfung der elektrischen Batterien, Leitungen, Verschlüsse und Telephone sowie eine Prüfung der Parallelität der Kameraachsen bei eingestelltem Stereogramm. Diese Prüfung wird in dem Abschnitt i) über die Fehlerquellen beschrieben werden (325). Sie ist dringend erforderlich, wenn sich im Stereogramm entfernte Festpunkte, nach denen eine Kontrolle der Messungen möglich wäre, nicht mit abbilden und das Aufnehmen geeigneter Kontroll-Stereogramme Schwierigkeiten macht.

269. **Beurteilung der Basis.** Bezüglich der für eine gegebene Aufgabe erforderlichen Basislänge s. 225.

Die Unveränderlichkeit der Basis fällt hier weniger ins Gewicht als bei Aufnahmen mit Feld-Phototheodoliten, weil die Stand-Phototheodolite die beiden Bilder im gleichen Momente erzeugen. In diesem Momente müssen allerdings alle Forderungen, die für die Aufnahme des Normal-Stereogramms zu stellen sind, erfüllt sein (170 und 172).

270. **Aufstellung der Stative.** Finden die Aufnahmen nicht auf fest eingerichteten Ständen statt, so gilt hier das unter 238 Gesagte.

271. **Aufstellung und Horizontierung.** Es gilt das unter 239 und 240 für Aufnahmen mit dem Feld-Phototheodoliten Gesagte.

272. **Winkelmessen.** Es kommt auf den Zweck der Aufnahmen an, ob die Bestimmung der Basis in einem Dreiecksnetze nötig ist oder nicht. Sollte dies der Fall sein, so müssen die Messungen mit einem Theodoliten als Hilfsinstrument entsprechend 242 bis 245 erfolgen.

273. **Messung der Basislänge.** Auf vorbereiteten Ständen wird man die Basis für alle Fälle mit größtmöglicher Genauigkeit mittels der geodätisch üblichen Einrichtungen messen. Wird aber eine Aufstellung der Apparate auf Stativen im Felde nötig, so möge bei Vermessung der Basis nach 224 bis 234 verfahren werden.

274. **Bildbezeichnung.** Die für Aufnahmen mit Feld-Phototheodoliten angegebene Bildbezeichnung (247) vereinfacht sich bei Aufnahmen mit Stand-Phototheodoliten, weil man hier gewöhnlich nur mit einer einzigen Basis arbeitet. In diesem Falle braucht eine besondere Stationsbezeichnung nicht zu sein, auch erübrigt sich eine Bezeichnung der Stereogramme mit kleinen lateinischen Buchstaben im Tagebuche.

Die Stand-Phototheodolite drücken durch ein Täfelchen am Anlegerahmen jeder Platte den Buchstaben L bzw. R auf. Bei Aufnahmen auf ein und derselben Basis genügt es, wenn das Nummerrad in beiden Apparaten für die zum gleichen Stereogramm gehörigen Bilder gleich eingestellt ist.

Die Bezeichnung der Platten ist dann z. B. folgende:

Für Stereogramm 1:	L_1 und R_1	
2:	L_2 ,, R_2	
3:	L_3 ,, R_3	
	usf.	

Ist das Nummerrad z. B. mit Nr. 25 erschöpft, so ist das etwa vorhandene zweite Nummerrad mitzubenutzen. Die Bezeichnung lautet dann:

Für Stereogramm 26:	$L_{1\ 1}$	und	$R_{1\ 1}$
27:	$L_{1\ 2}$	,,	$R_{1\ 2}$
28:	$L_{1\ 3}$	,,	$R_{1\ 3}$
	usf.		

Arbeitet man aber doch mit mehreren Basen, so ist es notwendig, im Tagebuche eine Skizze zu machen und die Aufnahmen für die verschiedenen Basen ähnlich wie bei Aufnahmen mit Feld-Phototheodoliten durch kleine lateinische Buchstaben auseinanderzuhalten (247). Letztere brauchen jedoch nur auf der Skizze im Tagebuche und neben der Bildbezeichnung im Tagebuche zu stehen. Die Bezeichnung würde z. B. für zwei Basen a und b (Fig. 92) lauten:

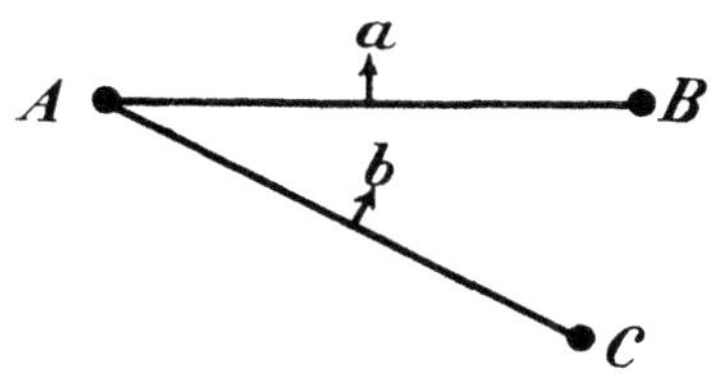

Fig. 92.
Bildbezeichnung bei Aufnahme mit Stand-Phototheodoliten.

Im Tagebuche: Stativ	Im Tagebuche: Bildbezeichnung	Auf der Platte:
A	a L_1	L_1
B	a R_1	R_1
A	a $L_{1.4}$	$L_{1.4}$
B	a $R_{1.4}$	$R_{1.4}$
A	b $L_{1.5}$	$L_{1.5}$
C	b $R_{1.5}$	$R_{1.5}$
	usf.	

275. **Blendeneinstellung.** Bei Aufnahmen mit Stand-Phototheodoliten handelt es sich fast nur um Moment-Aufnahmen. Die richtige Bemessung der Blenden ist hier schwieriger als bei Aufnahmen mit Feld-Phototheodoliten.

Man könnte die Blendeneinstellung vereinfachen, würde man rücksichtslos regelmäßig mit dem schnellsten Tempo des Verschlusses arbeiten. Das ist aber gefährlich. Der Verschluß arbeitet nicht immer mit der Geschwindigkeit, die der Zeiger angibt. Sicher über die Geschwindigkeit ist man sich nur gegenüber solchen Momenten, deren Länge sich bei einiger Übung nach dem Augenschein schätzen läßt. Man strebt deshalb auf die sogen. langsamen Momente hin, wenn die Bewegung des Objekts oder die Eigenbewegung der Basis dies irgend zulassen.

In der Unsicherheit bezüglich der Gleichzeitigkeit der Belichtungen und ihrer Dauer liegt eine hohe Gefahr für die Richtigkeit der Messungen. Die Bewegung des Objekts sowohl als auch die Eigenbewegung genügen, um auf Grund nicht absoluter Gleichzeitigkeit von Anfang und Ende der Belichtung ziemlich schwer berechenbare Fehler der stereoskopischen Entfernungsmessung zu erzeugen, die den sonst im Meßvorgange liegenden Fehlern hinzuzurechnen sind.

Näheres über Berechnung der Blenden s. unter „Belichtung der Platten" (282).

276. **Einsetzen der Gelbscheiben** (s. unter 249). Es sei daran erinnert, daß man für kurze Momentaufnahmen nur sehr blasse Gelbscheiben anwenden darf, die die Belichtungszeit nicht übermäßig verlängern. Allerdings ist die Wirksamkeit der blassen Gelbscheiben nicht so groß wie die der dunkleren.

277. **Anbringung der Verschlüsse.** Die auf guten Gang geprüften beiden Verschlüsse werden mit der noch nicht ausgelegten elektrischen Leitung und Batterie verbunden. Man überzeugt sich, auf einer Station befindlich, durch mehrfache Versuche, daß Leitung und Verschlüsse funktionieren. Die Gleichmäßigkeit der Verschlußgeschwindigkeit prüft man in gröberer Weise wie folgt:

Man stellt beide Verschlüsse auf gleiche Momentlänge ein, z. B. 0,5 Sekunden, und nimmt sie einzeln in die Hände, um sie scharf beobachten zu können. Ein anderer besorgt die Auslösung. Man sieht und hört an einem 0,5 Sekunden langen Moment ziemlich deutlich eine Ungleichmäßigkeit der Bewegungen, die man an der Geschwindigkeitsstellschraube des einen der Verschlüsse allmählich unter weiterer Beobachtung des Ganges beseitigt. Man muß sich nun merken, um wieviel der Zeiger des einen Verschlusses gegenüber der Angabe des andern vor- oder nachsteht, und diese Differenz auch bei den kürzeren Momenten, die sich schärfer nicht mehr durch Augenschein vergleichen lassen, berücksichtigen.

Eine genauere Prüfung des gleichmäßigen und richtigen Ganges muß durch Photographieren eines schnell rotierenden Zeigers erfolgen, dessen Rotationsgeschwindigkeit bekannt ist.

Nach diesen Prüfungen der Verschlüsse werden die Leitungen ausgelegt und die Verschlüsse vorsichtig nach Säuberung der planparallelen Schutzgläser (216) auf ihre Fassung gesetzt, wo ihr Funktionieren nochmals übergeprüft wird.

Ist alles in Ordnung, so werden die berechneten Geschwindigkeiten (285) eingestellt — eventuell unter Berücksichtigung eben besprochener Korrektur — und beide Verschlüsse gespannt.

278. **Öffnen der Verschlußklappen.** Die bei Stand-Phototheodoliten häufig vorhandene innere Verschlußklappe (216) ist zu öffnen.

279. **Herunterklappen des Spiegels** (s. Sp. in Fig. 81). Wenn solche zur Beleuchtung der oberen Lochmarke an den Stand-Phototheodoliten angebracht sind, sind sie herunterzuklappen (251). Fehlen die Spiegel,

so stellt man einige Meter vor den Apparaten helle Gegenstände auf, deren Bild sich über die obere Lochmarke legt.

Neuere Phototheodolite haben wohl auch zur Beseitigung des lästigen Beleuchtungsspiegels statt der einen Lochmarke deren drei am unteren Rande des Plattenrahmens. Durch diese drei Lochmarken ist das Fadenkreuz der Kamera ebensogut fixiert wie durch die zwei am oberen und unteren Rande befindlichen. Alle drei Lochmarken der neueren Einrichtung fallen in den Himmel und prägen sich darum immer deutlich aus.

280. **Einbringen der lichtempfindlichen Platten** (s. unter 252).

281. **Visur nach dem anderen Basispunkt.** Die Visur erfolgt gleichzeitig mit den beiden Stand-Phototheodoliten sinngemäß nach Nr. 253. Es ist jedoch zu bedenken, daß Zielspitze und Zielscheibe des Dreifußes hier an den Instrumenten selbst angebracht sind. Sie befinden sich oben auf dem Deckel der Kamera, wo sie deutlich die genaue Lage der Vertikalachse bezeichnen.

Man hüte sich, statt dieser, speziell für die Visur angebrachten Ziele andere, etwa das Objektiv des Fernrohrs anzuschneiden, weil sonst leicht Visierfehler entstehen. Das Objektiv des anvisierten Fernrohrs liegt exzentrisch, sowie es nicht haarscharf auf die Vertikalachse des selbst bedienten Instruments eingestellt ist.

Ferner ist zu bedenken, daß die Fernrohre fest gelagert sind und bei Höhenunterschieden der Basisendpunkte die Zielscheibe mehr oder weniger am obern bzw. untern Rande des Fernrohrs erscheinen kann. Ist mit der Okularmuschel im Fernrohr die Mitte des Fadenkreuzes scharf eingestellt, so erscheinen die Enden desselben unscharf. Um nun aber mit den Enden der Vertikalfäden scharf visieren zu können, stellt man das Okular auf die Enden scharf ein, worauf nun allerdings die Mitte unscharf erscheint. Dies schadet aber nicht. Man stellt nun nötigenfalls auch noch das Objektiv nach, damit das Bild des gegenüberstehenden Instruments um den scharfen Teil der Fäden herum scharf erscheint, und kann nun die Visur auch mit dem Rande des Fernrohrbildes mit ausreichender Schärfe ausführen.

Ist die Basis sehr kurz, so stellt man am besten die Fernrohre für die Ferne ein und visiert mit jedem Fernrohr das Fadenkreuz des andern an. — Als Beispiel hierfür diene Fig. 108 (325), nur muß man sich die Pentagonalprismen fort- und die Fernrohre einander zugekehrt denken. —

282. **Belichtung der Platten** Nach nochmaliger Überprüfung (254), besonders der Libellen und der Fernrohreinstellungen, werden an einem der beiden Basisendpunkte im gegebenen Moment die Verschlüsse durch einen Druck auf den Kontakt ausgelöst.

Die Belichtungszeit. Es gilt im allgemeinen das für Aufnahmen mit Feld-Phototheodoliten Gesagte (255). Es kommen jedoch für Aufnahmen mit Stand-Phototheodoliten außer Fernlandschaften auch näher gelegene Objekte und solche in Betracht, die im Himmel oder im Wasser liegen. Diese erfordern eine andere Belichtung als Fernlandschaften, wie folgende Tabelle erkennen läßt.

283. Tabelle zur Veränderung der in den Tabellen 256 u. 258 angegebenen Belichtungszeiten für verschiedene Objekte:

Objekt	Die in den Tabellen 256 u. 258 angegebene Belichtungszeit ist zu multiplizieren mit dem Faktor
Landschaft, weiter als 1000 m . . .	1
Landschaft von 50—1000 m	2—1,5
Landschaft, Mensch, Tier unter 50 m[1])	2—3
Wolkengebilde	0,3
Meeresoberfläche	0,4

284. Umrechnung der Belichtungszeit. Diese macht dem Aufnehmer meistens große Schwierigkeit. Es sollen nachstehend in einer Tabelle einige Beispiele dafür gegeben werden, wie man in der Praxis mit Hilfe der Tabellen 256, 258 und 283 schnell die nötigen Berechnungen anstellt. Dem Anfänger ist zu empfehlen, sich mit dem folgenden Rechenformular auszurüsten und auf diesem im Felde zu rechnen.

285. Beispiele für Umrechnung von Belichtungszeiten.

Objekt		Öffnungsverhältnis 1 durch	Gelbscheibe ? -fach	Belichtungszeit nach Tab. 256 und 258 Sek.	Faktor nach Tabelle 283	Richtige Belichtungszeit Sek.
1. Gesucht für	Landschaft über 1000 m im Oktober 2—3 Uhr	35	4			x
Es ist für	Fernlandschaft im Oktob. 2—3 Uhr . . . . . bei	10	—	0,06		—
	bei	10	4	0,24	1	0,24

$$x = 0{,}24 \cdot \frac{35^2}{10^2} = 2{,}9 \text{ Sekunden}$$

[1]) Bei Aufnahme naher Gegenstände ist auch daran zu denken, daß beim Einstellen auf Bildschärfe die Bildebene mehr vom Objektiv zurückgezogen, f also vergrößert und dadurch bei gleichbleibender Blende das Öffnungsverhältnis (248) verändert wird. (Über Brennlänge s. 111 u. 199.)

	Objekt	Öffnungsverhältnis 1 durch	Gelbscheibe ? -fach	Belichtungszeit nach Tab. 256 und 258 Sek.	Faktor nach Tabelle 283	Richtige Belichtungszeit Sek.
2. Gesucht für	Menschen auf 10 m im Freien im März 10-11 Uhr	x	—			0,1
Es ist für	Fernlandschaft im März 10—11 Uhr . . . . bei	10	—	0,05		
	bei	10	—	0,05	3	0,15
3. Gesucht für	Menschen auf 10 m im Freien im Juni 3—4 Uhr	x	3			0,1
Es ist für	Fernlandschaft im Juni 3—4 Uhr . . . . . bei	10	—	0,05		
	bei	10	3	0,15	3	0,45
4. Gesucht für	Wolkengebilde im Septbr. 9—10 Uhr	x	4			0,5
Es ist für	Fernlandschaft im Septbr. 9—10 Uhr . . . . bei	10	—	0,05		
	bei	10	4	0,20	0,3	0,06
5. Gesucht für	Meereswellen im Septbr. 10—11 Uhr.	6,3	4			x
Es ist für	Fernlandschaft im Septbr. 10—11 Uhr . . . . bei	10	—	0,04		
	bei	10	4	0,16	0,4	0,064

Zu 2.: $$x = 10 \sqrt{\frac{0,1}{0,15}} = 8,1$$

Zu 3.: $$x = 10 \sqrt{\frac{0,1}{0,45}} = 4,7$$

Zu 4.: $$x = 10 \sqrt{\frac{0,5}{0,06}} = 28,9$$

Zu 5.: $$x = 0,064 \cdot \frac{6,3^2}{10^2} = 0,026 \text{ Sek.}$$

Die Rechnungen können unter starken Abrundungen erfolgen. Über Berechnung des Blendendurchmessers nach dem gegebenen Öffnungsverhältnis s. 248.

286. **Entfernen der Platten aus der Kamera.** Dies erfolgt auf beiden Basisendpunkten gleichzeitig nach Nr. 259.

287. **Führung des Tagebuchs.** Obgleich bei der Aufnahme mit Stand-Phototheodoliten gleichzeitig 2 Meßstationen in Tätigkeit sind, empfiehlt es sich nicht, 2 Tagebücher zu führen. Das Tagebuch wird

auf dem linken Basisendpunkte geführt. Die zur Vervollständigung auf dem rechten Basisendpunkte zu führenden Notizen, die sich fast nur auf die Bildbezeichnungen (274) beziehen, führt man vorübergehend im Notizbuch, trägt sie nach beendeter Aufnahme aber sofort noch im Felde in das Tagebuch (261) ein.

i) Die Fehlerquellen der stereoskopischen Feldarbeit.

288. **Einleitung.** Es sind zu unterscheiden: Fehlerquellen des Instruments und Fehlerquellen bei Handhabung desselben. Die Wirkung der Fehler erstreckt sich auf die Entfernung, Richtung und Höhe der aus dem Stereogramm zu messenden Punkte.

Der wichtigste dieser Fehler ist der, den wir bei der Entfernungsmessung machen. Die an der Richtung und Höhe auftretenden Fehler stehen gegenüber dem Entfernungsmeßfehler an Bedeutung so weit zurück, daß wir uns fast nur mit dem letzteren zu beschäftigen brauchen. Hinsichtlich der Richtung und Höhe ist man in der Topographie im allgemeinen zufrieden, wenn die Horizontal- und Vertikalwinkel auf 1′ genau gemessen werden. Dies leisteten schon die alten Phototheodolite. Wollen wir aber hinsichtlich der Entfernungsmessung im stereoskopischen Verfahren das leisten, was wir schon erreicht haben (190), so müssen die Entfernungsdreiecke eine viel höhere Genauigkeit des Winkels an der Spitze als 1′ aufweisen. Fassen wir z. B. einen Phototheodoliten von 127 mm Brennlänge ins Auge, so ist die erreichte Genauigkeit des Winkels an der Spitze = 16″ (190). Die für die Entfernungsmessung wichtigste Raumkoordinate ist $E = A\,B \cdot \frac{f}{a}$ (179). Bei der Ermittelung der Größe $A\,B \cdot \frac{f}{a}$ messen wir die Basis A B so genau, daß durch den Meßfehler nicht mehr als 2″ vom Gesamtwinkelfehler verbraucht werden (226). Die verbleibenden 14″ dürfen wir bei Feststellung des Verhältnisses $\frac{f}{a}$ verbrauchen. Es kommen hierbei drei Fehlerquellen in Betracht, auf die wir die 14″ wie folgt verteilen:

Fehler des Instruments	. . . . . .	4″
,, der Handhabung	. . . . .	6″
,, bei der Ausmessung der Bilder		4″ (188)
	Zusammen obige	14″

Diese Einteilung ist in den beiden ersten der vorstehenden drei Positionen willkürlich. Eine strenge Einteilung vorzunehmen, wäre unmöglich. Durch diese Gruppierung wird nur bezweckt, ein möglichst anschauliches Bild von den Anforderungen zu entwerfen, die wir heute schon an einen Präzisions-Phototheodoliten und an seine Handhabung stellen müssen. Das Bild würde nicht wesentlich anders ausfallen, wenn die Gruppierung der Winkelfehler etwas anders erfolgte.

Statt der Winkelfehler können wir uns auch lineare Größen vorstellen. Nehmen wir z. B. im Verhältnis $\frac{f}{a}$ die Brennlänge f zu 127 mm und als genau an, so dürfte der Fehler an der Bilddifferenz $x - x' = a$ für 4″ nur 0,0025 mm betragen. Ändern wir x und x′ gleichmäßig um dasselbe Maß, so bleibt a unverändert. Ein solcher Fehler schadet unserer Entfernungsmessung wenig, er schadet eher der Richtungsgenauigkeit (186). In diesem Sinne wollen wir nunmehr die einzelnen Funktionen des Instruments und seine Handhabung betrachten.

Die Fehlerquellen des Phototheodoliten.

289. **Allgemeines.** Die bisher gebräuchlichen Phototheodolite sind für stereoskopische Aufnahmen nicht verwendbar. Wir gebrauchen hierzu ganz neuartige Präzisions-Instrumente, wie solche bis jetzt allein nur vom Zeißwerk in Jena gebaut worden sind. Diese Instrumente unterscheiden sich von den bisher gebräuchlichen Phototheodoliten durch kleineres Plattenformat und durch das Fehlen aller Justiereinrichtungen. Natürlich fehlen diese nicht vollständig, sie sind nur verborgen und dem Aufnehmer nicht ohne weiteres zugänglich. Ein Prüfen und Justieren der Instrumente soll nur im Laboratorium erfolgen. Es ist dieses Prinzip vielfach angefochten worden. Vom Standpunkt der Theorie ist dasselbe auch wohl anfechtbar. Läßt man aber die Praxis auch mitreden, so ist das Prinzip doch gut. Die Instrumente haben ihre Justierungen bis jetzt jahrelang und unter der stärksten Beanspruchung so tadellos gehalten, daß die Praxis den hier im Phototheodolitenbau errungenen Fortschritt nur anerkennen kann. Denn was es heißt, einen Phototheodoliten im Felde fein zu justieren, muß man durchgemacht haben, um das zu würdigen. Wir können uns nun nicht damit begnügen, zu konstatieren, daß die neuen Instrumente sich bewährt haben, und daß nur diesen die vorzüglichen Resultate (190) zu verdanken sind, wir wollen, so gut es möglich ist, dies nachzuweisen suchen. Zu dem Zwecke müssen wir eingehend den Bau der Instrumente betrachten und uns auch etwas mit den Prüfungsmethoden beschäftigen, um einzusehen, daß diese im Felde heute nicht mehr ausführbar sind, wie das bei den älteren Phototheodoliten der Fall war.

Über neuere Prüfungsmethoden ist wenig bekannt geworden, und Verfasser muß versuchen, solche selbst zum Verständnis der Sache zu entwerfen.

Im Prinzip werden die Prüfungsmethoden ja fast nichts Neues mehr bringen können.

Schon vor 10 Jahren erhielt Verfasser von der Firma Günther und Tegetmeyer (Braunschweig) Prospekte über photogrammetrische Apparate, die von Professor Koppe für die damalige Kolonialabteilung des Auswärtigen Amts konstruiert waren, und denen eine Anweisung zur Prüfung der Phototheodolite beigegeben war. Die außerordentlich empfindliche Prüfungsmethode bestand darin, daß der Phototheodolit durch einen Theodoliten als Hilfsinstrument ausgemessen wurde.

Durch Kombination dieser vom Verfasser oft geübten Methode mit den beim Bau geodätischer Instrumente gebräuchlichen Kollimations- und Autokollimationsverfahren und mit selbständigen Arbeiten und Untersuchungen wird Verfasser Prüfungsmethoden beschreiben, wie sie heute ungefähr beschaffen sein müssen, um die Instrumente mit der nötigen Präzision herzurichten und zu prüfen. Besonders interessant ist der Umstand, daß durch das Umsetzen des Feld-Phototheodoliten eine Reihe von Fehlern des Instruments nahezu unschädlich gemacht wird. Man wolle hierauf im folgenden besonders achten. Es ergibt sich daraus, daß Feld-Phototheodolite für stereoskopische Messungen leichter herzurichten sind als die identischen Stand-Phototheodolite, die wahre Kunstwerke der Feinmechanik darstellen.

290. **Photographische Korrektur des Kamera-Objektivs.** Der Abstand vom Objektiv bis zum Vereinigungspunkte der Lichtstrahlen ist für die einzelnen Farben des Spektrums nicht gleich. Ein gutes photographisches Objektiv ist so korrigiert, daß das auf der Mattscheibe sichtbare scharfe Bild in derselben Ebene steht, in der sich auch die chemisch wirksamsten Strahlen schneiden.

Ferner soll ein gutes photographisches Objektiv eine winkeltreue Zeichnung liefern, d. h. die von den Objekten ausgesandten, das Objektiv durchdringenden Hauptstrahlen sollen vor und nach dem Durchgang durch dasselbe mit der optischen Achse gleiche Winkel bilden.

An das Objektiv eines Präzisions-Phototheodoliten werden in diesen Beziehungen sehr hohe Anforderungen gestellt (311).

291. **Die optische Achse des Objektivs.** Die hier in Frage kommenden photographischen Objektive bestehen in der Regel aus zwei Linsen, deren jede wiederum aus einigen Einzellinsen verschiedener Glassorten zusammengesetzt ist (s. Fig. 93). Als „Linse" bezeichnet man einen geschliffenen Glaskörper, der von Kugelflächen begrenzt ist. Von der in Fig. 94 dargestellten bikonvexen Linse gehört z. B. die eine Fläche einer Kugel an, deren Mittelpunkt A ist, die andere Fläche einer Kugel mit dem Mittelpunkte B.

Die Verbindungslinie der Kugelmittelpunkte A und B ist die

„optische Achse der Linse". Bei einem aus mehreren Linsen zusammengesetzten Objektiv besteht eine größere, der Anzahl der Linsen entsprechende Anzahl von Kugelmittelpunkten. Alle diese müssen auf einer Geraden liegen und bilden die „optische Achse des Systems" (s. Fig. 93).

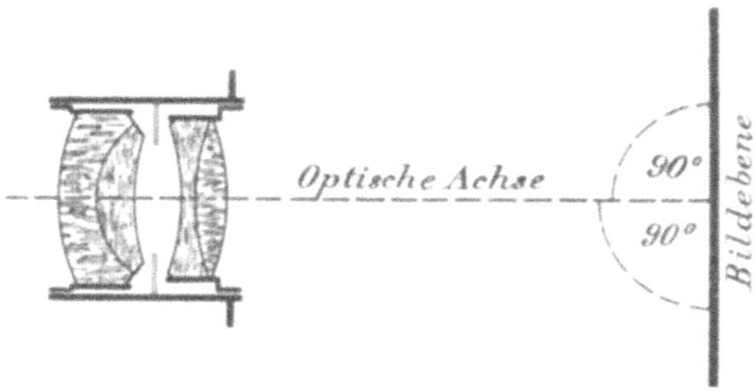

Fig. 93.
Die optische Achse eines Objektivsystems.

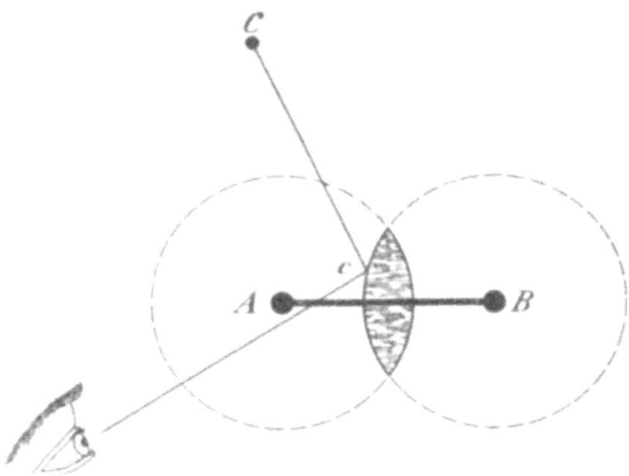

Fig. 94.
Die optische Achse einer bikonvexen Linse.

292. **Die Zentrierung des Objektivs.** Um die optische Achse eines Objektivs genau auszurichten und mit der photographischen Kamera in gewünschter Weise verbinden zu können, wird das Objektiv in seiner Fassung zentriert, d. h. die optische Achse wird mit der mechanischen Drehachse der Objektivfassung zusammengelegt.

Man erreicht dies auf folgendem Wege:

Die einzelne Linse kittet man auf ein in die Drehbank eingespanntes Rohr, welches man in Rotation versetzt. Ein aus einer bestimmten

Richtung auf der Linse beobachtetes Reflexbild c (Fig. 94) steht still trotz der Rotation der Linse, wenn die Rotation um die optische Achse erfolgt. Da dies von vornherein nicht zutrifft, bewegt sich das Reflexbild im Tempo der Rotation. Die Linse wird nun auf dem Rohr so lange ausgerichtet, bis sie so läuft, daß das Reflexbild still steht. Bei dieser Stellung der Linse wird der Rand derselben zylindrisch abgeschliffen. Die so abgeschliffene Linse legt man in die sauber abgedrehte und passende Fassung, und es fällt nicht schwer, die optische Achse der Linse mit der Drehachse der Fassung nunmehr genau zusammenzulegen. In dieser Weise wird das ganze Objektiv bearbeitet.

293. **Die optische Achse des Objektivs soll auf der Plattenebene der Kamera senkrecht stehen.** Es liegt wohl auf der Hand, daß die Ebene, in der das Bild aufgefangen werden soll, senkrecht auf der optischen Achse stehen muß (s. Fig. 93). Würde man diese Forderung beim Bau einer Kamera nicht erfüllen, so würde in erster Linie die Schärfe des Bildes leiden. Wie wir sehen werden, ist es leicht, bei der aus einem Stück gegossenen Kamera des Präzisions-Phototheodoliten diese Bedingung zu erfüllen. Auf der Drehbank werden der Anlegerahmen und die Anlagefläche für das Objektiv zugleich abgedreht und abgeschliffen, also mechanisch parallel gearbeitet. Setzt man an letztere Fläche den Ring der Objektivfassung, so ist mechanisch erreicht, daß die optische Achse senkrecht auf der Ebene des Anlegerahmens, also senkrecht zu der Plattenebene steht. Eine Nachstellung des Objektivs durch Stellschrauben, wie das früher bei den Balgen-Meßkameras üblich war, ist nicht erforderlich und daher nicht vorgesehen.

294. **Vertikalstellung der Bildebene.** Um diese mit größter Genauigkeit zu erreichen, wird die Kamera starr mit der vertikalen Drehachse verbunden. Ist dann der Anlegerahmen der Kamera bei der Fabrikation so hergestellt, daß er bei horizontiertem Instrument, also bei vertikal stehender Vertikalachse genau senkrecht steht, so wird dies auch immer wieder mit der Genauigkeit erreicht werden, mit der später horizontiert wird.

Diese Funktion ist von sehr hoher Bedeutung für einen feinen Meßvorgang. Ihre Überprüfung im Felde wäre umständlich, wie wir sehen werden. Deshalb wird bei einem Präzisions-Phototheodoliten keinerlei Justierung dieser Funktion für den Feldgebrauch vorgesehen. Sie wird mit größter Schärfe bei Fabrikation des Instruments hergestellt und dann so lange als unveränderlich angenommen, als das Instrument durch grobe Beschädigung nicht unbrauchbar geworden ist.

Z u r P r ü f u n g d i e s e r F u n k t i o n gehört eine besondere Einrichtung, bestehend aus einer Justierplatte und einem Kollimationsfernrohr.

Die Justierplatte (s. Fig. 95) ist eine starke, äußerst genau planparallel geschliffene Glasscheibe, die ein sehr genaues quadratisches Liniensystem von 1 cm Abstand enthält. Am Rande der Justierplatte befinden sich 4 Löcher S_1 bis S_4. Mittels Klemmschrauben, deren Schraubenschäfte Spielraum in den Löchern haben, kann die Justierplatte am Anlegerahmen (etwas verschiebbar) befestigt werden.

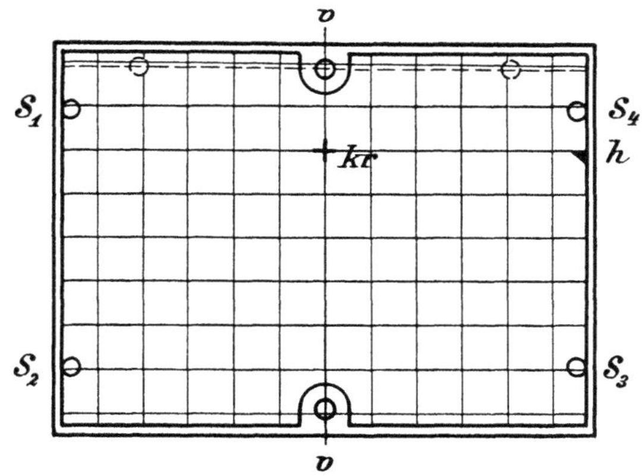

Fig. 95.
Die Justierplatte (richtig auf dem Anlegerahmen befestigt).

Das Kollimationsfernrohr F ist in Fig. 96 dargestellt. Es ist ein Nivellierfernrohr, dessen Visierlinie also durch eine feine Libelle genau horizontal gerichtet werden kann. Zwischen Lupe und Fadenkreuz befindet sich eine kleine seitliche Öffnung mit Spiegel oder Prisma, so daß das Fadenkreuz von der Seite her beleuchtet werden kann, während man durch das Fernrohr hindurchsieht.

295. Prüfung: Die Justierplatte wird, die quadrierte Fläche nach innen gekehrt, am Anlegerahmen der Kamera befestigt, der Phototheodolit sorgfältigst horizontiert (240). Hinter ihm wird das Kollimationsfernrohr aufgestellt und horizontal gerichtet, das Fadenkreuz durch eine künstliche Lichtquelle vermittelst des Prismas beleuchtet.

Man dreht Phototheodolit und Fernrohr, bis man das Spiegelbild kr′ des Fadenkreuzes kr (Fig. 96) im Fernrohr erblickt. Spielen alle Libellen scharf ein, so soll das Spiegelbild kr′ sich mit dem Fadenkreuz kr bezüglich der Höhenlage decken. Ist das nicht der Fall, so steht der Anlegerahmen nicht senkrecht. Der Fehlerwinkel α ist gleich der Hälfte des beobachteten und in Fig. 96 übertrieben dargestellten Winkels kr T kr′.

296. Fehlerwirkung. Wir wissen, daß nur in der senkrecht stehenden Bildebene die Visiere sämtlich parallel zum Vertikalfaden

laufen (113). Wird durch fehlerhafte Konstruktion des Instruments die Bildebene grundsätzlich um einen Winkel α geneigt hingestellt, so müssen die Visiere auf der Platte konvergieren. Wir machen aber bei Ausmessung der Platten die Annahme, daß diese bei der Aufnahme senkrecht waren, und daß die Visiere parallel sind, machen also den

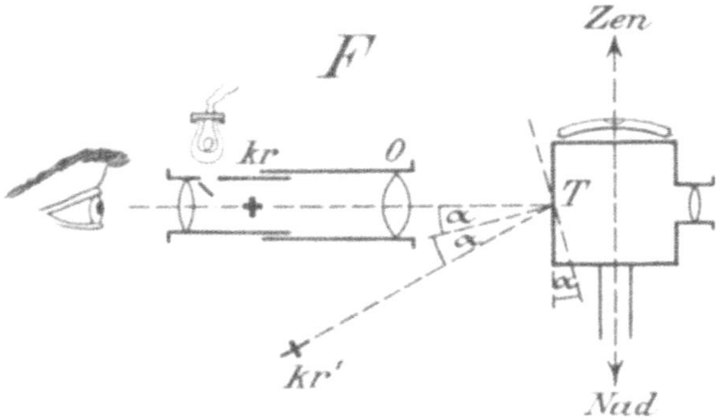

Fig. 96.
Vertikalstellung der Bildebene.

Fehler an der Bildkoordinate x, der sich aus der Konvergenz der Visiere ergibt.

Ist $\sphericalangle \alpha$ (Fig. 96) und die Brennlänge bekannt, so ist die Konvergenz der Visiere zu berechnen (119). Die durch die Konvergenz der Visiere bewirkte Verzerrung der Bildkoordinate x ist in den Ecken der Platte am größten.

Nehmen wir z. B. einen Phototheodoliten 9×12 cm mit f = 127 mm an, so verzerrt eine Neigung der Bildebene um 25″ die Bildkoordinate x in den Ecken der Platte um 0,002 mm.

Es wird also durch einen Neigungswinkel der Bildebene um nur 25″ fast der ganze beim Instrument verfügbare Fehler von 0,0025 mm — entsprechend 4″ — (288) verbraucht, wenn wir die Platte bis in die Ecken hinein ausnützen wollen.

Die Schädlichkeit dieses Fehlers hängt davon ab, ob die beiden Aufnahmen des Stereogramms mit einem Feld-Phototheodoliten oder mit Stand-Phototheodoliten gemacht sind. Im ersteren Falle wird der Fehler für die Entfernungsmessung nahezu aufgehoben werden, weil in der Ferne, in der der Entfernungsmeßfehler größere Bedeutung erlangt, die Bildpunkte desselben Objekts nahezu auf dieselbe Stelle — gegenüber dem Fadenkreuz — beider Platten fallen, x und x′ also fast genau im gleichen Maße gefälscht werden. Bei Stand-Phototheodoliten würde der Fehler nur dann aufgehoben werden, wenn beide Instrumente den gleichen Fehler nach Größe und Vorzeichen hätten. Wäre das Vorzeichen bei gleicher Größe des Fehlers aber entgegengesetzt, so würde der Fehler sich verdoppeln.

Für die Richtungen bleibt auf jeden Fall ein Fehler bestehen. Dieser fällt aber wenig ins Gewicht, weil für die Entfernungsmessung eine viel höhere Genauigkeit der Bildkoordinaten gefordert wird als für die Richtungsmessung. (Hinsichtlich dieser begnügen wir uns, wie schon gesagt, mit einer Genauigkeit von 1′. (180. 244))

297. **Die optische Achse soll das Fadenkreuz treffen.** Es ist die Grundlage der Bildmessung und auch der stereoskopischen Messung, daß die Horizontal- und Vertikalwinkel durch das Tangentenverhältnis x : f bzw. y : f gemessen werden. Da f auf der optischen Achse liegt, und die Bildkoordinaten x bzw. y im Fadenkreuz ihren Anfangspunkt haben, so muß die optische Achse das Fadenkreuz treffen. Eine Justierung für den Feldgebrauch ist nicht vorgesehen. Zur Prüfung dieser Funktion bedürfen wir wieder der Justierplatte und des Kollimationsfernrohres.

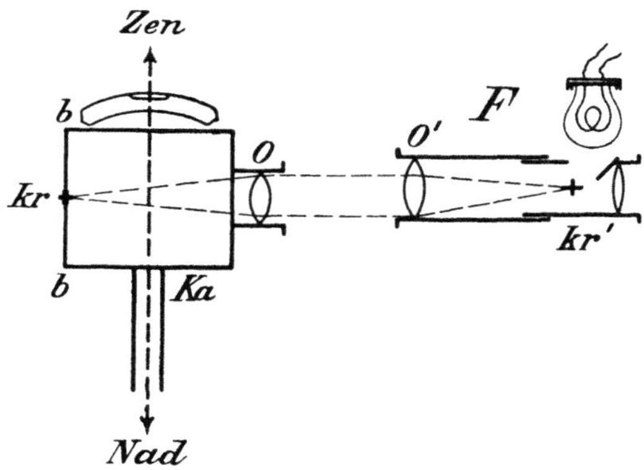

Fig. 97.
Optische Achse und Fadenkreuz.

298. Prüfung. Die Justierplatte wird jetzt so auf dem Anlegerahmen zurechtgerückt, daß ihre vertikale Mittellinie haarscharf die Mitten der oberen und unteren Lochmarken trifft. Eine der Querlinien muß die Marke treffen, welche den Horizontalfaden der Kamera bezeichnet. Dadurch ist in dem Schnittpunkte beider Linien der Justierplatte das Fadenkreuz der Kamera sichtbar gemacht. Diese Arbeit muß unter dem Mikroskop auf Tausendstel Millimeter genau gemacht werden. Fig. 95 zeigt bei übertrieben großer Darstellung der Lochmarken, wie die Justierplatte auf dem Anlegerahmen liegen muß. Die Lage des nun sichtbar gemachten Fadenkreuzes der Kamera ist der Deutlichkeit halber in Fig. 95 durch ein kräftiges Kreuz bezeichnet.

Zur Prüfung wird der Phototheodolit wieder sorgfältig horizontiert. Seinem Objektiv gegenüber wird das genau horizontal gestellte Kollimationsfernrohr F so aufgestellt, daß man durch dieses und das Kamera-Objektiv hindurch das Fadenkreuz der Kamera sehen kann (s. Fig. 97).

Steht das Fadenkreuz der Kamera richtig, so muß jetzt bezüglich der Höhenlage desselben das Fadenkreuz kr′ den Horizontalfaden (die Horizontallinie, die durch kr (Fig. 95) geht) treffen.

Zur Prüfung der richtigen Lage des Vertikalfadens der Kamera dreht man die Kamera ein wenig hin und her und beobachtet dabei im Kollimationsfernrohr das Spiegelbild seines Fadenkreuzes kr′ (Fig. 97), welches auf der Justierplatte sichtbar ist. Hat man kr′ und sein Spiegelbild zur Deckung gebracht, so muß das Fadenkreuz kr′ den Vertikalfaden des Fadenkreuzes der Kamera treffen.

299. Die Fehlerwirkung veranschaulicht Fig. 98 für die Horizontalwinkel. Es sei o O die optische Achse, und der Vertikalfaden v liege um das Maß o v = u neben ihr. Bildet sich ein Punkt Q in q ab, so denken wir, es sei tg $\sphericalangle\,\alpha = \frac{v\,q}{f} = \frac{x}{f}$, weil wir annehmen, die optische Achse träfe auf v, und $\sphericalangle$ O v q sei = 90°. Rechnen wir nun nach der Formel tg $\alpha = \frac{x}{f}$ den Winkel α aus, so erhalten wir in der Tat einen andern Winkel als $\sphericalangle$ v O q, und zwar den in Fig. 98 in gerissenen Linien auf der andern Hälfte der Kamera angedeuteten $\sphericalangle\,\alpha'$. Für diesen Winkel ist tatsächlich tg $\sphericalangle\,\alpha' = \frac{x}{f}$.

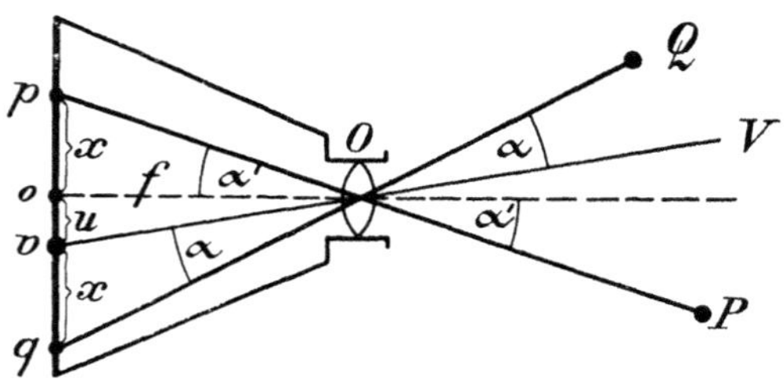

Fig. 98.
Optische Achse und Fadenkreuz (von oben gesehen).

Ist das Maß u bekannt, so ist für verschiedene Brennlängen f und Bildkoordinaten x zu errechnen, wie groß der Unterschied der Winkel α und α' ist.

Ist u z. B. = 0,1 mm, f = 127 mm, so ist für x = 10 mm $\sphericalangle\,(\alpha' - \alpha) = 1{,}0''$ und für x = 50 mm $\sphericalangle\,(\alpha' - \alpha) = 22''$. Der Fehler der seitlich falschen Lage des Vertikalfadens wächst demnach mit der Größe der Bildkoordinate x, und zwar progressiv, ist also in der Nähe des Vertikalfadens verhältnismäßig gering, am rechten bzw. linken Rande der Platte dagegen erheblich groß. Ist z. B. f = 127 mm und u = 0,017 mm, so wird schon der ganze beim Instrument verfügbare Winkelfehler von 4″ (288) verbraucht, falls wir die Platte bis an die Ränder ausnützen wollen.

Der Fehler der falschen Höhenlage des Horizontalfadens erzeugt in erster Linie einen konstanten Vertikalwinkelfehler, dessen Tangens $= \frac{u}{f}$ ist, in zweiter Linie denselben Fehler an den Vertikalwinkeln, wie wir ihn soeben bei den Horizontalwinkeln kennen lernten.

Über die Schädlichkeit dieses Fehlers gilt das unter 296 Gesagte, soweit es sich um die Lage des Vertikalfadens handelt.

Die falsche Lage des Horizontalfadens bewirkt für Feld- und Stand-Phototheodolite einen gleich schädlichen Vertikalwinkelfehler.

300. **Das Haupt-Kamera-Visier soll durch die Vertikalachse gehen.** Will man mit einem Theodoliten bei nur einmaliger Visur nach den Objekten richtige Winkel messen, so muß die Fernrohrachse durch die Vertikalachse gehen. Sollen beim Phototheodoliten die mit der Kamera und die mit dem Fernrohr gemessenen Horizontalwinkel aneinanderschließen, so muß der optische Mittelpunkt (genauer gesagt, der vordere

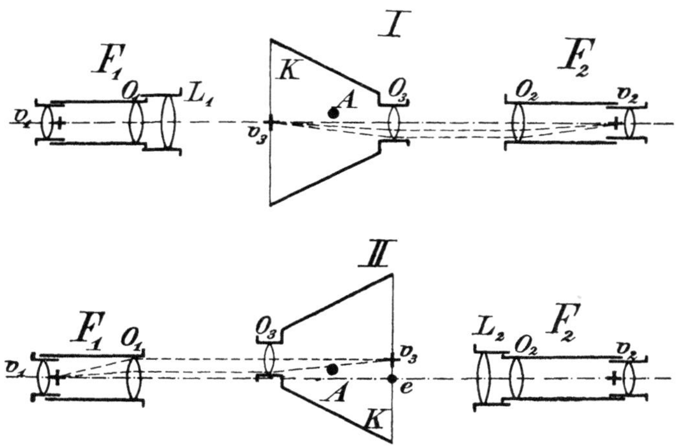

Fig. 99.
Haupt-Kamera-Visier- und Vertikalachse.

Hauptpunkt) des Kamera-Objektivs in der Vertikalachse liegen. Diese letztere Forderung ist sehr schwer zu erfüllen und kann beim Normal-Stereogramm ohne Schaden außer acht gelassen werden, weil sie für die Entfernungsmessung fast keine Bedeutung hat (174). Wir erfüllen aber gern die Forderung, daß das Hauptvisier der Kamera durch die Vertikalachse geht.

301. Prüfung. Die Justierplatte bleibt, wie unter 298 beschrieben, auf dem Anlegerahmen liegen. Auf einem festen Tisch werden zwei Fernrohre F_1 und F_2 im Abstande von etwa 1 m voneinander aufgestellt und mit ihren Fadenkreuzen aufeinander eingestellt. Zwischen beiden Fernrohren wird der Phototheodolit K so aufgestellt, daß man durch das Fernrohr F_2 in sein Objektiv hineinsehen kann (s. Fig. 99 I). Nachdem K sorgfältig horizontiert ist, dreht man K, bis die Vertikal-

fäden v_3 und v_2 sich decken. Das Objektiv O_1 des Fernrohres F_1 wird mit einer Vorschlaglinse L_1 versehen, damit durch das Fernrohr F_1 der Vertikalfaden v_3 gesehen werden kann. K wird nun seitlich verschoben und gleichzeitig durch F_1 und F_2 beobachtet. Zuletzt muß K so stehen, daß v_1 und v_3 sowie v_2 und v_3 sich decken. Jetzt wird K vorsichtig um seine Vertikalachse A herumgedreht, bis F_1 dem Objektiv O_3 gegenübersteht. Die neue Konstellation zeigt Fig. 99 II. Die Vorschlaglinse L_1 wird vorsichtig entfernt und dafür O_2 mit der Vorschlaglinse L_2 versehen. Man beobachtet nun wieder durch beide Fernrohre, während K gedreht wird, bis die Vertikalfäden v_1 und v_3 sich decken. Liegt die Vertikalachse A im Haupt-Kamera-Visier $O_3\,v_3$, so decken sich jetzt auch die Vertikalfäden v_2 und v_3. Zeigt sich aber ein Ausschlag $v_3\,e$, so ist der Abstand der Vertikalachse A vom Haupt-Kamera-Visier $O_3\,v_3 = \frac{v_3\,e}{2}$. Um dieses Maß ist die Kamera seitlich auf der Vertikalachse zu verschieben. (Die vorstehend beschriebene Prüfung ist jedoch nur dann brauchbar, wenn es gelingt, die Vorschlaglinsen einwandfrei und fortschlagbar mit den Fernrohren zu verbinden, und wenn auch nach Fortnehmen der Kamera die Fadenkreuze der Fernrohre F_1 und F_2 sich noch decken.)

302. Fehlerwirkung. Sie liegt hauptsächlich darin, daß die Meßzentren von Kamera und Theodolit, die sowieso schon nicht zusammenfallen, noch weiter auseinanderrücken, und daß die Berechnung der Exzentrizität schwieriger wird, falls ihr Bedeutung beizulegen ist. Eine Justierung, die vom Aufnehmer zu handhaben wäre, ist nicht vorgesehen.

Die Schädlichkeit des Fehlers ist nicht groß, soweit es sich um die Aufnahme des Normal-Stereogramms mit dem Feld-Phototheodoliten handelt.

Bei Aufnahmen mit Stand-Phototheodoliten kann der Fehler allerdings zur Fälschung der (zwischen den Vertikalachsen) gemessenen Basis führen, was bei kurzen Basen zu beachten wäre, wenn kleine Entfernungen sehr genau zu messen sind. Bedeutung gewinnt der Fehler aber später bei der Fortsetzung der Justierung, und zwar bei der Einstellung des zwischen Haupt-Kamera-Visier und Fernrohrvisier erforderlichen konstanten Ablenkungswinkels von 90^0 (325). Der Fehler wird deshalb doch möglichst beseitigt.

303. **Der Vertikalfaden soll senkrecht stehen,** oder, was dasselbe besagt, der Horizontalfaden soll horizontal liegen, sobald das Instrument genau horizontiert ist. Da im Präzisions-Phototheodoliten nur für einen der Fäden des Kreuzes die Richtung markiert zu sein braucht, wollen wir uns auch nur mit je einem einzelnen der Fäden beschäftigen. Eine Justierung dieser Funktion für den Feldgebrauch ist nicht vorgesehen.

304. Prüfung mit dem Vertikalfaden. Die Justierplatte bleibt, wie unter 298 beschrieben, auf dem Anlegerahmen befestigt, der Phototheodolit wird sorgfältig horizontiert und auf ein sehr feines Lot eingerichtet. Da ein solches wohl immer etwas pendelt und damit die Prüfung erschwert, bestimmt man lieber mittels eines genau vertikal kippenden Theodolitfernrohres das Lot durch eine feine Linie an einer senkrechten Wand. Nachdem das Fadenkreuz der Kamera (kr in Fig. 95) mittels einer scharfen Lupe genau auf das Lot eingestellt ist, beobachtet man ebenso die Enden des Vertikalfadens. Diese müssen scharf die Lotlinie decken[1]). (Man könnte diese Prüfung auch ohne die Justierplatte ausführen, indem man durch eine der Lochmarken hindurch sieht und so das Lot einstellt. Durch die Mitte der anderen Lochmarke muß dann ebenfalls das Lot hindurchgehen. Um durch die feine Lochmarke hindurch das Lot sehen zu können, muß man sich wiederum der Lupe bedienen.)

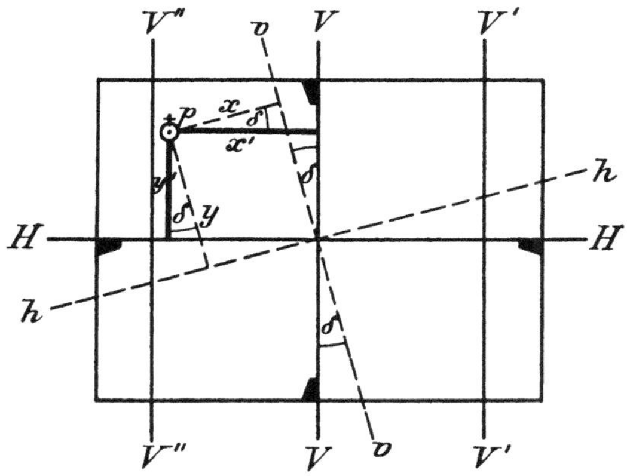

Fig. 100.
Verdrehung des Fadenkreuzes.

305. Prüfung mit dem Horizontalfaden. Der Phototheodolit wird horizontiert. An einer gegenüberstehenden Wand wird ein Punkt bezeichnet, der mit dem Fadenkreuz in genau gleicher Höhe liegt. Dreht man nun den Phototheodoliten, so muß der Horizontalfaden dabei immer gleichmäßig den markierten Punkt berühren. Auch bei dieser Prüfung muß man sich einer guten Lupe bedienen.

306. Fehlerwirkung. Es sei in Fig. 100 v v die Lage des Vertikalfadens bei horizontiertem Phototheodoliten, dann ist h h die Lage des Horizontalfadens.

Es sei ein Punkt P in p abgebildet, und wir erhalten seine Bildkoordinaten x und y als die lotrechten Abstände von v v und h h. Die wahren Vertikalebenen schneiden die Bildebene aber in den Parallelen V V, V' V', V'' V'' usw., so daß die wahren Bildkoordinaten für p = x' und y' sind. Aus den gemessenen Bildkoordinaten und dem

[1]) Über Einstellung des Fadenkreuzes der Stand-Phototheodolite auf Randschärfe s. 281.

Verdrehungswinkel δ des Fadenkreuzes ist für jeden Punkt der Platte zu errechnen, wie groß die wahren Bildkoordinaten sind. Die Differenz zwischen den gemessenen und errechneten Bildkoordinaten ergibt den Fehler. Der Fehler für x und y ist an den Rändern der Platte am größten. In der Mitte der Platte ist der Fehler für x und y nahezu = 0. Nimmt man eine Verdrehung des Fadenkreuzes von $\sphericalangle\, \delta = 10''$ an, so ist beim Plattenformat 9 × 12 cm die Bildkoordinate x am obern oder untern Rande schon um 0,002 gefälscht. Das bedeutet bei f = 127 mm bereits einen Winkelfehler von fast 4″, also den Verbrauch fast des ganzen beim Instrument verfügbaren Winkelfehlers (288), falls die Platte bis an die Ränder ausgenützt werden soll.

Über die Schädlichkeit dieses Fehlers gilt wieder das unter 296 Gesagte.

307. **Die Brennlänge f** ist eine sehr erhebliche Fehlerquelle, sie muß deshalb mit hoher Sorgfalt ermittelt werden[1]). Des Interesses wegen,

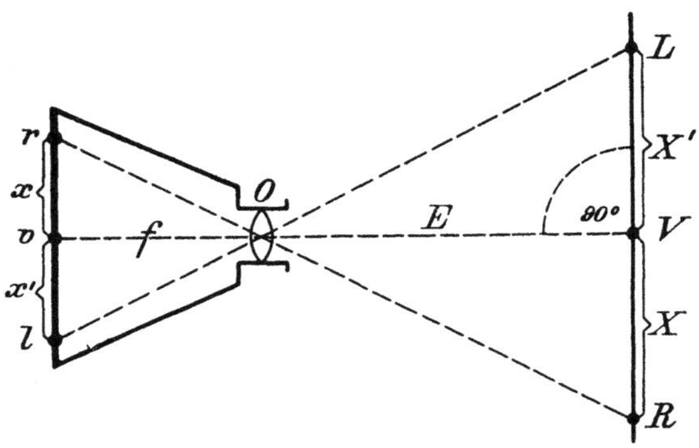

Fig. 101.
Einfache Bestimmung der Brennlänge f.

das dieser Abschnitt beanspruchen dürfte, seien einige Verfahren zur Ermittelung der Konstante f nachfolgend angegeben. Dabei wird vorausgesetzt, daß die Kamera mit einem Objektiv ausgerüstet ist, dessen optischer Mittelpunkt noch im Objektiv liegt.

308. Bestimmung durch einfachste Mittel (s. Fig. 101). Nachstehende Methode ist leicht ausführbar und eignet sich besonders zur Brennlängenbestimmung bei einfacheren Apparaten, denn sie kann

[1]) Die hier in Betracht kommenden Phototheodolite sind immer auf Unendlich eingestellt. Die Brennlänge eines Objektivs ist bei Fabrikation desselben ziemlich genau bekannt und daher auch bei der Fabrik zu erfahren. Für ein Präzisions-Instrument genügt eine derartige Ermittelung aber nicht.

auf hohe Genauigkeit Anspruch nicht machen. Immerhin ist sie für viele praktische Zwecke ausreichend genau. Der horizontierte Phototheodolit wird in einem Abstande E = 10—20 m einer Wand gegenübergestellt. Man richtet das Haupt-Kamera-Visier v O so gegen die Wand, daß die Visierlinie v O V auf der Wandfläche senkrecht steht. Man bezeichnet V und ebenso zwei Punkte L und R, die sich eben noch am Rande des Bildes zeigen, in gleicher Höhe von V an der Wand. Es werden möglichst genau gemessen: V R = X, V L = X', und (E + f). (Man mißt nicht E

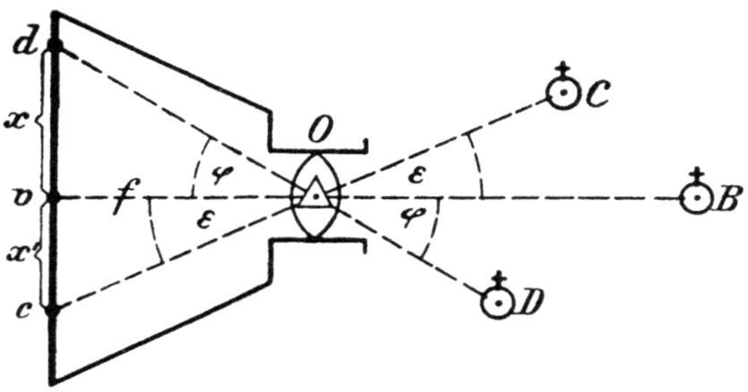

Fig. 102.
Bestimmung der Brennlänge f mit Hilfe einer Triangulation.

allein, weil der Anfangspunkt von E im Objektiv äußerlich nicht scharf genug definiert ist.)

Nach Photographieren der Wand mißt man mit größtmöglicher Schärfe die Strecken x und x' auf der Platte und stellt folgende Berechnung an:

$$x : f = X : E \qquad x' : f = X' : E$$

$$(x + X) : (f + E) = x : f \qquad (x' + X') : (f + E) = x' : f$$

$$f = x \cdot \frac{f + E}{x + X} \qquad f = x' \cdot \frac{f + E}{x' + X'}$$

Man erhält so zwei Werte für f, aus denen man das Mittel nimmt.

309. Bestimmung mittels eines sichtbaren Dreiecksnetzes. In großen Städten bieten die vielen triangulierten Kirchentürme ein gutes Mittel zu einer sehr scharfen Bestimmung der Konstante f. Man stellt den Phototheodoliten so auf, daß sein Objektivmittelpunkt auf wenige Zentimeter genau zentrisch über einem Festpunkt steht, während das Haupt-Kamera-Visier v O (Fig. 102) auf einen Kirchenturm, z. B. B, zeigt. Nachdem der Phototheodolit sorgfältig horizontiert und genau auf B gerichtet ist, wird photographiert. Es bilden sich sämtliche im Bildwinkel der Kamera gelegenen Kirchen ab; der Klarheit der Figur wegen sind jedoch außer B, die in Fig. 102

haarscharf im Vertikalfaden liegt, nur noch 2 Kirchen C und D dargestellt. Diese seien in c und d abgebildet. Mit größtmöglicher Schärfe werden die Bildkoordinaten x = v d und x′ = v c gemessen. Die Winkel φ und ε sind bereits aus der Triangulation bekannt.

$$\text{Es ist } f = \frac{x}{\operatorname{tg} \varphi} \text{ und } f = \frac{x'}{\operatorname{tg} \varepsilon}.$$

Je mehr Kirchen abgebildet sind, desto mehr Werte für f erhält man.

Sind die Winkel φ bzw. ε sehr klein, so eignen sie sich nicht für eine scharfe Bestimmung von f.

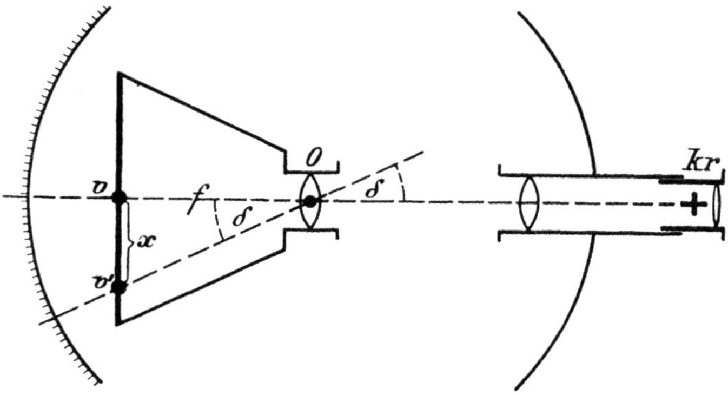

Fig. 103.
Bestimmung der Brennlänge f im Laboratorium.

310. Bestimmung im Laboratorium (s. Fig. 103). Der Phototheodolit wird auf einen sehr feinen Teilkreis so gestellt, daß der optische Mittelpunkt des Kamera-Objektivs ziemlich genau in der Drehachse des Kreises liegt. Teilkreis und Phototheodolit werden sorgfältig horizontiert. Auf dem Anlegerahmen des Phototheodoliten liegt die Justierplatte, die das Fadenkreuz der Kamera markiert (298). Der Kamera gegenüber wird ein Kollimationsfernrohr so aufgestellt, daß man durch dieses und das Kameraobjektiv hindurch die Linien der Justierplatte sehen kann.

Während man nun durch das Fernrohr beobachtet, dreht man mittels des Teilkreises zuerst den Vertikalfaden v der Kamera auf das Fadenkreuz kr des Kollimationsfernrohres ein und liest am Kreise, auf die Sekunde genau, die Richtung ab. Dann dreht man den Kreis weiter, bis die nächste — 1 cm entfernte — Parallele v′ zum Vertikalfaden v das Fadenkreuz kr des Kollimationsfernrohrs deckt und liest wieder genau den Kreis ab. Die Differenz beider Ablesungen ergibt den $\sphericalangle\ \delta$

(Fig. 103). So dreht man nacheinander sämtliche um je 1 cm voneinander entfernte Parallelen zum Vertikalfaden ein und notiert die Richtungen.

Man erhält so eine ganze Reihe rechtwinkliger Dreiecke, deren Spitzen sämtlich im optischen Mittelpunkt (dem vorderen Hauptpunkt) des Objektivs liegen, deren eine Kathete das gesuchte f, deren andere Katheten x = 1, 2, 3 usf. cm und deren Winkel δ mit dem Teilkreise gemessen sind. Aus den errechneten Werten für f wird ein Mittelwert gebildet.

311. Verzeichnung des Objektivs. Weichen die erhaltenen Einzelwerte für f von dem berechneten Mittelwert mehr ab, als sich aus der Ungenauigkeit der Winkelmessung mittels des Teilkreises und Kollimationsfernrohres erklären läßt, so ist das ein Zeichen dafür, daß die Hauptstrahlen beim Austreten aus dem Objektiv mit der optischen Achse andere Winkel bilden, als beim Eintritt in das Objektiv. Dieses leidet an Verzeichnung (290).

Diese Verzeichnung kann ziemlich genau festgestellt werden. Zu dem Zwecke rechnet man sämtliche Dreiecke (s. Fig. 103 O v v′) nochmals aus, indem man die gemittelte Konstante f und die mit dem Teilkreise gemessenen Winkel δ als feststehend annimmt und die vorhin volle Zentimeter betragenden Werte für x nun errechnet. Die Differenzen, die die errechneten Werte von x gegenüber den vollen Zentimeterwerten ergeben, drücken die in der Bildebene gemessene lineare Verzeichnung des Kameraobjektivs aus.

(Die Firma Zeiß benutzt zu ihren Präzisions-Phototheodoliten nur solche Objektive, deren lineare Verzeichnung an keinem Punkt der Bildebene 0,01 mm übersteigt.)

312. Fehlerwirkung: Ein Fehler an der Brennlänge f bewirkt eine Entstellung der durch das Tangentenverhältnis $\frac{x}{f}$ oder $\frac{y}{\sqrt{f^2 + x^2}}$ (107 und 109) gemessenen Winkel.

Die Größe und das Fortschreiten dieser Veränderung ersehen wir aus folgender Berechnung für einen Fehler von 0,01 mm.

Wir ermitteln mehrere Winkel δ aus den Verhältnissen

$\frac{x}{f}$	und $\frac{x}{f + 0{,}01 \text{ mm}}$ und erhalten:
$\frac{10}{127} \sphericalangle \delta = 4^0\, 30'\ 8''$	$\frac{10}{127{,}01} \sphericalangle \delta = 4^0\, 30'\ 7''$
$\frac{20}{127} \sphericalangle \delta = 8^0\, 56'\, 58''$	$\frac{20}{127{,}01} \sphericalangle \delta = 8^0\, 56'\, 56''$

$\frac{40}{127} \sphericalangle \delta = 17^0\,28'\,56''$ $\qquad \frac{40}{127{,}01} \sphericalangle \delta = 17^0\,28'\,52''$

$\frac{80}{127} \sphericalangle \delta = 32^0\,12'\,28''$ $\qquad \frac{80}{127{,}01} \sphericalangle \delta = 32^0\,12'\,20''$

Die Veränderung der Winkel nimmt also vom Fadenkreuz ab nach den Rändern der Platte hin etwa proportional mit der Größe von x bzw. y zu.

Durch die Fälschung der Brennlänge f um nur 0,01 mm wird bei einem Phototheodoliten vom Format 9×12 cm und $f = 127$ mm am Rande der Platte schon mehr als der ganze für die Entfernungsmessung beim Instrument (288) verfügbare Winkelfehler verbraucht, falls wir die Platte bis an ihre Ränder ausnützen wollen.

Über die Schädlichkeit dieses Fehlers gilt wiederum das unter 296 Gesagte.

313. **Die Schärfe des Fernrohrs** ist ebenfalls eine recht beachtenswerte Fehlerquelle. Wir wissen, daß die Fälschung der Parallelität der Kameraachsen direkt auf den Winkel an der Spitze der zu vermessenden Dreiecke einwirkt (185). Wir dürfen also durch die Visur nach dem andern Basispunkte, durch die die Kameraachse dirigiert wird, nur einen Bruchteil der beim Instrument verfügbaren 4″ verbrauchen (288). Wir stellen wohl die Forderung kaum zu hoch, wenn wir mit dem Fernrohr die Richtung nach dem andern Basispunkte auf 1″ genau einzustellen wünschen. Dazu ist für mittlere Sehschärfe ein gutes etwa 20- bis 30faches Fernrohr nötig. Diese Vergrößerung ist bei den verhältnismäßig langen Fernrohren der Stand-Phototheodolite erreicht, bei den Feld-Phototheodoliten dagegen noch nicht. Die bei letzteren Instrumenten also noch verhältnismäßig große Fehlerquelle muß durch Anwendung praktischer Zielvorrichtungen — s. die Zielscheibe (203) — sowie durch sorgfältige Auswahl der Beobachter nach Möglichkeit ausgeglichen werden.

314. **Die Fernrohr-Visierebene soll senkrecht stehen.** Diese Forderung, die man nach Möglichkeit bei jedem Theodoliten erfüllt, soll auch beim Phototheodoliten erfüllt sein.

315. Die Prüfung erfolgt mittels eines sichtbaren Lotes (s. unter 304). Nachdem der Phototheodolit bzw. Stand-Phototheodolit sorgfältig horizontiert ist, wird das Fernrohr auf das Lot eingerichtet, und zwar mit dem Schnittpunkte der Fäden. Beim Feld-Phototheodoliten wird hierzu das Fernrohr horizontal gestellt. Bei diesem Instrument kippt man nun das Fernrohr herauf und herunter. Zeigt sich, daß das Fadenkreuz dabei das Lot verläßt, so ist die Visierebene nicht senkrecht. Beim Stand-Phototheodoliten beobachtet man das Verhältnis der vertikalen Parallelfäden zum Lote (hierbei ist das unter 281 über Ein-

stellung der Bildschärfe Gesagte zu beachten). Liegt das Lot nicht überall symmetrisch in der Mitte zwischen den Fäden, so stehen diese nicht senkrecht. Für den Aufnehmer zu handhabende Justierungen sind bei beiden Instrumententypen nicht vorgesehen.

316. Fehlerwirkung. Finden die Winkelmessungen nur in der Horizontalebene statt, so ist ein Entfernungsfehler nicht zu erwarten. Der Fehler entsteht erst, wenn Höhenunterschiede zwischen den Basispunkten bezw. den gemessenen Objekten liegen, und nimmt dann mit der Größe des Höhenunterschiedes proportional diesem zu. Von der Größe des durch diesen Fehler verursachten Winkelausschlages für bestimmte Höhenunterschiede kann man sich leicht eine Vorstellung machen. Man beobachtet am Lot den Ausschlag. Spielt z. B. das Fadenkreuz auf der Höhe $\pm$ 0 auf das Lot ein, zeigt aber an einem 10 m höheren Punkt um 2 mm am Lot vorbei, so ist bei einem Abstande E = 100 m des Lotes vom Fernrohr der Winkelausschlag in diesem Falle = 4″. Wäre der Ausschlag für 10 m Höhenunterschied und E = 200 m auch nur = 2 mm, so wäre der Winkelausschlag nur = 2″.

Bei Stand-Phototheodoliten beobachtet man am Lote den Ausschlag, der zwischen dem Schnittpunkte des Horizontalfadens mit den Vertikalfäden und diesen am Rande des Fernrohrbildes besteht, und berechnet sich den Winkelausschlag ebenso, wie wir das beim Feld-Phototheodoliten gesehen haben.

317. Schädlichkeit dieses Fehlers. Der Fehler besteht nur bei einer einmaligen Visur. Mißt man bei Winkeln einen richtigen Satz (92), so scheidet der Fehler durch das Durchschlagen des Fernrohres aus, vorausgesetzt, daß in beiden Fernrohrlagen die Höhe des Objekts gleichmäßig eingestellt wurde. Auch bei Aufnahme des Normal-Stereogramms mit dem Feld-Phototheodoliten scheidet der Fehler insofern aus, als er auf die Parallelität der Kameraachsen nicht einwirkt; vorausgesetzt natürlich, daß die Neigung der Basis auf beiden Basispunkten gleich eingestellt wird. Die Entfernungsmessung leidet also bei sachverständiger Handhabung des Phototheodoliten unter geringer Neigung der Fernrohr-Visierebene wenig. Wohl aber leidet die Richtung der aus dem Stereogramm zu messenden Punkte durch diesen Fehler, über dessen Größe man sich nach Vorstehendem (316) eine Vorstellung machen kann, wenn die Länge der Basis und der Höhenunterschied der Basispunkte auf Grund einer Beobachtung am Lot in Rechnung gestellt werden.

318. **Das Fernrohr-Visier soll durch die Vertikalachse gehen.** Wir wollen die Kameraachse bei Aufnahme des Normal-Stereogramms auf Sekunden genau parallel stellen (172 und folgende), können hierzu den Horizontalkreis aber nicht gebrauchen, weil er nur 1 Minute als kleinstes Maß abzulesen gestattet. Schnell und sicher wird im Felde die Absicht er-

reicht, wenn das Fernrohr-Visier scharf in der Vertikalachse liegt, und zwar so, daß es mit dem ebenfalls in der Vertikalachse liegenden Haupt-Kamera-Visier (300) genau den Winkel von 90° bildet. Wird dann mit dem Fernrohr-Visier die Vertikalachse des andern Basispunktes eingestellt, so steht die Kameraachse senkrecht auf der Basis. Sind Stand-Phototheodolite in dieser Beziehung genau hergestellt, so wird der Zweck, Parallelstellung der Kameraachsen, in dieser Weise ohne weiteres erreicht. Für Feld-Phototheodolite muß außerdem noch gefordert werden, daß das Fernrohr beim Durchschlagen auf die Sekunde genau die entgegengesetzte Richtung anzeigt (322).

319. Die Prüfung läßt sich in ähnlicher Weise, wie für Prüfung des Haupt-Kamera-Visiers angegeben (301), ausführen. Bei Stand-Phototheodoliten können die Fernrohr-Visiere vollständig nach dieser Angabe geprüft werden.

Bei Feld-Phototheodoliten wäre das auch der Fall, wenn die Fernrohre dieser Instrumente einfache durchschlagbare Fernrohre wären, deren Achse senkrecht zur Kameraachse steht. Das ist aber bei den Feld-Phototheodoliten Fig. 81 und 82 der Firma Zeiß nicht der Fall.

Die Prüfung dieser Fernrohre muß sich auf folgende Punkte erstrecken:

a) Prüfung der Fernrohrachse allein (Objektiv und Fadenkreuz) darauf, daß sie parallel zum Kamera-Visier liegt und durch die Vertikalachse geht. Diese Prüfung könnte ebenso, wie unter 301 beschrieben, erfolgen.
b) Prüfung des Pentagonalprismas darauf, daß es genau 90° Ablenkung hat (auf die Sekunde genau).
c) Prüfung des aus Objektiv, Fadenkreuz und Pentagonalprisma zusammengesetzten Fernrohrs darauf, daß das Prisma richtig angesetzt ist, und die Fernrohrachse genau in der Vertikalachse des Phototheodoliten abgelenkt wird.

Die Prüfungen zu b und c erfordern weitere Hilfseinrichtungen, bezüglich derer jede größere Werkstatt sich zu helfen wissen wird. Für den Aufnehmer dürften diese Andeutungen genügen, um einzusehen, daß eine Prüfung dieser Funktionen im Felde nicht möglich ist (die Prüfung durch Winkelmessung mit dem Teilkreise auf kurze Strecken in 2 Fernrohrlagen kann als ausreichende Prüfung für alle Fälle nicht angesehen werden). Die Prüfung kann nur in einem mit Hilfseinrichtungen gut ausgerüsteten Laboratorium erfolgen. Der Aufnehmer muß sich auf das Instrument verlassen können, wie das bei den Instrumenten der Firma Zeiß bisher der Fall war.

320. Fehlerwirkung. Es sei in Fig. 104 A B die durch die Vertikalachse des Feld-Phototheodoliten bzw. des Dreifußes fixierte Basis. Das Fernrohr-Visier v F sei zwar unter 90° gegen das Haupt-

Kamera-Visier v K eingestellt, liege aber gegen die Vertikalachse A um das Maß z exzentrisch (nach rückwärts). Visiert man nun mit v F den anderen Basispunkt B an, so steht v K auf der Linie v B senkrecht. Setzt man dann den Feld-Phototheodoliten auf B, schlägt sein Fernrohr durch, so daß es die genau diametrale Visierrichtung v′ F annimmt, und denkt sich v′K parallel zu vK gestellt, so muß v′ F an A vorbeizeigen, und zwar auf A′. Der Abstand AA′ ist = 2z. Würden wir aber, wie wir es doch müssen, v′ F auf A eindrehen, so schwenken wir das Haupt-Kamera-Visier in B nach rechts herum. Der Schwenkwinkel ergibt sich aus dem gleichschenkligen Dreieck A B A′. (Bei Stand-Phototheodoliten könnte trotz des Fehlers z die Parallelität der Kameraachsen erzielt werden, wenn z bei beiden Instrumenten nach Größe und Richtung gleich wäre, und die Fernrohre genau auf einander eingestellt würden.)

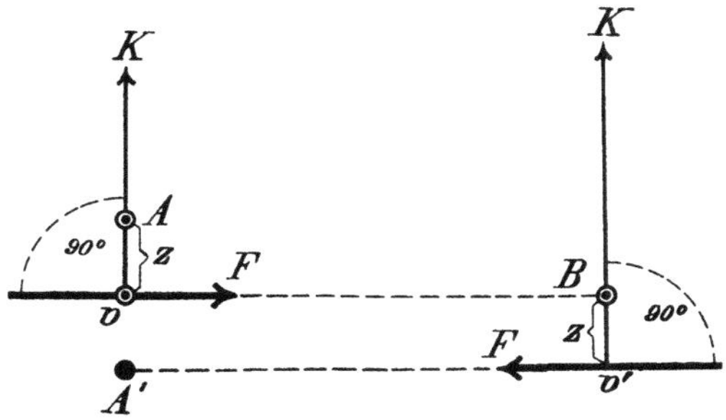

Fig. 104.
Exzentrische Lage des Fernrohres.

321. Die Schädlichkeit dieses Fehlers ist sehr groß, sie nimmt zu, wenn die Basislänge abnimmt.

Würde z. B. z nur 0,1 mm betragen, so wäre hierdurch bei einer Basis von 10 m Länge schon der ganze für das Instrument verfügbare Winkelfehler von 4″ für jeden Punkt der Platte verbraucht (288).

Hieraus folgt, daß eine Überprüfung dieser Funktion im Felde mit Fernrohr und Minuten-Teilkreis nicht ausreichend sein würde, um eine Gewähr für die Richtigkeit des Instruments zu liefern.

Ist man bei der Fabrikation von Stand-Phototheodoliten zu einer gleichmäßigen Exzentrizität z der Fernrohrvisiere gekommen, so kann man mit den Instrumenten richtig arbeiten, wenn man, wie bereits gesagt, mit den Fernrohren auf das Fadenkreuz des gegenüberstehenden Instruments einstellt, oder indem man für die Visur die Zielspitze bzw. Zielscheibe um das Maß z gegen die Vertikalachse verlegt. Dabei ist jedoch zu beachten, daß z sich bei Drehung des Instruments ändert.[1]) Die Visuren müssen in diesem Falle immer gleichzeitig auf beiden Basispunkten

[1]) Gibt man dem Ziel die Form einer horizontal liegenden Scheibe vom Radius z, so ist die Drehung des Instruments unschädlich, wenn die Zielscheibe tangierend angeschnitten wird.

stattfinden. Dies wären aber Erschwerungen im Gebrauch der Instrumente, die den Wert derselben stark herabsetzen würden. Deshalb muß auch bei Stand-Phototheodoliten diese Forderung wie bei Feld-Phototheodoliten mit größter Schärfe erfüllt sein, und eine Prüfung dieser Funktion im Felde ist bei einem topographisch zweckmäßig gebauten Präzisions-Instrument ausgeschlossen.

322. **Der konstante Winkel zwischen Fernrohr-Visier und Haupt-Kamera-Visier soll 90⁰ betragen.** Beim Normal-Stereogramm sollen die Kameraachsen senkrecht auf der Basis stehen. Sie laufen dann von selbst parallel zueinander, wie es Bedingung ist. Es kommt aber auf die Parallelität der Kameraachsen viel mehr an als auf ihre senkrechte Stellung zur Basis (186). Immerhin muß der Winkel von 90^0 genauer als auf $1'$ eingestellt sein, wenn später die Richtungsgenauigkeit im ganzen etwa $1'$ betragen soll. Schlägt das Fernrohr des Feld-Phototheodoliten auf die Sekunde genau um 180^0 durch, was unbedingt der Fall sein muß, so wird die Parallelität der Kameraachsen auch erreicht, wenn der Winkel von 90^0 zwischen Kameraachse und Fernrohr-Visier um einen Winkelbetrag (z. B. $\sphericalangle \rho$ in Fig. 105) gefälscht ist.

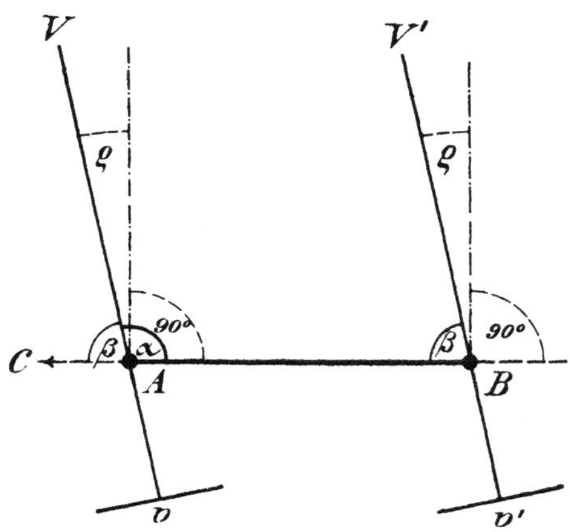

Fig. 105.
Wirkung eines genau diametral durchschlagenden und zentrisch gelagerten Fernrohres.

Es sei in Fig. 105 A B die Basis. Der Phototheodolit stehe zuerst auf A. Der Winkel zwischen Kameraachse v A V und Fernrohr-Visier A B sei $= \sphericalangle \alpha$, welcher $= 90^0 + \sphericalangle \rho$ ist. Nach Durchschlagen des Fernrohrs auf A zeige dies genau diametral, also auf C. Sein Visier bildet jetzt mit der Kameraachse den $\sphericalangle \beta = 90^0 - \sphericalangle \rho$. Wir dürfen uns jetzt nur den Phototheodoliten parallel von A nach B verschoben denken, um sogleich zu sehen, daß durch $\sphericalangle \rho$ die Parallelität der Kameraachsen nicht leidet.

323. Die Prüfung dieser Funktion nimmt man in folgender Weise vor:

Auf das Kameraobjektiv steckt man ein Pentagonal-Prisma von genau 90^0 Ablenkungswinkel (s. Fig. 106). Nachdem der Phototheodolit horizontiert ist, richtet man das in Fig. 106 nur durch einen Pfeil markierte Fernrohr F auf einen etwa 100 m entfernten und parallel zur Kameraachse liegenden Horizontalmaßstab M M, wo es den Punkt r treffe. Das Kamera-Visier v O treffe Punkt l des Maßstabes. Sind die Strecken A P [1]) und l r gleich, so ist der Winkel zwischen Kameraachse und Fernrohr-Visier = 90°. Ist l r z. B. um 10 mm größer als A P, so ist, falls P l = 100 m ist, ∢ P A F = 90° + 20″.

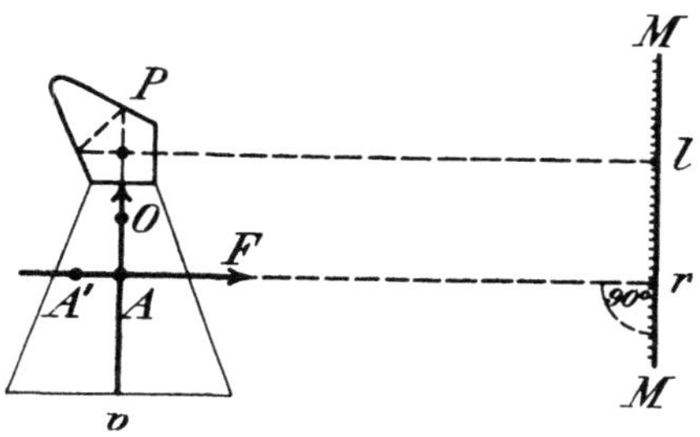

Fig. 106.
Prüfung des rechten Winkels zwischen Fernrohr- und Kamera-Visier.

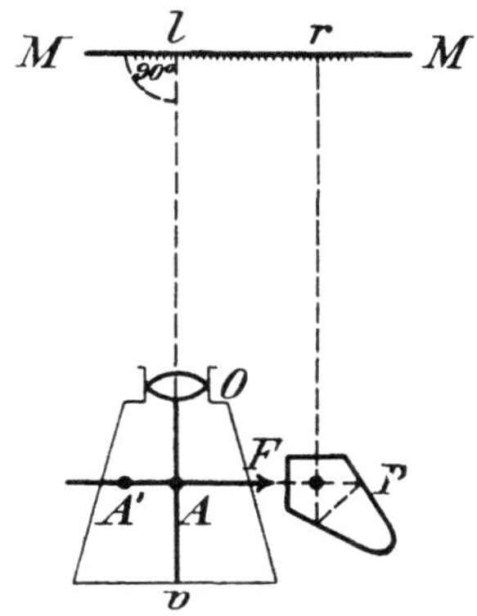

Fig. 107.
Prüfung des rechten Winkels zwischen Fernrohr- und Kamera-Visier.

Läge die Vertikalachse in A′ statt in A, so würde diese Prüfung durch die Exzentrizität A A′ nicht gestört. Steckt man aber, falls die Instrumentenkonstruktion dies erfordert (bei Stand-Phototheodoliten ist das der Fall), das Prisma auf das Fernrohr F (s. Fig. 107), so wäre die Exzentrizität A′A zu berücksichtigen, falls man so dieselbe Prüfung vornimmt (300).

324. Die Schädlichkeit dieses Fehlers ist bei Feld-Phototheodoliten nicht groß. Es leidet in der Hauptsache die Richtungsgenauigkeit.

Bei Stand-Phototheodoliten ist ein Fehler am Ablenkungswinkel von 90° dagegen sehr gefährlich, weil er hier durch Durchschlagen des

[1]) Eine genaue Ermittelung der Strecke A P (Fig. 106 und 107) kann nur in der Fabrik oder in einem gut ausgerüsteten Laboratorium erfolgen. Das Prisma muß einen harten Anschlag und eine entsprechende Zahlenangabe tragen, die sich auf den Abstand von P bis zum Anschlag bezieht. Das Instrument bedarf einer Angabe über den Abstand zwischen Anschlag und Vertikalachse bezw. Kamera-Visier.

Fernrohrs nicht unschädlich gemacht werden kann. Bei Stand-Phototheodoliten ist deshalb eine Abstimmung der Ablenkungswinkel dahin erforderlich, daß sie sich auf die Sekunde genau zu 180⁰ ergänzen, also eine Abstimmung auf Parallelität der Kameraachsen.

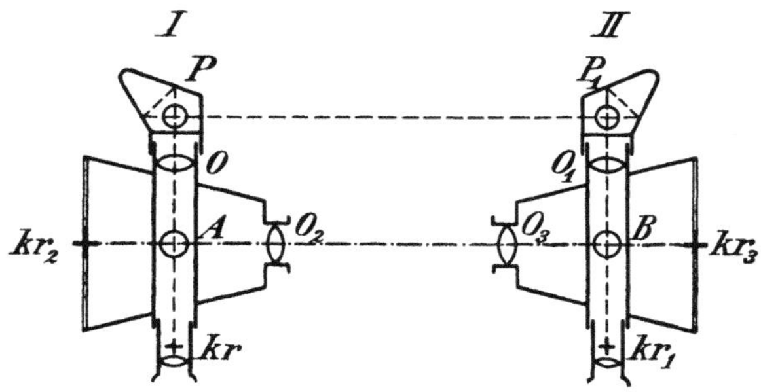

Fig. 108.
Abstimmung der Kameraachsen von Stand-Phototheodoliten.

325. Die Abstimmung der Kameraachsen von Stand-Phototheodoliten. Der Zweck ist soeben erklärt. Die beiden Stand-Phototheodolite I und II (Fig. 108) werden einander ganz nahe mit den Kameraobjektiven gegenübergestellt und horizontiert. Die Fadenkreuze sind durch Justierplatten sichtbar gemacht (298). Die beiden Fernrohre erhalten je ein Pentagonalprisma aufgesteckt, deren Ablenkungswinkel sich auf die Sekunde genau zu 180⁰ ergänzen. Stellt man nun die Fadenkreuze der Fernrohre aufeinander ein, so müssen die Vertikalfäden der Justierplatten sich ebenfalls decken, was mit einer scharfen Lupe untersucht wird.

Eine Justierung dieser Funktion, die der Aufnehmer handhaben könnte, ist nicht vorgesehen.

Wer Stand-Phototheodolite benutzt, muß diese Prüfungseinrichtung zur Kontrolle der Messungen besitzen, sonst ist er auf Probeaufnahmen angewiesen, die viel Umstände verursachen.

326. **Die zentrische Auswechselung der vertikalen Drehachsen** auf beiden Basispunkten ist die Voraussetzung für das schnelle und sichere Gelingen der Aufnahme eines Normal-Stereogramms. Die Konstruktion der Dreifußbuchse muß deshalb so genau sein, daß die identischen Drehzapfen vom Phototheodoliten und der Zielspitze ohne fühlbaren Spielraum darin feststehen. Daß dann die Drehachsen tatsächlich gegen einander ausgewechselt werden, dafür sorgt die Genauigkeit der Arbeit auf einer feinen Drehbank. Besondere Beachtung verdienen aber noch die Teile, welche auf die Zielspitze oder den Phototheodoliten selbst aufgesetzt werden, um die Vertikalachse besonders gut sichtbar zu

machen, also die Zielspitzen der Stand-Phototheodolite und die Ziel scheiben.

Die Prüfung dieser Teile erfolgt am besten in folgender Weise: Man stellt den Phototheodoliten oder die Zielspitze horizontiert auf und auf kurze Entfernung ihm gegenüber ein scharfes Fernrohr, das genau auf den zu prüfenden Teil eingerichtet wird. Nun dreht man den Phototheodoliten oder die Zielspitze oder die aufgesetzte Zielscheibe und beobachtet die Ausschläge im Fernrohr.

327. Die Fehlerwirkung ist zu vergleichen mit der unter 318 bis 320 beschriebenen Exzentrizität.

Über die Schädlichkeit dieses Fehlers s. unter 321.

Die Fehlerquellen bei Handhabung des Phototheodoliten.

328. **Aufstellung der Stative.** Stehen die Stative nicht fest im Boden, oder sind die Holzbeine in den Hülsen lose, so sind geringe Verschiebungen während der Aufnahmen denkbar, die sich der Beobachtung entziehen. Erfolgen solche Verschiebungen, nachdem schon eins der zum Stereogramm gehörigen Bilder aufgenommen ist, so leidet die Parallelität der Kameraachsen. Weiteres hierüber s. 238.

Die Fehlerwirkung richtet sich nach der Größe der Verschiebung und nach der Länge der Basis. Beträgt z. B. die Verschiebung nur 1,5 mm, und die Basis ist 50 m lang, so ist der durch die Verschiebung erzeugte Winkelfehler $= 6''$, also gleich der ganzen für die Handhabung des Instruments verfügbaren Fehlersumme (288).

329. **Horizontierung der Dreifüße.** Erfolgt diese nicht sorgfältig oder mit ungenügend justierten Dosenlibellen, so steht die Zielspitze nicht genau in dem Lot, welches später die Vertikalachse des genauer horizontierten Phototheodoliten einnimmt. Je länger die Zielspitze, desto mehr Beachtung verdient diese Fehlerquelle. Die Größe des Fehlers berechnet sich wie vorstehend (328).

330. **Horizontierung des Instruments.** Der Horizontierungsfehler zerfällt in zwei Teile, und zwar Verdrehung des Fadenkreuzes der Kamera und Neigung der Kameraachse. Die beiden Libellen des Phototheodoliten stehen so, daß die eine parallel mit dem Horizontalfaden, die andere parallel mit der Kameraachse läuft. An der einen Libelle sieht man demnach die Verdrehung des Fadenkreuzes, an der andern die Neigung der Kameraachse.

331. Verdrehung des Fadenkreuzes. Diese ist bereits unter 303 beschrieben. Sie bewirkt eine Änderung der Bildkoordinaten x und y. Nehmen wir eine Platte 9×12 cm und $f = 127$ mm an, und es liege Punkt p (Fig. 100) ganz in einer Ecke der Platte, so genügt ein Ver-

drehungswinkel δ von 10″, um die Bildkoordinate x um 0,002 mm zu entstellen. Das bedeutet bei f = 127 mm die Hälfte des für die Handhabung verfügbaren Winkelfehlers von 6″ (288). Läge der Punkt p in der Nähe des Fadenkreuzes, so wäre der Fehler nahezu gleich Null. Wäre der Neigungswinkel δ (Fig. 100) auf beiden Basispunkten gleich, so würden x und x′ mit nahezu demselben Fehler belegt, wodurch die Bilddifferenz $x - x' = \alpha$ nicht wesentlich litte. Gleichzeitig mit dem Fehler am x tritt auch ein solcher am y auf. Tolerieren wir bei f = 127 und einer Platte von 9 × 12 cm einen Vertikalwinkelfehler von 1′, so dürfte $\sphericalangle\, \delta$ (Fig. 100) rund 2′ 25″ erreichen.

Ein nennenswerter Fehler für y ist also nicht zu erwarten, sobald wir ausreichend für die Entfernungsmessung, also für die Bildkoordinate x sorgen.

332. Neigung der Kameraachse. Diese führt zunächst zu einer parallelen Verlegung des Horizontes, der ja nur dann durch den Horizontalfaden gehen kann, wenn die Kameraachse genau horizontal liegt. Eine Neigung der Kameraachse um 20″ würde unsere topographischen Höhenmessungen noch nicht erheblich stören. Die Neigung der Kameraachse führt aber auch eine Neigung der vertikalen Bildebene und, damit verknüpft eine Konvergenz der Visiere herbei (114). Diese Konvergenz entstellt die Bildkoordinate x. Rechnen wir die in den Ecken der Platte am stärksten auftretende Verzerrung von x für eine 9 × 12-Platte und f = 127 mm bei 25″ Neigungswinkel aus (119), so erhalten wir 0,002 mm. Wir verbrauchen also durch einen Neigungswinkel von 25″ schon die Hälfte des ganzen für die Handhabung des Instruments verfügbaren Winkelfehlers (288), falls wir die Platte bis in die Ecken hinein ausnützen wollen. Auch dieser Fehler des x, der auf die Entfernungsmessung so großen Einfluß hat, hebt sich nahezu auf, wenn auf dem andern Basispunkte genau derselbe Fehler mit der Libelle gemacht wird. Das wäre der Fall, wenn zwar ein kleiner Justierungsfehler in der Libelle (etwa bis zu 20″) läge, die Blase aber auf beiden Basispunkten mit größter Genauigkeit — also gleichmäßig — eingestellt würde.

333. **Folgerungen aus 331 und 332 für die Horizontierung.** Die Libelle, welche dem Horizontalfaden parallel liegt, muß empfindlicher sein als die, welche der Kameraachse parallel liegt.

Geringe Dejustierungen der Libellen von Feld-Phototheodoliten (bei f = 127 mm von etwa 10″ bzw. 20″) schaden den Messungen wenig, wenn bei beiden Aufnahmen des Stereogramms die Blasen der Libellen gleichmäßig scharf eingestellt werden. Das gelingt aber nur, wenn direkte Sonnenbestrahlung, Anhauchen und Berührungen der Libellen mit den Fingern sorgfältigst vermieden werden. Bei Stand-Phototheodoliten fällt der Ausgleich durch das Umsetzen des Instruments fort. Deshalb muß bei diesen Instrumenten auf jeden Fall die Justierung der Libellen mit der größten Schärfe erfolgen. Es ist daher gut, wenn die Libellen der Stand-Phototheodolite zwei verstellbare Zeiger (82) haben, auf die man die Blase einstellen kann. Es ist so recht gut eine Einstellungsschärfe von wenigen Sekunden erreichbar.

334. **Anliegen der Platte am Anlegerahmen.** Es ist dies eine der allergefährlichsten Fehlerquellen bei der stereoskopischen Messung. Vor Einbringen der Kassette fährt man leicht mit den Fingern über den Anlegerahmen, um Staub- und Sandkörnchen zu entfernen.

Wäre der Anlegerahmen vollkommen rein, die Platte in allen ihren Teilen eben und die Kassette in bester Ordnung, so würde nach Vorbringen der Platte (252) die Brennlänge f für alle mit der gleichen Kamera gewonnenen Aufnahmen in allen ihren Teilen genau gleich sein. Dies trifft in Wirklichkeit aber nicht immer zu. Wäre es der Fall, so müßten bei normaler Belichtung die Silhouetten ein und desselben Anlegerahmens und ebenso die Abstände der Lochmarken voneinander in allen Platten haarscharf gleich sein. Man wolle daraufhin seine Platten nur genau untersuchen. Wir kommen hier noch zu folgenden Fehlerquellen:

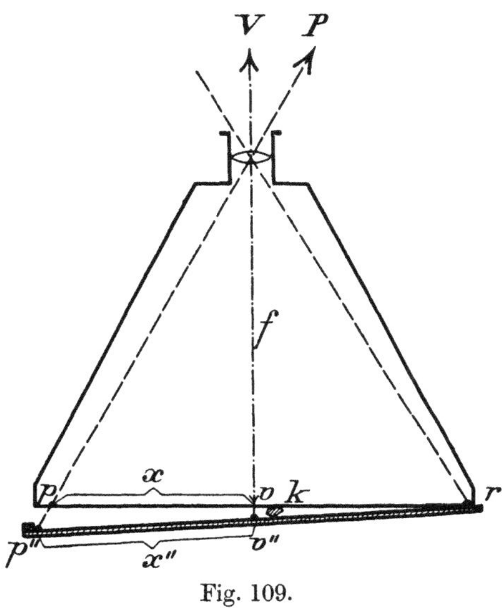

Fig. 109.
Sauberkeit des Anlagerahmens und der Platten.

Sauberkeit des Anlegerahmens und der Platten.

Ebenheit der Platten.

Verziehungen der Schicht beim Entwickeln und Trocknen.

Die Kassetten.

335. Sauberkeit des Anlegerahmens und der Platten. Angenommen, ein Sandkörnchen oder Glassplitterchen oder auch eine Verdickung der Gelatineschicht, wie sie am Rande der Platte vorkommen kann (s. k in Fig. 109), bewirkte, daß die Platte auf einer Seite r mit dem Anlegerahmen Fühlung nimmt, mit der andern nicht. Ist k = 0,1 mm stark, so kann die Platte, wenn sie sich nicht biegt, auf einer Seite des Anlegerahmens leicht 0,2 mm Abstand von diesem haben. Rechnen wir das Beispiel Fig. 109 für eine Plattengröße von 9 × 12 cm und f = 127 mm aus, so finden wir $x'' - x = 55{,}083 - 55{,}0 = 0{,}083$ mm, was im Verhältnis zu f = 127 mm einen Winkelfehler für Punkt p von

1′ 53″ ausmacht. Dies ist 19 mal so viel, als wir bei der Messung der Entfernung des Punktes P bei der Handhabung des Instruments verbrauchen dürfen (288). Eine einfache Korrekturmethode für derartige Fehler gibt es nicht. Sie müssen daher vermieden werden. Der Anlegerahmen ist sehr sauber zu halten. Die Falten des kleinen Balgens vom Anlegerahmen sind öfters auszupinseln. Platten, die an den Rändern fühlbare oder sichtbare Unebenheiten der Schicht aufweisen, sind auszuscheiden. Die Platten selbst sind vor dem Einlegen in die sauber gehaltenen Kassetten mit dem Handballen abzuwischen.

Fig. 110.
Durchbiegung gewöhnlicher Trockenplatten.

336. Ebenheit der Platten. Das Glas gewöhnlicher Trockenplatten ist nicht eben. Es scheint, als würde eine Glasplatte von gewöhnlicher Stärke entweder durch die Gelatineschicht in dem Sinne gekrümmt, wie Fig. 110 erkennen läßt, oder das Glas ist von vornherein gekrümmt und wird auf der hohlen Seite begossen. Diese Krümmung ist für die Längsausdehnung der Platte erheblich größer als für ihre Querausdehnung. Es wurden bei gewöhnlichen Platten 9 × 12 cm Durchbiegungen bis zu 0,5 mm beobachtet. Der Fehler dieser in der Mitte der Platte das höchste Maß erreichenden und in dieser Zone weniger gefährlichen Durchbiegung verliert sich nach den Rändern hin. Man könnte die Platte durch eine starke geschliffene Glasplatte gegen den Anlegerahmen drücken und so leidlich plan machen. Es wäre dies jedoch eine Komplikation der Aufnahme und bliebe doch nur eine halbe Maßregel. Ein wirksameres Mittel gegen diese unberechenbare Fehlerquelle ist die Verwendung von Spiegelglas zu den Trockenplatten, das für ein Plattenformat von 9 × 12 cm nicht unter 2 mm Stärke haben sollte.

337. Verziehungen der Schicht beim Entwickeln und Trocknen. Solche sollen bestehen. Mit Untersuchungen nach dieser Richtung hin hat Professor Schaum sich beschäftigt. Diese Verzerrungen scheinen für eine 9 × 12 cm-Platte 0,01 mm nicht zu überschreiten; denn sie konnten durch den Stereokomparator, dessen Maßstäbe für x und y als kleinstes ablesbares Maß 0,02 mm angeben, nicht einwandfrei nachgewiesen werden. Es wäre für die stereoskopische Messung von Wert, wenn genau festgestellt würde, wie groß auf starken Spiegelglasplatten unter verschiedenen Verhältnissen diese Verzerrungen tatsächlich werden können und wie sie sich über die Platte verteilen. In Anbetracht des Umstandes, daß stereoskopisch Bilddifferenzen bis zu 0,002 mm wahrgenommen werden (188), hätte eine genauere Kenntnis dieser Verhältnisse hohe Bedeutung.

338. Die Kassetten. Als zuverlässige Kassetten können nur einfache Kassetten empfohlen werden (218). Es sind in neuerer Zeit Doppelkassetten in Vertrieb gekommen, bei denen die Platten von vorn eingelegt werden. Eine auf die hohe Kante einer kurzen Seite der Platte drückende Feder hält die Platte in den Kassetten fest. Es ist mehrfach vorgekommen, daß die Platten aus ihrem Lager (wahrscheinlich infolge schlechten Einlegens oder von Stößen auf dem Transport) herausgekommen sind. Das führte dazu, daß die Platten in der Kamera beim Schließen der Kassette zerbrochen wurden. Abgesehen von dem Verlust der Aufnahme wurde dabei die Kamera mit feinen Glassplitterchen verunreinigt, was sehr gefährlich ist (335). Will man durchaus eine Doppelkassette verwenden, so nehme man ein aufklappbares Modell, in dem die Platte ganz sicher und gut gefedert liegt. Die Kassette muß in Rücksicht auf die starken Spiegelglasplatten reichlich tief sein.

339. **Visur nach dem anderen Basispunkte.** Die Visur bezweckt, die Kameraachse senkrecht zur Basis zu stellen. Ein Fehler in der Visur bedeutet eine Verschwenkung der Kameraachse, also direktes Fälschen des Winkels an der Spitze der aus dem Stereogramm zu bildenden Entfernungsdreiecke (185). Der Fehler, der sich aus mangelhafter Visur ergibt, besteht in paralleler Verschiebung des Vertikalfadens der Kamera, trifft also alle Bildkoordinaten x im gleichen Maße. Stehen im ganzen für Handhabung des Instruments auf beiden Basispunkten nur 6″ Winkelfehler zur Verfügung (288), so ist es gewiß nicht zu viel verlangt, daß die Visur auf 1″ genau sein soll. Dies bedeutet: Auf 100 m muß die Visur auf 0,5 mm genau sein. Vor Belichtung der Platte wirft man noch einen Blick ins Fernrohr und überzeugt sich von der Schärfe der Visur.

340. **Belichtung der Platte.** Hierbei ist an die Schärfe der Bilder, die richtige Belichtungszeit, die Richtung des Lichtes und Verhütung von Plattenschleiern zu denken.

341. Die Schärfe der Bilder leidet, wenn der Phototheodolit durch starken Wind gerüttelt wird. Es ist also an entsprechenden Windschutz zu denken. Während der Belichtungszeit darf das Instrument nicht mit der Hand berührt werden, da es dadurch in Schwingungen versetzt wird. (Alle Berührungen durch die Hand oder durch Wind führen außerdem zu einer Ablenkung der Kameraachse, die sehr erheblich sein kann.)

342. Die richtige Belichtungszeit muß bei stereoskopischen Aufnahmen unbedingt getroffen werden. Wegen der Empfindlichkeit des Meßvorganges vermeidet man das Kopieren des Negativs, weil dies noch eine gefährliche Fehlerquelle mehr bedeutet (348). Man mißt direkt das Negativ. Ein gutes Negativ glänzt wie Silber, ist frei von Schleiern, zeigt alle Nüancen der Lichtabstufung, ist nicht

hart und auch für die fernsten Teile der Landschaft noch gut durchsichtig.

Es ist zwar Tatsache, daß ganz unscheinbare Bilder noch einen guten stereoskopischen Eindruck liefern. Das gilt aber wohl nur für Kopien. Die Negative solcher Bilder sind häufig nahezu undurchsichtig. Genau richtig belichten ist gar nicht schwer (254 und 282). Man muß verlangen, daß derjenige, der stereoskopische Aufnahmen machen will, sich sehr ernsthaft mit der Photographie vertraut macht. Dazu gehört theoretischer und praktischer Unterricht.

343. Die Richtung des Lichtes verdient noch ganz besonders besprochen zu werden. Am besten fällt ein Bild immer aus, wenn das Licht von rückwärts-seitwärts bezüglich der Bildrichtung kommt. Man muß natürlich bei Meßbildaufnahmen mitunter auf dieses günstige

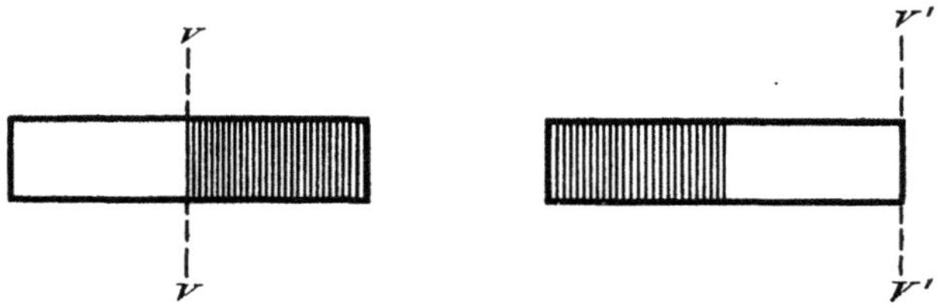

Fig. 111.
Änderung der Beleuchtung.

Verhältnis verzichten. Wie das Licht aber auch im Verhältnis zur Kameraachse laufen mag, für die zu ein und demselben Stereogramm gehörenden Bilder darf die Lichtrichtung nicht allzusehr verschieden sein. Wir können das aus folgendem Beispiel erkennen:

Es sei in Fig. 111 ein Objekt, z. B. ein Haus, in der Morgensonne von links beleuchtet. Wir sehen in der großen Ferne nur die beleuchtete linke Fläche. In der Nachmittagssonne ist die rechte Seite des Gebäudes beleuchtet und die linke, früh beleuchtete Fläche im Bilde nicht zu sehen. Schneiden wir nun später bei Ausmessung der Bilder die vermeintlichen identischen rechten Kanten des Objekts an, so ist wohl klar, daß bei der außerordentlichen Spitzigkeit des Schnitts ein grober Meßfehler durch die Veränderung in der Beleuchtung entstehen muß. Diese Erscheinung wirkt, wenn auch nicht so stark, auch auf Geländeformationen ein. Hat man also ein zum Stereogramm gehöriges Bild aufgenommen, so wartet man nicht gern länger als eine Stunde bis zur Aufnahme des zweiten, zum gleichen Stereogramm gehörigen Bildes, vorausgesetzt, daß es sich um Geländeaufnahmen handelt. Im andern Falle muß der Aufnehmer ein Urteil darüber haben, wieviel Zeit er zwischen den Aufnahmen verstreichen lassen darf, damit direkte Sonnenbestrahlung die aufzunehmenden Objekte nicht verzeichnet.

Bei bedecktem Himmel sind Meßfehler aus dem Wechsel der Lichtrichtung weniger zu erwarten.

Bei stereoskopischen Rundbildern, deren Aufnahme mehrere Stunden erfordert, ist durch geschicktes Disponieren für jedes der Stereogramme eine günstige und gleichmäßige Lichtrichtung recht gut zu erzielen.

344. Verhütung von Plattenschleiern. Manches Bild wird für überexponiert gehalten und hat in Wahrheit bei Unterexposition einen Schleier durch ungewollte Belichtung. Da Meßbilder und besonders die stereoskopischen unbedingt technisch vollkommen aufzunehmen sind, so ist alles zu vermeiden, was Schleier hervorrufen kann. Platten in Pappschachteln und Kassetten sollen nie andauernd von der Sonne beschienen werden. Das Licht durchdringt mit der Zeit die festeste Hülle. Die Kassettentornister stellt man im Felde stets in den Schatten, die einzelnen Kassetten hüllt man beim Transport derselben nach dem Apparat ein oder steckt sie in die Rocktasche. Auf den Schlitz des Kassettenrahmens darf niemals Sonnenlicht fallen. Der Schieber ist aus der Kassette gerade herauszuziehen und ebenso wieder einzustecken. Lamellenverschlüsse des Objektivs sind nicht absolut lichtdicht. Benutzt man derartige Verschlüsse, so darf die Platte im Apparat nicht viele Minuten lang vom Schieber entblößt sein. Liegt die Platte nicht fest am Anlegerahmen, ist die Kassette also zurückgezogen, so kann sehr leicht Licht durch den Schlitz für den Kassettenschieber an die Platte gelangen.

Beim Einlegen der Platten bzw. beim Herausnehmen derselben sei man in der Dunkelkammer vorsichtig. Die Platte ist im trockenen Zustande empfindlicher als im nassen. Beim Beschreiben der Platten geht der Anfänger gern dicht an das Licht heran. Man suche das zu vermeiden, entblöße die Platte vom Schieber beim Beschreiben nur soweit, als dies zum Beschreiben nötig ist.

Denkt man bei jeder Gelegenheit daran, daß die Platte vor Licht geschützt wird, so wird man bei richtiger Belichtung silberklare Negative erhalten, wie es bei der stereoskopischen Messung verlangt werden muß.

345. **Umsetzen des Feld-Phototheodoliten.** Auch in diesem scheinbar so einfachen Vorgange liegt eine gefährliche Fehlerquelle für den stereoskopischen Meßvorgang. Hat man den Anschraubering zu fest angezogen, so muß man Gewalt anwenden, um ihn wieder loszudrehen, dabei kann man das Stativ leicht um 1 mm verschieben. Ebenso kann dies beim Herausheben des Phototheodoliten aus dem Dreifuß und beim Einsetzen desselben in den Dreifuß des am andern Basisendpunkte stehenden Stativs, geschehen. Ungeschickte Tritte, die in die Nähe der Stativbeine

treffen, anhaltende Sonnenbestrahlung des Stativs können ebenfalls zur Verschiebung der Meßzentren führen.

Der ganze Vorgang der Aufstellung und Umwechselung des Phototheodoliten muß gehörig eingeübt sein. Er muß sich schnell, vorsichtig und sicher vollziehen. Der Anfänger kann nicht erwarten, daß er mit seinen ersten Stereogrammen schon das Erreichbare (190) erreicht.

Nimmt man z. B. eine Basis von 100 m und eine Gesamtverschiebung der Meßzentren von 3 mm beim Umsetzen des Instruments an, so ist damit schon der ganze für die Handhabung verfügbare Winkelfehler von 6″ verbraucht (288), vorausgesetzt, daß der Phototheodolit eine Brennweite von 127 mm hat.

346. **Das Plattenmaterial.** Auch dieses enthält, wie bereits unter 336 ausgeführt, eine Fehlerquelle für den stereoskopischen Meßvorgang. Die Glasplatten sollen eben und frei von Blasen und Schrammen sein. Die Schicht soll von gleichmäßiger Stärke und ganz besonders an den Rändern der Platte frei von Unebenheiten sein. Gute Erfahrungen wurden bis jetzt mit Chromo-Isolarplatten der A. G. F. A.-Gesellschaft gemacht. Es wird natürlich jede andere gut fabrizierte Chromo-Isolarplatte ebenfalls gute Resultate ergeben. Es ist unbedingt erforderlich, starkes Spiegelglas zu verwenden (336).

347. **Entwickeln der Platten.** Wie schon angedeutet (337), liegt möglichenfalls auch im Entwicklungsprozeß noch eine Fehlerquelle der stereoskopischen Messung. Tatsache ist, daß die besten Meßresultate mit noch nassen, eben entwickelten Platten bei horizontaler Lage derselben im Stereo-Komparator erzielt wurden. Ob und in welchem Maße die Schicht beim Auftrocknen sich verzieht, und wie die Aufstellung der Platten und die Temperatur dabei mitsprechen, darüber kann Verfasser leider Sicheres noch nicht sagen. Man wolle aber doch auf jeden Fall hinsichtlich dieser Punkte vorsichtig sein. Es ist vielleicht zu raten, bei größerer Wärme den Bädern einige Kubikzentimeter einer 10proz. Alaunlösung hinzuzusetzen, damit die Schicht etwas gegerbt und fester wird. Auf keinen Fall dürfte direktes Sonnenlicht die Platten während des Trocknens treffen.

Bezüglich der Entwicklung selbst muß unbedingt vom Aufnehmer gefordert werden, daß er sich über diese Arbeit genau unterrichtet. Es würde zu weit führen, den Entwicklungsprozeß hier eingehend zu beschreiben. Fühlt der Aufnehmer sich im Punkte der Entwicklung der Platten nicht sicher, so wolle er sich mit einem der vielen recht praktischen kleinen Handbücher versehen. Auf einige Punkte sei noch aufmerksam gemacht: Die Entwicklung von Fernlandschaften erfordert besondere Erfahrung. Bei der Kleinheit der Gegenstände scheint es oft, als liefe die Platte infolge von Überexposition grau an. Es ist oft schwer zu beurteilen, wann die Platte fertig entwickelt ist. Man muß sich in dieser Beziehung unbedingt einüben.

Chromo-Isolarplatten fixieren sehr langsam. Man richte sich darauf von vornherein ein. Zum Fixieren darf nur saures Fixiersalz verwandt werden, weil sonst die rote Isolarschicht nicht vollständig verschwindet. Das Fixieren mache man nicht zu knapp, damit die Platte recht klar wird. Zu langes Fixieren ist nicht gefährlich.

Das Trocknen der Chromo-Isolarplatten geht ebenfalls sehr langsam vor sich. Auch hierauf muß man Bedacht nehmen. Beim Trocknen der Platten verhüte man das Verstauben oder Versanden derselben. Auch Milben fressen die Schicht entzwei. Man achte hierauf, falls man die Platten in alte Schränke oder Kisten stellt.

Zum Entwickeln ist Rodinal zu empfehlen, und zwar im Verhältnis von 1 : 20 bis 1 : 15. Nicht unbedingt nötig, aber ganz gut ist, dem Bade einige Tropfen Bromkalilösung 1 : 10 hinzuzusetzen. Man denke daran, daß die Platten, solange sie noch trocken sind, besonders leicht durch das rote Licht der Dunkelkammerlampe leiden können. Man deckt die Entwicklungsschale, die die Platten enthält, am besten mit einem Karton zu oder hält sie etwas vom Licht entfernt und betrachtet die Platte nicht übermäßig oft und lange am roten Licht.

Auf Abschwächen und Verstärken der Platten braucht man sich nicht einzurichten. Richtig belichtete Platten sind sehr leicht zu entwickeln.

Der Aufnehmer muß die photographische Technik so weit, als zum Entwickeln der Platten nötig, beherrschen. Sind die Platten korrekt aufgenommen, hat man sich hiervon durch Stichproben überzeugt, so ist es bei Forschungsreisen am besten, die Platten nicht zu entwickeln, sie sorgfältigst zu verpacken (349) und die Entwicklung in der Heimat vornehmen zu lassen.

348. **Anfertigung von Diapositiven.** Diese könnte nur in Frage kommen, wenn die Negative sich wegen ihrer geringen Durchsichtigkeit zur direkten Ausmessung nicht eignen.

Es ist traurig um die stereoskopische Messung bestellt, wenn dieser Fall eintritt, denn so kommen wir zu einer neuen Fehlerquelle.

Für die Beurteilung der abgebildeten Objekte ist es nicht nötig, Diapositive anzufertigen. Der Beobachter am Stereokomparator gewöhnt sich schnell daran, den Himmel schwarz, die Berge weiß zu sehen. Handelt es sich darum, die Bildmaße auf Tausendstel von Millimetern genau zu kopieren, so ist wohl selbstverständlich, daß das Kopieren mit Vorsichtsmaßregeln zu geschehen hat. Das Wichtigste ist die Verwendung einer Lichtquelle, deren Strahlen parallel laufen, damit aus Kontaktfehlern nicht Zeichnungsfehler entstehen. Man kopiert also mit künstlichem Licht unter Anwendung einer Kondensatorlinse.

Richtige Belichtung der Diapositivplatte ist ebenfalls wichtig. Nun ist aber das Negativ in der Regel zu schwarz, und die Silhouette des Anlegerahmens mit den Lochmarken ist weiß. Belichtet man für die Landschaft richtig, so sind die Lochmarken überstrahlt. Die scharfe Definition des Vertikalfadens leidet in diesem Falle bei dem Kopierprozeß.

Aus diesen kurzen Andeutungen wird hervorgehen, daß es das einzig Richtige bei der stereoskopischen Messung ist, das Negativ genau richtig aufzunehmen und direkt zu messen. Es kann also dem Aufnehmer ein gewisses Studium der Photographie auf keinen Fall erspart werden.

Anhang.

349. **Verpackung des Plattenmaterials.** Entwickelte Platten steckt man am besten in Kuverts aus Pauspapier. Sind diese nicht zur Stelle, so verpackt man die Platten so, wie die noch unbelichteten von der Plattenfabrik verpackt worden sind.

Alle belichteten bzw. entwickelten Platten müssen bei der Verpackung vollkommen trocken und staubfrei sein. In den sauber von Sand und Staub gereinigten Pappschachteln müssen die Platten vollkommen fest liegen. Zum Festlegen benutze man weiches Papier.

Befanden die Pappschachteln sich in Blechbüchsen, so werden sie wieder in diese hineingetan. Stehen Gummistreifen zur Verfügung, so werden die Blechschachteln wieder verklebt. Befinden sich in einer Blech- bzw. Pappschachtel Platten, die noch zu entwickeln sind, so ist dies äußerlich sehr auffallend kenntlich zu machen, damit die Schachteln in der Heimat nicht aus Versehen bei Licht geöffnet werden.

In der Packkiste müssen die Plattenschachteln festliegen. Zum Feststopfen benutze man Zeitungspapier, nicht Holzwolle oder Gras, Heu, Stroh. Packmaterial, das nicht ganz frei von Sand ist und sich auf dem langen Transport zerreibt, verdirbt die Platten, wenn diese nicht in sauber verklebten Schachteln liegen. Da dies beim Rücktransport häufig nicht der Fall ist, muß man mit dem Packmaterial äußerst vorsichtig sein. Es sind durch dieses schon viele Platten durch vollständiges Verschrammen der Schicht unbrauchbar geworden.

350. Tabelle . . . . (zu 57)

der Gesamtkorrektion E wegen Erdkrümmung und Strahlenbrechung.

$$E = \frac{1 - k}{2\,r}\,a^2, \text{ Erdhalbmesser} = r, \log r = 6{,}80489.$$

Refraktions - Koeffizient k = 0,13. Entfernung = a.

Entfernung km	Gesamtkorrektion E m	Entfernung km	Gesamtkorrektion E m
1	0,1	21	30,1
2	0,3	22	33 [illegible]
3	0,6	23	36,1
4	1,1	24	39,3
5	1,7	25	42,6
6	2,4	26	46,1
7	3,3	27	49,7
8	4,4	28	53,4
9	5,5	29	57,3
10	6,8	30	61,4
11	8,3	40	109
12	9,8	50	170
13	11,5	60	245
14	13,4	70	334
15	15,3	80	436
16	17,5	90	552
17	19,7	100	682
18	22,1		
19	24,6		
20	27,3		

351. **Barometrische Höhenstufen.** (Zu 63.)

Höhendifferenz Δh_1 für die Barometerdifferenz 1mm. $\Delta h_1 = \frac{8019}{B}(1 + 0{,}003665\,t)$.

(B = mittlerer Barometerstand, t = Temperatur in C°.)

t	Mittlerer Barometerstand B in Millimetern																
	780	770	760	750	740	730	720	710	700	690	680	670	660	650	640	630	620
— 5°	10,09	10,22	10,36	10,50	10,64	10,78	10,93	11,09	11,25	11,41	11,58	11,75	11,93	12,11	12,30	12,50	12,70
0°	10,28	10,41	10,55	10,69	10,84	10,98	11,14	11,29	11,46	11,62	11,79	11,97	12,15	12,34	12,53	12,73	12,93
5°	10,47	10,61	10,74	10,89	11,04	11,19	11,34	11,50	11,67	11,83	12,01	12,19	12,37	12,56	12,76	12,96	13,17
10°	10,66	10,80	10,94	11,08	11,23	11,39	11,55	11,71	11,88	12,05	12,23	12,41	12,60	12,79	12,99	13,20	13,41
15°	10,85	10,99	11,13	11,28	11,43	11,59	11,75	11,91	12,09	12,26	12,44	12,63	12,82	13,01	13,22	13,43	13,65
20°	11,03	11,18	11,32	11,48	11,63	11,79	11,95	12,12	12,30	12,47	12,66	12,85	13,04	13,24	13,45	13,66	13,88
25°	11,22	11,37	11,52	11,67	11,83	11,99	12,16	12,33	12,51	12,69	12,87	13,07	13,26	13,47	13,68	13,89	14,12
30°	11,41	11,56	11,71	11,87	12,03	12,19	12,36	12,54	12,72	12,90	13,09	13,29	13,49	13,69	13,91	14,13	14,36
35°	11,60	11,75	11,90	12,06	12,23	12,39	12,57	12,74	12,93	13,11	13,31	13,50	13,71	13,92	14,14	14,36	14,59

t	Mittlerer Barometerstand B in Millimetern																
	610	600	590	580	570	560	550	540	530	520	510	500	490	480	470	460	450
— 5°	12,90	13,12	13,34	13,57	13,81	14,06	14,31	14,58	14,85	15,14	15,44	15,74	16,06	16,40	16,75	17,11	17,49
0°	13,15	13,36	13,59	13,83	14,07	14,32	14,58	14,85	15,13	15,42	15,72	16,04	16,36	16,71	17,06	17,43	17,82
5°	13,39	13,61	13,84	14,08	14,33	14,58	14,85	15,12	15,41	15,70	16,01	16,33	16,66	17,01	17,37	17,75	18,15
10°	13,63	13,85	14,09	14,33	14,59	14 84	15,11	15,39	15,69	15,99	16,30	16,63	16,96	17,32	17,69	18,07	18,47
15°	13,87	14,10	14,34	14,59	14,84	15,11	15,38	15,67	15,96	16,27	16,59	16,92	17,26	17,63	18,00	18,39	18,80
20°	14,11	14,35	14,59	14,84	15,10	15,37	15,65	15,94	16,24	16,55	16,88	17,21	17,56	17,93	18,31	18,71	19,13
25°	14 35	14,59	14,84	15,09	15,36	15,63	15,92	16,21	16,52	16,83	17,16	17,51	17,86	18,24	18,63	19,03	19,46
30°	14,59	14,84	15,09	15,35	15,62	15,89	16,18	16,48	16,79	17,11	17,45	17,80	18,16	18,54	18,94	19,35	19,78
35°	14,83	15,08	15,33	15,60	15,87	16,16	16,45	16,75	17,07	17,40	17,74	18,10	18,46	18,85	19,25	19,67	20,11

352. **Rechenbeispiel 1 — für eine barometrische Höhenschleife zwischen zwei bekannten Höhenpunkten —.** (Zu 63.)

1		2		3	4	5	6	7	8	9	10	11	12
Geländepunkt		Zeit		Lufttemperatur	Ablesung am Barometer	Unterschied	Höhendifferenz für 1 mm		Errechnete		Anzubringende Korrektur*)	Absolute Höhe	Bemerkungen
Nr.	Nähere Bezeichnung	Std.	Min.				auf dem Geländepunkt	gemitt. m. d. Ausgangsp.	Höhendifferenz	Höhe			
				C°	mm	mm	m	m	m	m	m	m	
1.	△ Komas	7	10	11	735,2	—	11,35	—	—	211,2	0	211,2	*) Höhe d. Endpunktes = 223,9 m
2.	Wegekreuz	7	30	11	734,6	—0,6	11,37	11,36	+ 6,8	218,0	— 4,5	213,5	ermittelt n. d. Baromet. = 241,9 m
3.	Kuppe	7	40	11	732,1	—3,1	11,40	11,38	+ 35,3	246,5	— 6,8	239,7	für 80 Min. = — 18,0 m
4.	Kuppe	8	—	11	726,4	—8,8	11,49	11,42	+100,5	311,7	—11,3	300,4	„ 10 „ = — 2,25 m
5.	See	8	10	11	736,8	+1,6	11,37	11,36	— 18,2	193,0	—13,5	179,5	Es ist für jeden Punkt, der Zeit gemäß, eine entsprechende Korrek-
6.	△ Spitzkopf	8	30	11,5	732,5	—2,7	11,40	11,38	+ 30,7	241,9	—18,0	223,9	tur anzubringen.

Rechenbeispiel 2 — für barometrische Höhenberechnung unter Benutzung des Barographen — [1].

1		2		3	4	5	6	7	8	9	10	11	12	13
Geländepunkt		Zeit		Lufttemperatur	Ablesung am Barometer	Unterschied	Korrektur durch den Barographen		Untersch. n. angeb. Korr. (Sp. 5 minus Sp. 7)	Höhendifferenz für 1 mm		Errechnete		Bemerkungen
Nr.	Nähere Bezeichnung	Std.	Min.				Ablesung	Unterschied		auf dem Geländepunkt	gemitt. m. d. Ausgangsp.	Höhendifferenz (Sp. 8 × Sp. 10)	Absolute Höhe	
				C°	mm	mm	mm	mm	mm	m	m	m	m	
1.	△ Komas	7	10	11	735,2	—	746,2	—	—	11,35	—	—	211,2	
2.	Wegekreuz	7	30	11	734,6	—0,6	746,5	+0,3	—0,9	11,37	11,36	+10,2	221,4	
3.	Kuppe	7	40	11	732,1	—3,1	745,9	—0,3	—2,8	11,40	11,38	+31,9	243,1	
4.	Kuppe	8	—	11	726,4	—8,8	745,5	—0,7	—8,1	11,49	11,42	+92,5	303,7	
5.	See	8	10	11	736,8	+1,6	745,2	—1,0	+2,6	11,37	11,36	—29,5	181,7	
6.	Spitzkopf	8	30	11,5	732,5	—2,7	744,6	—1,6	—1,1	11,40	11,38	+12,5	223,7	

[1]) Es sind in diesem Beispiel 2 dieselben Geländepunkte und Messungen wie im Beispiel 1 gewählt, um zu zeigen, daß der Barograph eine andere Korrektur der Zwischenpunkte ergibt als die mittels einer bekannten Anschlußhöhe und auch eine andere Endhöhe.

353. **Station: II.** Orr, den 13. 8. 1911.

Am Wege Orr – Auweiler, s. Skizze

Basismessung — Lattenlänge: 2,0 m

Phototheodolit Nr.: I
Brennweite: 126,68 mm
Plattenformat: 9 x 12 cm

Wetter: trübe, zeitweise Sonnenschein

Barometerstand und Temperatur mm Grad	Auf Stativ (Großbuchstabe)	Latte liegt auf Stativ (Großbuchstabe)	Ablesung am rechten / linken Ende der Latte	Basislänge m	Bildbezeichnung (kleine Buchstaben)	Kassette	Blende	Gelbscheibe	Expositionszeit Sek.	Uhr	Nr.	Objekt (auch N.-S.-Richtung) Name
1	2	3	4	5	6	7	8	9	10	11	12	13
	A	B	7,626	83,80	II, 1 a.l.	1	f/40	4x	8	5^{10}		
			4,046		II, 2 b.r.	2	„	„	„			
			3,580									
	B				II, 3 a.r.	3	„	„	12	5^{20}		
	C				II, 4 b.l.	4	„	„	10			
	A									5^{42}	1	N.-S.-Richtung
											2	♁ Esch
											3	Stativ C
											4	♁ Bocklemünd
											5	Stativ B
											6	♁ Sinnersdorf
											6	
											5	
											4	
											3	
											2	
											1	
	B										1	N.-S.-Richtung
											2	Stativ A
											3	„ C
											3	
											2	
											1	
	C										1	N.-S.-Richtung
											2	Stativ B
											3	„ A
											3	
											2	
											1	

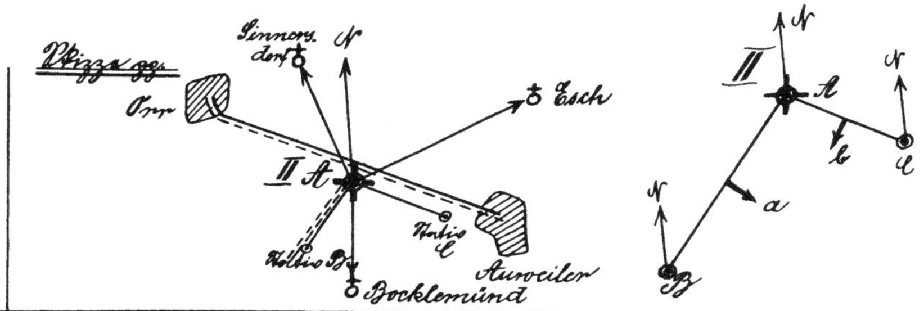

Horizontalwinkel											Vertikalwinkel		
		Nonius			Mittel			Winkelauszug			Nonius		
	Fernrohrlage		I	II								A	B
Ziel		Grad	Min.	Min.	Grad	Min.	Sek.	Grad	Min.	Sek.	Grad	Min.	Min.
14	15	16	17	18	19	20	21	22	23	24	25	26	27
	1	124	22,4	24,4	124	23	24	16	14	39			
Knopf	"	194	26,2	28,6	194	27	42	86	18	57			
Spitze	"	242	18,6	20,8	242	19	42	134	10	57	− 0	6,4	7,0
Knopf	"	310	36,5	38,1	310	37	18	202	28	33			
Spitze	"	347	24,3	26,5	347	25	24	239	16	39	+ 0	12,4	13,2
Kreuz	"	108	8,0	9,5	108	8	45	0	0	0			
	2	288	8,2	9,6	288	8	54	0	0	0			
	"	167	24,6	26,8	167	25	42	239	16	48			
	"	130	36,8	38,6	130	37	42	202	28	48			
	"	62	19,0	21,0	62	20	0	134	11	6			
	"	14	27,2	29,2	14	28	12	86	19	18			
	"	304	22,8	25,0	304	23	54	16	15	0			
	1	74	55,5	57,3	74	56	24	78	22	6			
Spitze	"	31	54,1	55,0	31	54	33	35	20	15			
"	"	356	33,6	35,0	356	34	18	0	0	0			
	2	176	34,2	35,6	176	34	54	0	0	0			
	"	211	54,0	55,9	211	54	57	35	20	3			
	"	254	56,2	58,2	254	57	12	78	22	18			
	1	302	44,0	45,8	302	44	54	297	56	6			
Spitze	"	44	22,6	24,0	44	23	18	39	34	30			
"	"	4	48,0	49,6	4	48	48	0	0	0			
	2	184	48,8	50,2	184	49	30	0	0	0			
	"	224	23,1	24,7	224	23	54	39	34	24			
	"	122	44,9	46,7	122	45	48	297	56	18			

Register.

GPSR Compliance

The European Union's (EU) General Product Safety Regulation (GPSR) is a set of rules that requires consumer products to be safe and our obligations to ensure this.

If you have any concerns about our products, you can contact us on ProductSafety@springernature.com

In case Publisher is established outside the EU, the EU authorized representative is:

Springer Nature Customer Service Center GmbH
Europaplatz 3
69115 Heidelberg, Germany

Batch number: 10682323

Printed by Printforce, the Netherlands